放射性废物安全通论

陈 式 等著

原子能出版社

图书在版编目(CIP)数据

放射性废物安全通论/陈式等著．—北京:原子能出版社,2006.7

ISBN 7-5022-3693-7

Ⅰ．放…　Ⅱ．陈…　Ⅲ．放射性废物处置—中国

Ⅳ．TL942

中国版本图书馆CIP数据核字(2006)第073502号

内容提要

本书在跟踪学习和消化国际放射防护委员会、国际原子能机构、联合国原子辐射效应科学委员会、经济合作发展组织核能机构的有关出版物的基础上,尝试用防护与安全、安全与发展等基本观点,总结我国放射性废物安全,特别是放射性废物处置安全、核与辐射设施退役与环境整治安全和相关法制建设的经验教训,分析、探讨和力求解决实际工作中出现的问题。本书的研究成果涉及废物处理与整备设施的设计和运行安全,废物处置设施安全,流出物排放安全,污染物料回收利用安全,退役与环境整治安全,排除、豁免与解控,废物优化管理和废物最少化,废物管理的政策、法规和标准,废物安全监管和安全文化素养等方面。本书可帮助从事放射性废物管理工作的人员,包括教育、培训、研发、设计、运营、管理、监督、评价和参与法规标准制订及执法人员,尽快掌握和实际应用放射性废物安全的基础知识。

放射性废物安全通论

出版发行　原子能出版社(北京市海淀区阜成路43号　100037)
责任编辑　张　琳
责任校对　徐淑惠
责任印制　丁怀兰
印　　刷　保定市中画美凯印刷有限公司
开　　本　787mm×1092mm　1/16
印　　张　13
字　　数　324千字
版　　次　2006年7月第1版　2006年7月第1次印刷
书　　号　ISBN 7-5022-3693-7
经　　销　全国新华书店
印　　数　1—5000　　　　**定　　价**　**50.00元**

　网址:http://www.aep.com.cn

导　　言

电离辐射防护与辐射源安全是研究辐射照射的源项、途径、剂量、效应及其有效控制的综合性科学。它的理论基础，涉及物理、化学、生物、医学、数学、工程与工艺学、气象、水文、地质、生态学、伦理学和管理科学等领域内一系列专门学科，例如辐射剂量学、放射生物学、环境放射化学及其他；它的实用性内容，可包括职业照射、公众照射、潜在照射、应急照射、持续照射、医疗照射和天然照射的防护技术，以及核安全、辐射安全、放射性废物安全和放射性物质运输安全方面的技术；此外它还包括防护与安全的法规标准、管理制度和监测与评价能力建设等与完善国家基础结构有关的内容，以及普遍提高安全文化素养方面的要求。

本书所要讨论的放射性废物安全，是辐射防护与辐射源安全科学同放射性废物管理技术相互作用的一个产物。在国际上，放射性废物安全已经成为辐射防护与辐射源安全科学发展的前沿领域之一，上世纪九十年代以来在我国也得到传播和发展。本书在理论的学习和应用方面，先有《国际放射防护委员会 1990 年建议书》和 1988 年国际原子能机构《核动力厂的基本安全原则》，后有 1997 年《国际电离辐射防护和辐射源安全的基本安全标准》和 1995 年国际原子能机构废物安全基本法则《放射性废物管理原则》；到 2002 年我国也相继制定了自己的国家标准《电离辐射防护与辐射源安全基本标准》和修订了国家标准《放射性废物管理规定》。在实际经验的总结和提高方面，本书比较系统地研究了放射性废物处置安全，核与辐射设施的退役与环境整治安全，以及相关的法制建设等方面的问题；此外还有大亚湾核电站废物管理经验的学习与研究，中国辐射防护研究院开发可燃放射性废物焚烧装置时对废物管理设施安全的体会等个例。上述两条线的交织，构成了本书的主要特色。

放射性废物安全最根本的问题是放射性废物管理工作如何实际运用和体现防护与安全、安全与发展等完整思想体系的要求。在工作中发生的许多问题和争论几乎都与此有关。尽管这些先进的思想武器来自国外，但在本书中它们已被适当地“乡土化”和综合化了。孔子曰：“吾道一以贯之。”我们力求学习中国传统思维方式的优点，在放射性废物管理的研究和实践中，用防护与安全、安全与发展这样一些最根本的道理贯穿到底。换句话说就是用这些根本性的思路来引领技术的发展和指导技术的应用，以避免在枝节问题的争论中迷失方向。出版此书的目的就是想为从事放射性废物管理相关工作的同志，如教育、培训、研发、设计、运营、管理、监督、评价和参与法规标准制定及执法的人员，提供一种具有贯穿性的可供实用参考的资料，帮助他们更快地熟悉放射性废物安全的基础知识。本书的框架性内容包括放射性废物管理的九项原则，放射性废物安全的理论基础，放射性废物管理和核与辐射设施退役及环境整治的防护目标，放射性废物管理和核与辐射设施退役及环境整治的技术安全要求，放射性废物的优化管理和放射性废物最少化，运营单位的放射性废物管理制度，国家对放射性废物的安全监管制度，放射性废物管理相关法规和标准，放射性废物安全文化素养等几个方面。可以说这是近二十年来我们在此领域进行学习、思考、实践、讨论和总结的一个记录。

作为一本研究放射性废物安全的专著，本书的核心思想可以概括为以下几点：

(1)防护与安全

防护与安全是辐射防护与辐射源安全科学中的两个基本概念，其范畴大致相同，都有庞大的理论和实用体系，而且相互兼容。只不过不同人群有不同的使用习惯，例如辐射防护工作者更喜欢用防护，并以防护包容安全；法律工作者更喜欢用安全，并以安全包容防护。但是这两个概念体系的侧重点是不同的，了解这些侧重点将使我们学会更全面地分析问题和处理问题。防护的概念侧重于人的防护和环境的保护，强调目标，重视对不同辐射照射类型的分类管理；安全的概念侧重于“辐射源和实践”的安全，强调过程，重视对不同类型设施和活动的分类管理。放射性废物管理工作者常讲废物安全，但它的实际含义应当是对防护与安全同样看重，应当在实际工作中兼顾这两方面的要求。从现状看，我国放射性废物管理存在的倾向性问题更多地还是对安全的忽视，这是需要我们保持警惕的。

(2)防护原则与安全原则

在《国际电离辐射防护和辐射源安全的基本安全标准》绪论的基本原则一节中，曾经比较全面地概述了防护与安全的原则。简略地说就是实践的正当性、个人剂量和危险限值、防护与安全最优化、干预的正当性和最优化、安全的主要责任、安全文化素养、纵深防御、优质管理等八项原则。通俗地说前四项是防护原则，后四项是安全原则。可是从目前的普及程度来看，只有较多的人对实践的“辐射防护三原则”有较好的了解，这不能不说是普及工作中的一种片面性。就拿企业法人应该承担防护与安全的主要责任的原则来说，我国的法律体系和管理体制对此并未做好充分的接纳准备，在法制理念和管理观念上依然停留在“各负其责”，出了事却往往找不到责任人。一个真正有效的法律规定或管理规定应当杜绝逃脱责任的一切遁词，这只有明确主要责任人才能做到，因此改革是必要的和迫切的。再如纵深防御，这是技术安全的最高原则，所有放射性废物管理工作者都应把它奉为金科玉律。但是我们看到，在废物治理技术的研发工作中，往往不注意安全性和可靠性的研究，以致所得到的技术或装置经不起实际考验。中国辐射防护研究院的马明燮研究员是幸运的，因为他在负责废物焚烧装置的研发过程中，仔细研读和遵循了《核动力厂的基本安全原则》、《放射性废物焚烧设施的设计与运行导则》和《放射性废物焚烧设施的安全分析要求》中提出的技术安全要求，因而做得比别的同行更好。安全性和可靠性问题也发生在其它技术领域，如中辐院的加速器辐照装置，在建设过程中曾多次通不过安全分析报告的院内审查，迫使当事人用了近两年的努力，在安全屏蔽、安全连锁和安全管理方面做出了许多改进，达到了较高的安全水平。无论是自觉的还是强制的，防护与安全原则都应当得到普遍的遵守。

(3)安全观与可持续发展观

防护与安全原则的表述比较专业，而《放射性废物管理原则》在把防护与安全原则应用于废物管理时做了通俗化的表述。例如，保护人类健康、保护环境、考虑境外影响、保护后代等都是讲防护的，废物管理设施安全是讲安全的。值得注意的是，废物管理的九项原则把安全观和可持续发展观结合起来，增添了不给后代留下不适当负担、放射性废物最少化、放射性废物产生与管理各步骤之间的相互依赖（暗含优化思想）等部分地超越了防护与安全概念的原则，并用建立国家法律框架的原则将安全因素与非安全因素统一起来，从而表明实现安全的程度不是无限制的，而是受非安全因素影响的。事实上，在防护与安全最优化原则中，特别是在采用多属性分析方法时，已部分地考虑了技术、经济和社会因素的影响，但还不够。放射性废物管理原则从更广泛的角度引进了非安全因素(详见后文),有利于可持续发展。安全第一,谋求发展,这就是我们对废物管理九项原则基本精神的把握。放射性废物管理原则的另一个特点是,在使用这些原则时更容易把不同的安全防护任务与不同类型辐射照射引起的问题联系起来。例如,保护人类健康大量涉及公众照射和职业照射的管理;保护环境主要与持续照射问题有关,同时还涉及人类以外物种的保护;放射性废物管理设施安全则主要与潜在照射和应急照射问题有关。

(4)发展促进与安全控制

上文已从安全的角度讨论了安全和发展的关系,本节将从发展的角度更完整地讨论发展和安全的关系。早在上世纪八十年代初,在国际原子能机构的文献中已经明确地区分了促进和控制的概念。发展促进和安全控制存在辩证的关系,发展是多因素的(也包含安全因素),因而是综合的和全面的;为了发展,必须保证安全。这种相互依存又相互制约的关系,既体现在法律上,也体现在有关部门的分工上。在法律上,我国正在建立以安全、环保为主题的《放射性污染防治法》的法规系列,也将要建立以发展为主题的《原子能法》的法规系列;在部门之间的关系上,上至国家机关有行业主管机构与安全监管机构之分,下至企业内部有运营机构与监督机构之别。处理好发展促进和安全控制的关系,对放射性废物管理的重要意义是不言而喻的。

本书反映了国家正在通过实施《放射性污染防治法》来解决放射性废物的统一安全监管问题,包括几个安全控制相关机构的协同问题。在放射性废物管理的发展方面,国家也要通过《原子能法》的制定和实施,逐步形成以核行业主管机构牵头的统一的发展促进机构,负责制订国家的放射性废物管理发展规划和计划;合理利用资源,加强发展能力建设,促进环保产业市场的发育;强化安全责任制度与安全文化建设,确保放射性废物管理的安全;军民兼顾,服务全国。同时,国家还要建立适当的机制与程序来实现发展促进和安全控制两大部门之间的沟通与协调。做到了以上三点,才算真正理顺了放射性废物的管理体制和运行机制,才能使全国所有放射性废物问题都有人管,而且都能管好。以上是从国家的角度来说的。对一个从事放射性废物管理的专业研发机构或安全监管机构来说,如果忘记了《放射性污染防治法》规定的保证安全以促进核能和核技术利用发展的大目标和全局,一味追求本单位眼前的经济利益,那就会在工作中迷失方向。由于本书的重点是研究防护与安全的,因此对发展促进问题未进行深入的讨论。但可持续发展观始终是本书所有研究工作的出发点之一。

(5)废物管理的防护目标与技术安全要求

这是放射性废物安全最核心的内容之一,也是放射性废物安全标准和规范最核心的内容之一。在审管体系中,按照预防为主的方针,废物管理设施和退役与环境整治活动的防护目标与技术安全要求是直接应用于研发项目、工程设计和安全评审的,因此它必须尽量具体化、定量化和条理化。对防护目标与技术安全要求的学习、研究和掌握,是废物管理相关科技人员的基本功。国内在中低放废物的预处理、处理、整备、贮存、运输和处置,气载与液体流出物的排放等方面,已经对防护目标与技术安全要求积累了相当丰富的经验;而在控制废物产生,高放废物与 α 废物的整备、运输、中间贮存和最终处置,废密封放射源处置,污染金属回收利用,放射性废物解控,核与辐射设施的设计与运行中考虑方便退役,退役与环境整治,核技术利用产生的废物管理,伴生放射性矿开发利用产生的废物管理等方面,对于防护目标与技术安全要求的研究则还存在许多薄弱环节。

在废物管理和退役与环境整治的防护目标方面,本书总结了工作中如何选择和应用“实践”与“干预”原则的一般思路，这就是根据工作项目的情况和性质，确定可能遭遇的辐射照射类型；根据辐射照射的类型，选择适用的防护与安全原则；根据所选的原则，找准适用的防护与安全标准。这一方法可以大大减少防护与安全工作中的失误。例如，对不同的污染情况，当分别归属于职业照射、公众照射、潜在照射、应急照射或持续照射时，所采用的防护与安全原则是不同的；对不同的持续照射情况，当分别应用实践或干预原则时，所采用的防护目标标准是不同的。本书还汇聚了国内在核与辐射设施的退役与环境整治工作中的某些经验教训，提出了分别建立普适性的安全防护标准和针对性的安全防护标准的重要建议，并对其中一些经验教训做了分析和总结，如污染土壤清除控制值的导出，表面去污安全目标的分类，极低放废物活度浓度上限值的导出，豁免和解控标准的选择与应用等，丰富了防护目标的内容。

从本书的一些文章可以看出，为了打下放射性废物安全的扎实功底，有必要重点对国际放射防护委员会的相关出版物进行学习、消化和吸收，吃透其精神方能灵活应用。例如，根据对《用于长寿命固体放射性废物处置的辐射防护建议》等出版物的学习写成的、讨论高放废物地质处置防护目标和安全评价方法学的研究报告，以及根据对《在持续辐射照射情况下公众的防护——委员会辐射防护体系应用于由天然源和长寿命放射性残存物引起的可控制辐射》等出版物的学习写成的、讨论退役与环境整治的环境安全准则的研究报告，都花费了长时间的学习、消化和吸收，并结合我们自己的实践经验和体会，才真正有所收获。特别是后一个出版物比较难懂，在国内误解甚多，消化以后才发现该文件具有一种内在的逻辑美，真正体现了“对具体事物进行具体分析”的辩证方法，对于正确掌握退役与环境整治的防护目标具有较高的实用价值。

废物管理和退役与环境整治的技术安全是与从事废物管理工作人员关系更为直接的方面。确定技术安全要求是实现防护目标的技术保证。中低放废物处置的技术安全要求是本书一项比较重要的研究内容。本书总结了中低放废物近地表处置的多重屏障技术安全准则，并应用于处置场选址、工程设计和运营管理中（详见陈式、马明燮等著《中低水平放射性废物的安全处置》一书）。高放废物地质处置的技术安全研究面临重大的发展机遇，本书区分了对处置系统总体的安全评价和对处置系统各组成部分的技术性能评价两个概念，并对高放废物地质处置技术性能评价的作用进行了较详细的分析，技术性能评价其实就是对能否满足技术安全要求的评价，而安全评价则是对能否满足防护目标的评价。在其它废物管理设施的技术安全方面，本书通过对可燃废物焚烧装置安全的实例分析，讨论了纵深防御原则在废物管理设施的安全性和可靠性研究中的具体应用。在国内的退役与环境整治工作中，也已经积累了不少技术安全方面的经验，盼望有关人员尽早进行总结。但是限于目前国内拆卸解体技术的发展水平，在强辐射场和高浓度气溶胶发生条件下如何保证职业工作人员的安全还有大量工作要做。总之，退役与环境整治的技术安全方面是今后研发的重点之一。

(6)废物管理的防护与安全最优化和技术经济学意义上的优化

第(3)节曾指出放射性废物管理原则从更广泛的角度引进了非安全因素。研究表明，这个角度就是放射性废物的优化管理。本书所阐述的优化涵盖了防护与安全最优化和技术经济学意义上的优化两种概念在内。在辐射防护领域早就产生了在技术经济学意义的优化基础之上实施防护与安全最优化的思想。技术经济学意义的优化是在保证实现既定的安全防护水平的前提下，着重考虑技术同经济的关系，目标是使费用为最少。防护与安全最优化是在追求更高程度的安全防护目标的要求下，着重考虑技术、经济与社会因素同安全防护水平的关系，目标是使剂量或危险水平尽量低。显然，防护与安全最优化体现了一种比较讲现实的安全观，而技术经济学意义上的优化则体现了可持续发展观对非安全因素的直接关照。两者的结合可获得安全考虑与非安全考虑之间更合理的平衡。总的要求就是形成综合的优化概念，灵活地运用两种优化技术。

放射性废物的优化管理和放射性废物最少化是本书一项比较重要的研究内容。本书的优化研究起因于对大亚湾核电站废物管理经验的学习和对田湾核电站早期三废系统国外设计的批评。这些研究产生了一些富于启发性的结果，并推广到退役与环境整治研究中去。本书将放射性废物产生与管理各步骤之间的相互依赖原则发展为放射性废物优化管理原则，并用废物的系统化管理、以处置和排放为核心、追求废物管理整体优化和全过程优化的递进式表述方式将此项原则写入国家标准《放射性废物管理规定》中。这些研究的一个副产品是加深了对放射性废物最少化原则的理解，表明废物最少化是优化思想在废物管理中的应用和发展，它对核企业有天然的吸引力。大亚湾核电站的废物管理就是以废物最少化为目标进行目标管理，并在废物最少化取得显著成绩后，产生了进一步实施废物优化管理的推动力。这里需要说明，废物最少化不可能完全替代废物的优化管理。

(7)废物管理的末端控制与全过程控制

废物管理的末端控制与全过程控制是同防护与安全各自的侧重点存在某种对应关系的两个概念。在现场防护体系中，它们直接应用于废物管理系统的安全运行，因而也是放射性废物安全最核心的内容之一。废物管理的末端控制是本书一项比较重要的研究内容，它涉及对废物处置、流出物排放、废物解控、污染物料回收利用、退役与环境整治后场址与环境的重新开放或使用等最终可能导致放射性物质进入环境和社会的末端作业的控制。本书对末端控制的研究起始于对中低放废物处置的地位和作用的研究，并达到一定的理论深度，总结为释放源项控制论、管理工具论和桥梁论。本书对全过程控制的研究，则发端于对国外经验和大亚湾核电站废物管理经验的学习。大亚湾核电站改变了核企业过去对放射性废物分散管理的格局，建立了统一的三废管理协调组织和前后端作业相互衔接的管理制度，充分发挥了团队精神，实现了在核企业内部对放射性废物运营管理系统的全过程控制。在末端控制与全过程控制中所采取的各项有效措施，既是实现防护目标的管理保证，也是废物管理相关科技人员的基本功。

(8)废物管理的外部安全监管与内部安全监管

在末端控制与全过程控制研究的基础上，本书进一步研究了国家对放射性废物的安全监管制度。研究结果表明，根据国外放射性废物安全监管的经验和发展动向，应当区分外部安全监管和内部安全监管，才能更好地定位和协调企业与政府各部门的工作。在一般情况下，政府的安全监管部门负责废物管理的外部安全监管，企业自身负责废物管理的内部安全监管。在以国家投资为主的某些行业，情况稍有不同，例如按照目前我国的管理体制，国家环保总局(国家核安全局)是国家核安全主管部门，应负责核军工废物的外部安全监管；国防科工委(国家原子能机构)是国家核行业主管部门，当然也应负责核军工废物的内部安全监管。外部安全监管侧重于末端控制，因为末端控制具有“一票否决”的性质，而且末端控制有较低的费效比；为了保证末端控制的有效性，外部安全监管也要求对全过程实行跟踪性和追溯性的监督检查。而内部安全监管则侧重于全过程控制，因为它需要更全面地考虑安全、技术、经济、社会、政治和可持续发展等诸多问题，以追求全过程控制的优化。在核军工情况下，外部安全监管侧重于建立普适性的安全法规和标准。而部门内部的安全监管则侧重于建立针对性的安全规章和标准。全面地、自上而下地建立并完善国家的法律、条例、部门规章与管理导则等法规体系,以及国家标准与行业标准等技术标准体系,是实现防护目标的法制保证。综上所述,废物管理的原则是外部安全监管与内部安全监管相结合,末端控制与全过程控制相结合,普适性的法规标准与针对性的规章标准相结合。

(9)废物管理的安全监管与安全文化素养

本书的研究表明,放射性废物安全的实施问题,最重要的是依法搞好安全监督管理和大力倡导安全文化素养,即强制性与自觉性相结合。这两个方面都存在很大的能动性,需要克服过去的惰性,需要大量的创新思维,更需要生动活泼的实际经验总结。在安全监管方面,主要问题是实现政府职能转变。在安全文化素养方面,主要问题是在全社会(特别是在运营单位)培育一种新的价值观,形成人人重视安全的风气或习惯。

必须指出,放射性废物安全的实践经验,不仅是辐射防护与辐射源安全科学实际应用所产生的结果,它对于进一步发展辐射防护与辐射源安全科学本身也具有重要的启示意义。在国际上,国际放射防护委员会目前正在制订一个新的建议书以改进 1990 年建议书,其出发点之一就是对放射性废物管理实践经验的思考。例如,退役与环境整治的实践经验提出了如何在可承受经费的支持下实现个人防护的问题;放射性废物处置的实践经验更看重个人剂量和危险约束。前任国际放射防护委员会主席 Roger H Clarke 先生认为,新的建议书可能反映从强调社会的价值向个人的公平政策的转变。

本书的出版,恰逢辐射防护与辐射源安全科学发展的一个阶段行将结束和新阶段即将来临之际,因此本书对于国内放射性废物安全的发展可能具有承上启下的作用。作为阶段性研究成果,本书以文集形式出版。本文集分编为废物安全综述、废物处置安全、退役与环境整治安全、相关法制建设研究等四个部分,每个部分所收录的文章均按发表时间顺序排列,收录时只做了少量的修改,以保留思想发展的轨迹和展示研究逐步深入的过程。写作的时间跨度从 1985 年至 2005 年。主要作者是陈式,参与写作的其他同志还有(按文章排列的顺序排名):杨立基、李学群、阎克智、王志雄、汪佳明、郭明强、张清轩、郭择德、范智文、毋涛、马明燮、王旭东、孙庆红等,已在各篇文章后面一一注明。由于广泛地吸收了现场获得的经验教训,以及在安全评审、安全检查、安全培训、安全法规标准制订和各种学术讨论活动中许多同志发表的意见,因此本文集实际上是集体经验的结晶;李德平、潘自强两位院士通过他们的著作、讲话和对文集中某些文章的修改,对作者进行了深入的指导。对于本书的出版,程理给予了很大支持,朱久法和张彩虹提供了许多帮助,在此一并感谢。本着文责自负的精神,我们欢迎读者对本文集的缺点和错误提出批评。无论在理论上还是在实践经验上,放射性废物安全都在继续向前发展。随着时间的推移,某些观点的陈旧化或边缘化是不可避免的,这只会进一步激励人们对放射性废物安全的执著追求。

编者

2005 年 11 月 2 日

目　　录

第一部分

废物安全综述

我国放射性废物治理的历史回顾和展望

放射性废物是核能利用不可避免的伴生物。它是在核工业、核动力、核爆炸和核技术应用中产生的液态、气态和固态废物，通常含有裂变产物、活化产物、铀镭系和锕铀系天然放射性核素或超铀元素等多种放射性物质。

在核安全和辐射防护领域内，放射性废物的治理占有重要的地位。因为在核能利用中所产生和所利用的所有天然和人工放射性物质，除了衰变掉的以外，最终都将以放射性废物的形式存在。它们不仅直接威胁职业工作人员的安全，而且是构成生态环境的放射性污染的主要污染源，对广大居民及其子孙后代的健康产生有害的影响。因此放射性废物治理是发展我国核能事业的先决条件之一，是从根本上保护国土环境和保障人民健康的防护措施，它历来受到我们党和政府的重视。二十多年来，我国在放射性废物治理的方针政策、管理体制、法规标准、发展规划以及有关教育、科研、设计和治理设施的建设等各个方面的工作都有了很大的发展，为核能事业做出了应有的贡献，但仍存在相当多的问题。现在正当我国的核能事业发展到一个新阶段的时候，回顾和总结历史的经验教训，正是为了使今后的放射性废物治理工作在技术和管理两个方面更上一层楼以适应新时期的需要。

1　我国核能事业初创时期的放射性废物治理工作

由于社会主义的新中国对职工安全和人民健康的关怀，也由于吸取了西方国家和前苏联早期忽视辐射防护带来恶果的教训，我国在 20 世纪 50 年代后期，随着核能事业的创建，同时开始了放射性废物治理工作。截止至 60 年代初期，是我国放射性废物治理的初创时期。在这一时期中，我们建立了本专业工作的管理体制，培养锻炼了一大批专业人才，为后来的发展奠定了良好的基础。在此发展阶段的早期，我们曾经得到前苏联专家的帮助，这对于我国放射性废物治理专业的创立起了一定的作用。后来我们又不得不克服 1960 年前苏联专家撤走所造成的困难，在自力更生精神的指引下，把放射性废物治理工作更好地开展了起来。

从事放射性工作需要具备相应的三废处理条件，放射性废物的排放不得超过规定的标准。这些治理放射性废物的基本原则，作为我国最早的有关法律规定，被写进了 1960 年 1 月经国务院批准由卫生部和国家科委颁发的《放射性工作卫生防护暂行规定》中，以及同时颁发的《放射性同位素工作的卫生防护细则》中。1960 年 10 月又经国务院批准，二机部（即后来的核工业部）和卫生部联合成立了工业卫生局，负责统一管理辐射安全防护工作，其中包括放射性废物治理工作。

早在 1958 年，二机部面临着我国核工业正在起步，前苏联援建的中国科学院原子能研究所第一期工程（包括实验性重水反应堆、质子回旋加速器和核物理与放射化学实验大楼）即将竣工的形势，适时地做出了“生产未动，防护先行”的决策，并于 1958 年至 1959 年间，分别在原子能研究所和设计院建立了全国第一批放射性废物治理专业研究小组和设计小组。1959 年原子能研究所还成立了“防护线”，成为二机部第七研究所（辐射防护研究所的前身）。

原子能所的放射性废物治理科研工作，在所长钱三强亲自组织下发展迅速，先后开展了超细纤维过滤材料、防护衣具、表面去污、黄土和蒙脱土处理低水平放射性废液等项研究工作。1958年至1964年过氯乙烯合成纤维过滤材料的研制成功，是在放射性废物治理领域内完全依靠自己的力量通过全国大协作所取得的第一个重大科研成果。它使我国在前苏联拒绝提供技术资料和停止供应超细纤维过滤材料的情况下仍然能够满足气溶胶净化设备和个人防护口罩的急需。参加该项工作的主要单位有原子能研究所、北京化工研究院，北京合成纤维研究所、长春应用化学研究所、北京合成纤维试验厂等；在建立油雾仪检测系统时曾得到防化兵研究所的支持。该项工作还受到科学院党组书记张劲夫和国家科委的关注。总之，合成纤维滤材的研制是“大力协同”的早期范例之一。1958年黄土去污也曾引起中央领导同志注意；1959—1960年建成了处理低放废液的化学凝聚-蒙脱土吸着两段流程中间试验装置，并研制成了有一定特色的蒙脱土水泥成型粒状无机离子交换剂。

在原子能所第二期建所工程中，由于设计、施工和运行单位的共同努力，先后建成了具有多级过滤的通风净化系统，中低水平放射性废液贮存和处理系统（包括有名的凝聚-蒸发-离子交换三段流程），固体废物贮存系统等，为以后全国放射性废物治理设施的设计、建造和运转积累了宝贵的经验，并在不断的改进中发展成为放射性废物治理示范场所。

在核工业生产第一线，从铀矿勘探采掘到核燃料制造和使用，随着各厂矿主工艺生产线的加紧建设，同时设计和兴建了各种配套的废物治理设施。在此期间建成的重要治理设施有铀矿山的废石场，水冶厂的尾矿库，还有一些工厂的废物储存库、废水处理车间、零部件清洗车间、天然蒸发池、可燃废物焚烧炉、尾气净化塔、高烟囱和其他通风过滤设施等等，它们基本上是和生产设施同时设计同时施工同时投产的。这些设施对于减少废物排放和控制环境污染起了重要作用。厂矿放射性废物治理工作进展比较顺利是设计、科研和厂矿企业密切合作的结果。1962年二机部第七研究所正式成立时，建所方针即是面向现场、帮助厂矿解决实际辐射防护问题，包括废物治理问题在内。

在铀矿地质和铀矿开采的早期工作中，主要由于经验不足和管理不善，曾经发生“干打眼”操作。带来了惨痛的教训。1962年发现第一批铀矿矽肺病人后，刘杰部长亲自到现场督促检查防尘降氡工作，普遍推广了机械通风、喷雾洒水、隔离密闭等技术措施，并加强了监督管理。为了消除死角，工业卫生局和七所于1964年举办了防尘降氡训练班，1966年又组织了防尘降氡队，深入矿区进行工作。经过几年的努力，防尘降氡工作取得了很大的成绩，以原来矽肺发病率最高的三〇九队十分队和七一一矿为例，自1964年以后下井从事矽尘作业的工人中，20年来没有发现新的矽肺病人。

最早一批从事放射性废物治理的科研、设计、管理和第一线工作人员，几乎全部都是从其他各种专业改行来的。为了适应放射性废物治理工作的需要，清华大学于1960年开办了放射性废水处理专业，1963年开始输送六年制本科大学毕业生和培养三年制研究生。核能教育事业中的其他邻近专业如清华大学、天津大学和中国科技大学等的放射化工专业，北京大学和复旦大学等的放射化学专业，也都为放射性废物治理输送了人才。

各高等院校和所属研究机构对放射性废物治理科研工作也给予了很大的注意。20世纪60年代初期，清华大学开展了混凝沉淀法处理核爆炸产生的大面积污染水的研究，以及蒸发和离子交换法处理低放废液的研究，并在清华大学核能技术研究所建成了低放废液处理车间和废气净化中心。北京师范大学开展了白土和蛭石等黏土矿物处理放射性废液的研究。哈尔滨建筑工程学院则研究了高岭土和锰矿石对低放废液的净化。还有北京大学、四川大学、安徽医学院、兰州大学、武汉大学，以及中国科学院微生物研究所，水生生物研究所和生物物理研究所，建筑科学研究院市政工程研究所等也进行了放射性废液净化的研究。通过这些研究和实践，对我国放射性废物治理技术的发展做出了重要贡献，也培养了一批既懂科研又懂教育的放射性废物治理专业人才。

2　建立比较完整的核工业体系时期的放射性废物治理工作

1964 年 10 月 16 日我国第一颗原子弹爆炸，标志着我国核能事业发展到了一个新的历史阶段。在这一阶段中，不仅完成了铀矿地质、采矿、选矿、水冶、精制、加浓、元件制造、反应堆和乏燃料后处理等一整套核燃料循环体系的建设，而且三线建设也取得了巨大成绩。与此同时，放射性废物治理工作相应地得到了全面的发展，技术水平也有了显著的提高。但是由于十年“文化大革命”的严重干扰，许多项目被迫推迟，或者进展受到阻碍。即使在“文革”期间，由于周总理的直接关怀，整个废物治理工作仍在不间断地进行。从 1975 年开始，特别是在十一届三中全会以后，形势逐渐发生了根本的变化，放射性废物治理的发展速度大大加快了。

法规和标准体系的建立和不断完善对放射性废物治理工作有重大意义。1974 年颁发的国家标准《放射防护规定》(GBJ8-74)，丰富了 1960 年《放射性工作卫生防护暂行规定》的内容，它开辟了一章专门对放射性三废的治理和排放做出规定。1970 年卫生部、公安部、国家科委颁发了《放射性同位素工作卫生防护管理办法》，对 1964 年的管理办法做了修订。1973 年第一次全国环境保护会议对放射性废物治理工作起了重要的促进作用。尤其是全国人民代表大会常务委员会 1979 年通过的《中华人民共和国环境保护法(试行)》，1982 年通过的《中华人民共和国海洋环境保护法》和 1984 年通过的《中华人民共和国水污染防治法》都对放射性污染的防治做了规定，标志着放射性废物治理和环境保护正在日益紧密地结合起来。与此相应的，我国还制定了一系列环境质量标准和排放标准。

在环境保护法中，明确规定了“防止污染和其他公害的设施必须与主体工程同时设计、同时施工、同时投产”，既总结了我国三废治理的历史经验教训，也对今后的工作提出了更严格的要求。

1979 年至 1982 年，核工业部也制定了一系列有关厂矿企业的放射防护规定和设计规范的部颁标准，在总结运行管理经验和科研设计成果的基础上对放射性废物的治理和排放做出了详细规定。这些规定对不同类型厂矿的实际工作具有一定的指导作用。

在核工业成龙配套时期，又有一批新的放射性废物治理设施投付使用，如高放和中放废液贮存罐、高放和中放废物贮存库等。原有设施也在不断地革新技术和装备。我国放射性废物治理技术的进步，基本上是依靠国内自己的力量通过技术攻关取得的，而这又是与重视发展规划和加强协作的组织工作分不开的。核工业部生产局、科技局和安防局做了许多组织和协调工作。核工业部科学技术委员会于 1983 年成立了放射性废物处理处置专业组，开始发挥重要的学术咨询和组织作用。近 20 年来，核工业部组织了有科研、设计、高校和企业参加的几十次大小范围不等的废物治理技术攻关，取得了一批有重要价值的成果，其中相当数量的成果已获得实际应用。

放射性废物治理要同企业的工艺改革、技术改造、综合利用结合起来，努力在生产过程中减少或消除三废，或者化害为利。在这方面我们已经有了许多成功的经验。核工业部七一一矿在核工业部第五研究所支持下，建成了用离子交换树脂从矿坑水中回收铀的车间，既处理了废水，又取得了显著的经济效益。近年来，在五所和湖南劳动卫生研究所的努力下，铀矿山废水普遍得到了治理，而且回收了铀。七一一矿还对某些废矿石实行堆浸后再回填，也回收了铀。核工业部二七二厂会同五所、七所和一院，从工艺废水中回收硝酸和氨水或经去污制成硝铵肥料的试验获得了成功，已按第一方案在生产中实现，从而消除了硝铵废水。核工业部四〇四厂和八二一厂燃料后处理工艺进行改革的结果，使中低放废液的产生量减少了一半以上。核工业部第二研究设计院和四〇四厂合作，先后研究成功甲醛脱硝技术和 TBP 回收技术，既实现了硝酸和 TBP 的复用，又减少了高放废液和有机废液的体积。近年来，四〇四厂在裂变产物的综合利用方面建成了具有相当规模的放射性同位素生产线。七所和四〇四厂联合研制了从溶解器尾气中回收 ^{85}Kr 的装置。核工业部第二研究设计院和上海原子核研究所、上海化工研究院等合作研制了 ^{85}Kr 的氟里昂净化回收装置。

在这一时期的技术攻关中，不仅研究了放射性废物处理的新技术和新设备，而且开辟了若干放射性废物治理的新领域。总的说来，从 20 世纪 60 年代后期到 70 年代初期重点放在低放废液净化和高中放废液浓缩贮存技术上；从 70 年代后期到 80 年代初期重点放在放射性废物固化以及焚烧、压缩等减容技术上；近期又发展到中低放废物处置上。

关于中低放废液的处理，值得提到的技术攻关项目有重晶石、软锰矿或木屑除镭；快速澄清池和酚醛树脂或蛭石两段流程研究；改进的蒸发技术；节能的压缩蒸发技术；电渗析和反渗透技术；含钍废液和含夜光粉(Pm)废液的净化；医院放射性废液处理等。参加单位分别有七所、湖南劳卫所、原子能所、五所、二院、北京师范大学、清华核能所、冶金部耀龙化工厂、哈尔滨建工学院、上海工卫所、北京友谊医院、上海二医等。核工业部八二一厂研究了斜发沸石并应用于该厂低放废液处理中，取得了良好的效果。二院所属的大连二一三所被建设成为低放废液处理中间试验基地，后来又发展成为中低放模拟废物固化中间试验基地。

在放射性气溶胶过滤方面，研制了新的一代玻璃纤维过滤材料和过滤器，并在工厂获得了应用。过滤器检测技术的更新包括建立钠焰装置和粒径分布测量方法等，在上述工作中做出贡献的单位有七所、上海红光造纸厂、二院、二一三所、北京预防医学中心卫生研究所、清华核能所等。

各种除碘器的研制也取得重要进展，活性炭和无机过滤材料的筛选成绩卓著，用它们做成的除碘器已在工厂或核动力装置上实际应用。检测系统也已相当完善，包括非破坏检测等。七所、二院、中国科学院化学研究所、复旦大学、核工业部七二八院等均做了许多工作。

在本阶段的后期，放射性废物固化技术的开发成为放射性废物治理技术攻关的主题。中低水平放射性废物固化先后开发了沥青固化、水泥固化和塑料固化技术。沥青固化按锅式蒸发器、螺杆挤压蒸发器、刮板式薄膜蒸发器和喷雾干燥——盐粉沥青固化等四条路线进行了试验。目前已在中国原子能科学研究院建成了采用螺杆技术的实用装置，在八二一厂建成了采用刮板技术的沥青固化车间。水泥固化已完成了详细的配方研究，即将进行不同装置的中间试验。我国核电站目前已初步确定采用水泥固化技术。塑料固化包括聚氯乙烯固化、不饱和聚酯固化、脲醛固化和聚苯乙烯固化等，也已在实验室规模进行了研究。参加中低放废物固化研究的主要单位有原子能研究院、二院、清华核能所、七所、八二一厂和四〇四厂等。此外，上海工卫所对实验动物尸体实行微波干燥处理是一项颇有价值的技术。

高放废液的玻璃固化主要开发罐式玻璃固化技术，对配方、设备和容器均进行了长期的研究，并建成了具有相当规模的实验设施。参加单位主要有二院、原子能研究院、八二一厂等。

近年来七所、原子能研究院、清华核能所等对放射性废物固化体的性能测试也做了大量工作，包括浸出试验、机械性能试验、辐照稳定性试验和热稳定性试验等。

在可燃废物焚烧方面，上海工业卫生研究所建成了放射性废物焚烧炉，七所则致力于开发裂解焚烧技术。正在研制压缩打包机的有原子能研究院等。

放射性废物的最终处置在我国是20世纪80年代初才提上议事日程的重大科研课题。过去核工业废物基本上是临时贮存的，只有部分低放和极低放废物在适宜的地点就地浅地层填埋。城市放射性废物也只在北京、长春、无锡等几个城市被贮存于专用库中。随着中低放废物固化和减容技术的发展，核工业部已着手建立中低放废物处置场。目前正在开展水力压裂法的可行性研究和浅地层处置场选址与环境影响评价研究。

放射性废物处置涉及面很广，它需要深入地研究处置场的地理气候、地质构造、水文地质条件、核素迁移、环境评价以及处置库的工程问题、废物运输和装卸机械、废物容器、废物形式的特性等。放射性废物处置，特别是高水平或长寿命放射性废物的处置，将进一步促进放射性废物治理和环境保护科学的紧密结合，这是值得我们注意的一种趋势。有鉴于此，核工业部近年来在中低放废物处置研究中正在加强各种专业的协同作战。七所、二院、原子能研究院、八二一厂、四〇四厂、三所和各个地质队都在做出自己的贡献；部外联合也正日益发展。在教育方面，清华大学已将放射性废水处理专业（1974年曾扩大为放射性污染物处理专业）于80年代初发展成为环境工程专业的一部分，这是一个有积极意义的发展。

随着核工业厂矿三废处理设施的普遍建立和配齐，放射性废物管理工作也逐步健全起来，形成了一整套规章制度，实现了废物的分类管理，实行了技术岗位责任制。尤其值得提出的是，厂内外的监测网点严密地监视着外排物的放射性水平的变化和工艺设备、管线、贮存罐等可能出现的泄漏事故，以便及时采取措施，厂矿的记录和环境质量评价的结果表明，我国放射性废物治理工作的成绩是显著的。迄今没有发现重大的环境污染。

但是也应当看到管埋方面问题不少，漏洞很多。如果说我国放射性废物处理和处置技术同国外先进水平相比还有差距，那么放射性废物管理的差距更大。从废物产生量的控制到合理的废物分类，从技术标准、质量保证到经济核算，从物的管理到人的管理都有差距。固体废物的管理更是一个薄弱环节，首先表现在管理标准偏低上。这有其历史原因（早期只重视废气和废液的净化，忽视对固体废物的管理），同时也与放射性废物处置没上去有很大关系。此外，职工队伍素质下降也是一个严重的问题。

3 核电和核技术应用发展时期的放射性废物治理工作展望

20世纪80年代初期，随着我国核电的起步和核技术应用日益广泛，开始了一个新的发展时期。这一时期对放射性废物治理工作提出了新的更高的要求，主要的要求是提高效率和降低成本。由于核电和核技术应用多半集中在人口稠密地区，国家将制定比较严格的排放标准，这就要求采用高效的净化技术，并妥善地解决放射性废物的安全处置问题。由于需要降低核电的商业成本，故必须采用廉价的处理技术，提高减容效果，并通过改善管理来挖潜节支。因此新时期必将带来放射性废物治理工作的新局面。

新时期已经有了一个良好的开端。国务院核电安全局已经成立，城乡建设环境保护部已开始参与放射性环境管理和废物处置工作。国家正在研究制定《原子能法》、《核污染防治法》、《核辐射环境管理条例》等法规和一系列与放射性废物治理和环境保护有关的标准。

核电站的三废处理可能需要有选择地引进国外某些先进技术,问题在于组织好消化吸收。

1982 年以来,国家环境保护局获得国务院批准的一笔经费,专门用于全国各省区的城市放射性废物暂存库的建设,为核技术在工、农、医、学各界的推广应用解除了后顾之忧。

核工业部在放射性废物固化和处置领域可望继续取得进展。核设施的退役等新课题即将提上日程。

从全国范围看,最近一段时期的工作重点之一将是建设区域性的中低放废物最终处置场,综合地解决核工业、核电站和核技术应用的废物处置问题。现已确定由城乡建设环境保护部牵头,把核工业部、水利电力部、地质矿产部、高等院校和科学院等各方面的力量组织起来,发挥各自的优势,减少低水平重复,大力协同把工作做得更好。回顾过去联合攻关的历史经验,在我国现有的科学技术水平下,只有大力协同才是上策。

非核工业的放射性共生矿废物(包括稀土、磷肥、煤、铁、有色金属等矿)数量很大,其处置问题也有待解决。

高放废物固化技术难度较大,投资较多,开展国际合作对我们是有利的。

高放和超铀废物的处置是一个非常复杂的问题,它的前期研究工作现在就应该着手安排。

新时期的重要任务之一是实现放射性废物管理工作的现代化。所谓现代化的废物管理,指的是国家对所有产生放射性废物的单位实行强化的宏观管理,而在基层单位内部则实行活跃的微观管理,宏观管理和微观管理要紧密地结合起来。

国家可以通过许多途径改善其对放射性废物的宏观控制能力。如确立治理的基本目标,开展目标定量化的研究;确立和实施适合中国国情的放射性废物治理政策;建立能使整个国家的有关管理机构协调有效地运行的体制;完善法规标准;建立放射性废物信息库,收集和分析第一手材料;加强发展战略研究,编制治理技术开发规划等。

基层单位在宏观目标、政策、法令和规划指导下加强放射性废物的微观管理大有可为。应该在当前改革企业管理制度、扩大企业自主权的有利形势下,发扬主动精神,千方百计地调动行政的、经济的、技术的、组织的、教育的和法律的手段,做出高质量高水平的放射性废物管理工作。

4 历史经验教训的简短总结

(1)我国放射性废物治理的发展史充分表明了党和国家对职工和人民健康的无比关怀。从核工业创建时起,我们就实行在建设厂矿主工艺的同时,兴建配套的三废治理设施,基本上做到同时设计、同时施工、同时投产,从而有效地防止了放射性污染。这一经验对于任何新兴产业包括目前正在起步的核电事业均有重要的借鉴意义。

(2)在我国原有技术基础比较薄弱的条件下,我们主要依靠自力更生,全国大力协同,科研、教育、设计机构和厂矿企业紧密结合,组织技术攻关,迅速提高了放射性废物治理的技术水平。在今后的技术开发和更新工作中,我们仍然需要发扬这种优良传统,并且要求进一步做好规划,加强科研、设计和生产企业工作的衔接。同时,在新的国际条件下,我们已有可能也有必要开展国际合作和引进必需的先进技术。

(3)在放射性废物治理中,加强管理工作是不可缺少的一个重要环节。我们已经积累了不少管理经验,但管理工作仍然是我国放射性废物治理中最薄弱的一环。改革管理工作的目标是实现管理现代化,这是新时期完成高效率低消耗的放射性废物治理工作的重要保证。

(4)从根本上减少或者消除放射性废物的产生和排放,或者化害为利,历来是我们努力追求的一个政策目标。经验表明,只要生产部门从全局和国家的整体利益出发,按照这一目标在工艺改革、技术改造、综合利用和闭路循环等方面下工夫,许多复杂的治理问题是不难解决的。

(5)放射性废物治理和环境保护出现了日益紧密结合的新趋势。这一方面是由于环境质量标准和环境质量评价工作的展开,对旨在消除污染源的三废治理工作越来越感兴趣和提出了更高的要求;另一方面则是由于放射性废物治理的工作从处理发展到了处置阶段,迫切需要环境科学的支持。我们应当继续从法规标准上、组织机构上和科学技术上促进这种结合趋势,把放射性废物治理工作做得更好。

【载于《环保通讯》,1986 年第 4 期】

放射性废物管理与辐射防护新进展

1 前言

近十年来，辐射防护科学取得很大进展。ICRP 26 号出版物[1]确立了适用于所有涉及辐射照射的实践的剂量限制体系，ICRP 46 号出版物[2]针对放射性固体废物处置提出了个人风险限值和其他建议，发展了辐射防护三原则。这些进展对放射性废物管理产生了深刻的影响，使之在管理目标、控制手段和评价方法等方面更加科学化和定量化。可以说，辐射防护原则已经成为放射性废物管理的重要科学基础，放射性废物管理也正在成为辐射防护的重要研究对象。本文对两者结合的某些进程作了简要评述。

2 放射性废物对公众的影响

在 UNSCEAR 1982 年报告中，有一份题为“核动力生产引起的照射”的科学附件[3]，对核燃料循环的每个阶段向环境释放的放射性物质给公众带来的影响作了总结。这是从辐射防护观点出发对整个核工业放射性废物管理的成效所作的一次完备的记录和评价。该附件给出了废气和废液排出流中放射性核素的组成和排放量，讨论了固体废物处置和水冶尾矿稳定化后放射性核素的释出和迁移，估算了废物的排放和处置在公众中产生的集体剂量和个人剂量水平。表 1 给出了附件中列举的放射性废物排放和处置所引起的完全和不完全集体有效剂量当量负担的归一化值。1954 年到 1986 年 7 月全世界核电站累计发电量约4 000 GW·a，放射性废物排放和处置对公众的影响总计约为 10^5 人·Sv，只相当于同期天然辐射源引起的集体有效剂量当量的千分之三。这些结果表明，放射性废物管理取得了良好成效，同时还存在一些不足之处；这些结果还对核工业放射性废物管理采取“抓两头”的方针提供了具有科学说服力的支持。这个总结之所以可能，是由于 ICRP 26 号出版物确立了有效剂量当量概念，使全身和各部分组织器官通过外照射和内照射等不同途径接受的剂量当量得以相加，从而能更好地估计受照射的公众所遭受的全部危险。但该报告对高放废物处置的环境影响所作的不成熟的评价表明辐射防护还需从当时的水平上前进一步。

3 放射性废物管理中的辐射防护最优化

ICRP 26 号出版物所建议的剂量限制体系的三项基本原则在控制放射性废物排出流向环境释放方面的应用已被 IAEA 详加说明[4]，并成为许多国家制定排放限值的基础。近年来辐射防护最优化已开始用于放射性废物处理和处置的决策中，试图把安全、经济和社会因素结合起来，这是近年来放射性废物管理在指导思想上一个重要的转变。在我国，随着核电建设的起步，迫切需要将经济因素引入管理决策中，以便利用有限的投资在放射性废物管理中办成更多的事情，从而在总体上更有利于保证安全目标的实现[5]。

表 1　放射性废物排放和处置对公众的影响

来　源	排 出 形 式	归一化集体有效剂量当量负担/[人·Sv/GW·a]
采矿	氡	0.5
水冶	微粒和氡	0.04
燃料精制	微粒	0.002
反应堆运行	大气释放	4.1
	水体释放	0.06
乏燃料后处理	大气释放	0.3
	水体释放	0.7
全球弥散核素	^{3}H,^{85}Kr,^{14}C,^{129}I	18[1)]
水冶尾矿	氡	2.5[1)]
高放废物处置	地下水核素迁移	0[1)]
总　计		26

注:1) 假定裂变动力堆生产持续 500 年时的不完全集体有效剂量当量负担的归一化值。

辐射防护最优化可应用于放射性废物管理的四种水平上[2]:(1)对特定处理或处置设施的各种设计方案的比较;(2)对特定废物流的不同处理或处置方案的比较;(3)对特定废物流的各种全面管理系统的比较;(4)对给定源或实践的整个废物管理系统的比较。

辐射防护最优化的基本思想,即在考虑了经济和社会因素之后,应当将照射保持在可合理达到的尽可能低的水平,可适用于放射性废物管理的各个阶段。ICRP 37 号出版物[6]指出,在设计阶段比在操作阶段更容易实施定量的最优化,该出版物所附录的应用实例大部分涉及有关通风和废气净化与排放系统的设计。

定量的最优化技术包括多标准方法和总计法两大类,代价与利益分析是后者的一个特例。目前在放射性废物管理中应用较广的是代价与利益的差分分析,它是在数目有限的方案中,通过每两个方案之间单位集体剂量降低所对应的防护代价增加同各个国家的主管当局所选用的 α 值相比较,并以不超过个人剂量当量管理限值为约束条件,进行方案的选择。已有一些应用实例,如沸水堆短寿命气体排放方案的选择[6],后处理厂 ^{129}I 净化方案的选择[6],压水堆放射性废液、废气和碘净化方案的选择[7],反应堆污水处理厂所产生的污泥处理处置方案的选择[8],核电站废离子交换材料处置方案的选择[9]。

在最优化分析过程中必须兼顾对公众的照射和职业性照射,不可忽视在某些情况下为降低对公众的危害却过分增加了对工作人员的危害[2]。

4　个人风险限值与放射性废物处置

对 ICRP 所建议的剂量限制体系能否适用于废物处置这样一类包含低发生概率事件的、辐照剂量不能完全控制的和辐射影响可延伸到未来的实践的讨论,产生了 ICRP 46 号出版物[2],它意味着剂量限制体系正在发展为更完善的剂量和风险限制体系。

为了使辐射防护原则适应于放射性废物处置这一特殊情况,ICRP 把曾帮助它产生了有效剂量当量的"危险(Risk)"概念扩展为"风险(Risk)"概念,即不仅考虑了个体受到一定剂量照射后发生某种有害效应的概率，而且考虑了发生该种照射的概率。对伴随随机性效应的照射，风险为：

$$R = P(H_E) r H_E$$

式中，R 为对个人的风险，H_E 为有效剂量当量，r 为每单位有效剂量当量的严重危害健康效应的概率(即危险度)，$P(H_E)$ 为发生相应照射的概率。当 rH_E 值较大时，风险方程为：

$$R = P(H_E)(1 - e^{-rH_E})$$

在更高的剂量下，实际风险比按上式算出的大，因为此时有非随机性效应发生。为了得到总的风险，R 值必须对所有事件加和后算得。

ICRP 46 号出版物提出的主要建议是：过去的个人剂量当量限值(如对公众中个人的基本剂量当量限值为每年 1 mSv，它所暗含的风险为每年 10^{-5})可继续应用于常规释放情况，包括处置库的正常情景在内；而对于概率性事件，则应采用个人风险限值(如对公众中个人为每年 10^{-5})。把来自常规过程和概率性事件的风险加和并施加风险限值于其总和在理论上是可能的，但在实际应用上有许多不便，因此将它们分开处理并置于同一风险限制水平上是比较合理的。图 1 为在做个人风险评价时约束所有过程和事件对个人的风险的标准曲线，该曲线的特性如下：在年剂量当量≤1 mSv 时概率限值为 1；随后是反比区；在可能发生非随机性效应的剂量范围内有一个非比例区；在致死剂量范围内的概率限值为 10^{-5}。

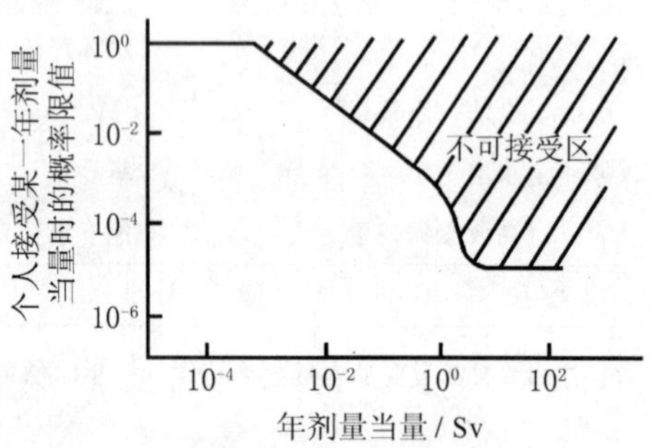

图 1　个人风险限值为 10^{-5} 时用于个人风险评价的标准曲线

考虑到关键组中的同一个成员有可能同时接受来自几个局部源、区域源或全球源的风险，为了给其他源留有余地，对每个源设置了只占个人风险限值一定份额的风险上界作为它的管理限值。这种情况类似于个人剂量当量限值和源上界的关系。

在讨论中有一种意见认为[10]，辐射防护原则应用于放射性废物处置时要有不同的侧重点，即要较多地注意个人剂量当量或风险限值而较少地注意辐射防护最优化，但 ICRP 重申了对最优化的一贯立场，并指出低概率事件辐射影响的期望值固然有很大的不确定度，以致难于进行代价与利益分析，但可以通过发展非代价与利益分析的其他最优化技术来解决这个问题。

将个人剂量和风险限值或辐射防护最优化应用于废物处置，是比较新的课题，需继续进行研究。还有许多技术性和非技术性的问题待解决，如预测将来的条件、确定破坏性事件的发生概率、估计个人接受照射的概率、确定集体剂量当量负担的截尾时间和确定分配给将来居民风险的权重因子。

ICRP 46 号出版物在讨论水冶尾矿这一类特殊废物时着重指出，尾矿库与一般放射性废物处置库不同，它们不可能在缺乏管理控制的条件下保持可以接受的安全。这一点应引起注意。

ICRP 46 号出版物关于建立豁免规则的建议对于放射性废物管理也有重要意义。人类活动风险的比较研究表明，在个人决策中，数量级为 10^{-6} 的年死亡概率不会被考虑，与这个风险水平相对应的年剂量当量为 0.1 mSv。豁免规则主要应用于源的评价中。考虑到个人可能同时接受不同源引起的照射，故把风险水平再降低一个数量级，还要考虑到一些活度浓度比较低而数量大的废物源所引起的个人剂量不高但集体剂量不可忽视的情况，因此 ICRP 建议源的豁免规则是年个人剂量当量小于 0.01 mSv 和集体剂量当量负担小于 1 人·Sv[2]。在实施豁免规则时需要作出一系列具体规定。

5 放射性废物处置安全系统工程及其评价

具有多重屏障功能的放射性废物处置库是人类精心设计的安全系统。这种多重屏障设计思想在我国可以追溯到漫长的古墓葬历史中[11]，但对它进行定量化的研究和评价却是现代的事。IAEA 总结了近年来的国际研究成果，发表了一系列有关放射性废物处置安全评价方法的报告[12~16]。在进行情景和后果分析时，采用了确定论和概率论两种方法，这反映了各个国际组织之间协调一致的努力。ICRP 46 号出版物所确立的放射性废物处置安全评价标准，将对 IAEA 的工作产生新的推动力。

6 几点建议

鉴于近年来辐射防护科学的发展和辐射防护原则在放射性废物管理特别是在放射性废物处置中日益普遍的应用，结合我国的情况和需要建议加强下述工作：促进辐射防护最优化在放射性废物管理决策中的应用，研究适合于放射性废物处置的最优化技术；促进个人剂量和风险限值在放射性废物处置中的应用；开展放射性废物处置安全系统工程研究，建立放射性废物处置安全评价方法体系；开展尾矿库和废石场长期管理的研究；开展豁免规则及其实施条件的研究等。

参考文献

1 ICRP 著，李树德译．国际放射防护委员会第 26 号出版物．北京：原子能出版社，1978

2 ICRP. Radiation Protection Principles for the Disposal of Solid Radioactive Waste. ICRP Publication 46, 1985

3 UNSCEAR. Ionizing Radiation: Sources and Biological Effects, Appendix F, 1982

4 IAEA. Principles for Establishing Limits for the Release of Radioactive Materials into the Environment. Safety Series 45 and Annex, 1983

5 陈式．放射性废物宏观管理问题的探讨．见：放射性废物管理．北京：原子能出版社，1987. 11～15

6 ICRP. Cost Benefit Analysis in the Optimization of Radiation Protection. ICRP Publication 37, 1983

7 EPA 40CFR 190. 1979

8 Vivian G A, Donnelly K J. A Canadian Nuclear Power Producer's Approach to the Optimization of Design for Radiation Protection. IAEA-SM-285/52, 1986

9 Hill M D, Smith G M. Does Optimization have a Role in Decisions of Radioactive Waste Management. IAEA-SM-285/16. 1986

10 NEA/OECD. Long-term Radiation Protection Objectives for Radioactive Waste Disposal. NEA/OECD Experts Report, 1984

11 黄雅文，谷存礼．中国古墓葬和中低放废物处置．见：放射性废物管理．北京：原子能出版社，1987. 48～55

12 IAEA. Safety Assessment for the Underground Disposal of Radioactive Wastes. IAEA Safety Series No. 56, 1981

13 IAEA. Concepts and Examples of Safety Analyses for Radioactive Waste Repositories in Continental Geological Formations. IAEA Safety Series No. 58，1983

14 IAEA. Criteria for Underground Disposal of Solid Radioactive Wastes. IAEA Safety Series No. 60，1983

15 IAEA. Safety Analysis Methodologies for Radioactive Waste Repositories in Shallow Ground. IAEA Safety Series No. 64，1984

16 IAEA. Performance Assessments for Underground Radioactive Waste Disposal Systems. IAEA Safety Series No. 68，1985

【载于《辐射防护》,1988,8(4～5):324】

辐射防护新概念对放射性废物管理的启发意义

当前我国的放射性废物管理工作者、辐射防护工作者和核环境保护工作者都在深入地学习和讨论《国际放射防护委员会 1990 年建议书》[1]（以下简称 ICRP-60）。其中有一个大家共同关心的问题是如何依据日益完善化了的辐射防护原理、原则来改进我国仍然比较落后的放射性废物管理的实际工作。本文作者在认真学习了 ICRP-60 有关的基本概念和内容之后，试图对上述问题提出一些不成熟的看法，以供进一步讨论。

1　源项、途径、剂量、效应

造成人类照射的全过程可以方便地概括为源项-途径-剂量-效应（ICRP-60 第 102 至 105 段），它相当准确地描绘了辐射防护的整个工作领域。放射性废物管理所要做的事，实质上就是对照射源项施加控制。

对一个核设施来说，辐射防护的基本源项通常是指在该核设施的基本物料中所包含的具有辐射防护意义的所有放射性核素的活度和活度浓度。基本源项主要用于核设施的安全分析。以压水堆核电厂为例，一回路水中的放射性构成了核电厂运行状态下的基本源项，堆芯结构材料中的放射性构成了核电厂退役基本源项的主要部分，乏燃料中的放射性构成了乏燃料运输的基本源项等。核电厂事故状态下的基本源项则取决于事故的性质和严重程度。在基本源项的表述中，所谓具有辐射防护意义的核素是指依据对该核素的源项、途径、剂量、效应的具体了解而断定在辐射防护中必须加以考虑的核素。基本源项包括可能产生职业照射和公众照射两种情况，而仅与公众照射有关的源项则被称为释放源项。核设施的释放源项通常是指从基本源项出发并考虑了工程控制和三废治理措施的效能以后，求得的放射性核素向环境释放的量或速率。释放源项主要用于核设施的环境影响评价。准确地说，放射性废物管理是对公众照射源项的控制。

在核电厂运行状态下，存在着气态和液态流出物向环境释放引起的公众照射源项。这一部分释放源项与核电厂中低水平放射性废气和废液处理系统的效能有密切的关系。除此以外，核电厂还输出中低水平放射性固体废物。核电厂应为中低放废物处置场提供基本源项，并可根据该基本源项和处置系统的多重屏障效能计算出处置场向环境释放的源项。值得注意的是，人们不仅关心核电厂通过流出物直接向环境释放的源项，更关心核电厂经由废物处置间接向环境释放的源项。因为对公众照射具有长期意义的长寿命核素较多地存在于中低放固体废物中，只有很少几种长寿命核素存在于流出物中（这里不讨论乏燃料的输出）。目前国内对固体废物处置源项注意不够。在有关核电厂运行状态下的基本源项的国家标准[2]中，涉及 56 个放射性核素，但除^{237}Np 以外，未要求包括更多的长寿命核素，如^{14}C，^{59}Ni，^{63}Ni，^{94}Nb，^{99}Tc，^{129}I 及超铀元素等[3]。核电厂还缺少完整的固体废物监测系统，而这是积累运行经验反馈数据所必需的。

"对公众的照射应当在源的地方控制，只是在这些控制不能有效时，才应对环境及个人施加控制"(ICRP-60 第 110 段)。这里提出的原则，对公众的辐射防护和环境保护具有重要指导意义，同时也充分地肯定了放射性废物管理的地位和作用。

1985 年以来，我国的放射性废物管理工作者在深入研究实际放射性废物管理情况的基础上，曾先后提出了中低放固体废物系统化管理的 28 字方针[4]和放射性废物系统化管理的 40 字方针[5](减少产生，分类收集，净化浓缩，减容固化，严格包装，安全运输，就地暂存，集中处置，控制排放，加强监测)。从系统观点出发走到底，必然会得出下面一个结论：放射性废物处置(广义的处置也包括控制排放)不仅是同处理并列的某种技术操作，而且它还具有特殊的管理含义，这就是处置对整个放射性废物管理的"规定和制约"作用[4]。因此"废物管理应以安全为目的，以处置为核心"[5]。"用以处置为中心，包括废物的产生、处理、前处置和处置在内的全面放射性废物管理代替以临时贮存为终点仅包括收集和贮存的废物管理"[6]。

ICRP-60 强调了"对公众的照射应当在源的地方控制"，也就是在放射性废物处置或排放的地方进行控制，这是可以理解的。因为放射性废物处置或排放既是放射性废物管理过程的终点，又是核素向环境释放、迁移和转移直至"剂量到人"的另一个过程的起点。抓住处置或排放这个联结点，上可以带动整个放射性废物管理，下可以控制公众所受的照射。这样就构成了完整的放射性废物管理的现代理论。

2 实践、干预、豁免

ICRP-60 建立了实践和干预两大防护体系，还包容了豁免原则。这些均为放射性废物管理及与其有关的核设施退役的辐射防护标准的制定和选用提供了依据。

上述体系和原则的第一个特点是概念的明晰性。这一点特别有利于在情况复杂多变的放射性废物管理工作中的应用。例如，实践是指引起总的辐射照射增加的人类活动；实践的方式有"引入新的一整套源、途径与个人"或"改变从现有源到人的传播途径的网络，从而增加了个人受到的照射或受到照射的人数"。干预是指通过影响既存网络形式而降低总的照射的人类活动；其方式包括"移开既已存在的源"和"改变途径，或减少受照人数"(ICRP-60 第 106 段)。豁免是对一个源或一种环境情况断定"审管是不必要的"，其实现方式主要基于微小的个人剂量与集体剂量，有时也可以基于"没有合理的控制方法能使个人剂量与集体剂量明显地减少"(ICRP-60 第 287 段)。

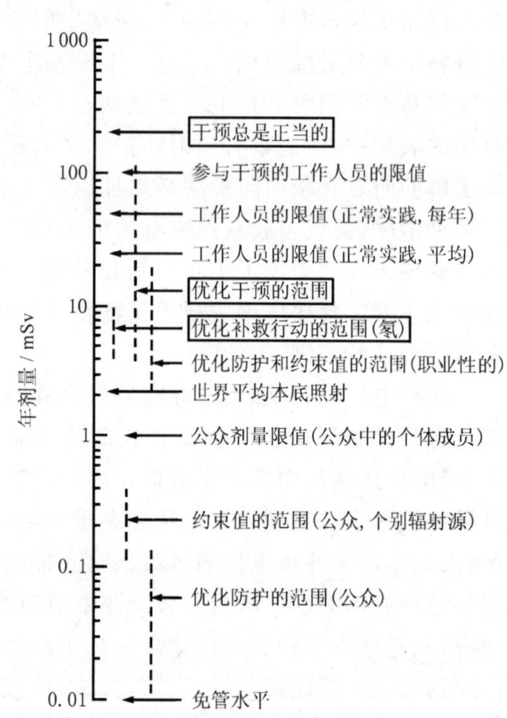

图 1　对应用辐射防护原则的定量化要求和指导性意见[7]

上述体系和原则的第二个特点是正在朝着定量化的方向努力(见图 1[7])，从而逐渐增加了它们的可操作性。由于放射性废物新近被定义为“含有放射性核素或被放射性核素污染，其活度浓度或总活度大于审管机构确定的清洁解控水平(clearance levels)且预期为无用的物质”[8]，因此对放射性废物管理具有基础意义的清洁解控水平(其值因核素而异)的制定正在受到关注。需要说明，根据图1中剂量的免管水平，即可导出对废物或退役材料的清洁解控水平。

在放射性废物管理和核设施退役中如何正确地选用辐射防护体系或原则是一个十分敏感的问题。一定要实事求是，对具体情况做具体分析。以铀矿冶设施的退役和停闭①工程为例[9]，曾经有一种意见认为，由于存在历史遗留问题，铀矿冶设施退役和停闭工程伴随大量的补救行动，因此应全部纳入干预的防护体系。经过研究，我们认为工程的不同组成部分或阶段应分别采用不同的防护体系或原则(见表1)。

表1　铀矿冶设施退役和停闭工程的辐射防护标准

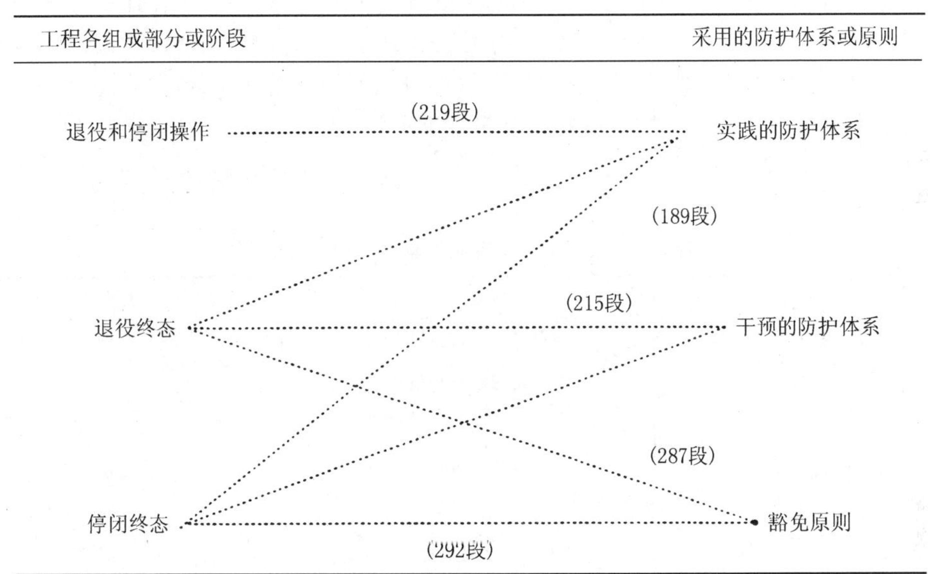

防护最优化是放射性废物管理和核设施退役中的重大课题。防护最优化最好是针对特定的企业和特定的任务，选定一种优化的防护水平，使工作人员和公众成员所受的集体剂量和个人剂量保持在可合理达到的尽量低的水平。优化的防护水平可以是优化的防护方案、参量或程序。但是可能存在数据和资料收集不齐全，缺少搞防护最优化的技术人才，或时间不允许等困难，影响了防护水平的优化。因此针对每个国家的同类企业和同类任务，采用防护最优化方法制定某些通用的现场控制标准，就成为更常用的办法。“大部分操作中的防护标准是按照有约束的最优化过程而不是按照剂量限值来建立的。这时，适用于某些选定类型的操作的强制性剂量约束值，就会是一个有用的管理工具。”(ICRP-60 第 239 段)。仍以铀矿冶设施退役和停闭工程为例，在8项现场操作中需要制定7项控制标准[9]，说明标准化任务是艰巨的。现在应当着手准备把防护最优化引入我国现场控制标准的制定中。

---

① 停闭(closeout)是指对尾矿库、废石场、堆浸场、地浸场和废矿井所进行的必要的操作、审管和管理活动，旨在保证其长期安全和减少维护与监视[8]。停闭的性质同废物处置中的关闭接近。

3 潜在照射

ICRP 第 46 号出版物[10]已提出对包含低发生概率事件的放射性废物处置这一类实践实行剂量和危险双重标准，即个人剂量限值及其约束值适用于常规释放情景，个人危险限值及其约束值适用于概率性事件。但它没有对个人危险限值做出定量的规定，只是说可以考虑把危险限值和剂量限值置于同一危险限制水平上(每年 10^{-5})。

ICRP-60 提出和发展了潜在照射的概念，指出潜在照射通常是在实践的防护体系中考虑的问题，对其发生概率与大小常可施加一定程度的控制；但如果发生了这种照射，则可能导致干预(ICRP-60 第 111,195 段)。

由于危险限值的制定是一个复杂的问题，因此 ICRP-60 申明“委员会尚未推荐个人危险限值”，同时指出规定一套可用于单个序列的可归因死亡概率的危险约束值更为有用(ICRP-60 第 205,245 段)。目前在我国中、低放废物近地表处置国家标准[11]中设置的对公众成员闯入剂量的控制值(无意闯入者连续受照的年有效剂量当量不超过 1 mSv，单次急性受照的年有效剂量当量不超过 5 mSv)，实质上就是以剂量标准的语言表达的专用于单个序列的危险约束值。

表 2 与放射性三废有关的辐射事故情况分析

	事故情况	发生频率/%
事故地点	发生在主工艺设施内	14
	发生在三废治理设施内	82
	其他	4
事故类型	超剂量照射	18
	表面污染	54
	放射性物质泄漏	24
	丢失放射性物质	4
事故性质	责任事故	76
	技术事故	20
	其他	4

潜在照射的概念不单应用于放射性废物处置。对 1959—1988 年我国核工业辐射事故汇编提供的资料所进行的统计分析表明，与放射性三废的产生、收集、处理和贮存有关的辐射事故约占总辐射事故的 26%。这表明放射性废物管理领域是事故多发区，必须加强安全分析和强化控制措施(ICRP-60 第 249 段)。对事故的进一步分析表明，人为因素事故占了很大的比重(见表 2)，因此必须提倡“安全文化”(ICRP-60 第 233,247 段)。近几年来与废辐射源有关的现实照射和潜在危险均增加了，这表明必须尽快地把废辐射源的收集、管理和安全处置提上议事日程。

4 审管体系、现场防护体系、事故应急体系

ICRP-60 第 7 章写得很精辟，但其内容并不容易把握。笔者的初步体会是要抓住国家辐射防护与核安全的三大基础结构体系来把握辐射防护原理原则的实施要点。这三大基础结构体系是：审管体系（主要对应于预防状态），现场防护体系（对应于运行状态）、事故应急体系（对应于事故状态）。根据“预防为主”的原则，要把审管体系摆在第一位。三个体系之间也存在某些交叉。

ICRP-60 建议的审管体系比较单纯，它是由政府授权的审管机构（regulatory agencies）和作为审管对象的具有法人地位的运营者（operating managements）构成的。运营者要承担起达到并保持对辐射照射的满意控制的主要责任，审管机构的责任是审管、咨询、设置或推行总的防护标准，并直接负责无运营者的事项（ICRP-60 第 231 段）。这是一种反映市场经济要求的审管体制。目前我国正处于从计划经济向社会主义市场经济转轨的阶段，现行审管体系带有过渡性质，因此在职责与权限的分配，责任检查与验证，职责与责任检查的转移等方面（ICRP-60 第 230，232 段）都还有必要继续改进。

审管制度的基本内容是法规和执照登记通知加视察[12]（ICRP-60 第 276 段）。应说明执照登记和通知代表不同层次的审管要求，并非所有工作都要发执照。ICRP-60 建议的审管制度并不等同于申请加批准的单纯行政管理过程。审管制度的核心是进行细致的技术审查和检查[12]，以判定被审查或检查的工程项目或技术操作是否符合辐射防护和核安全标准。这里面包含大量的改进设计或操作程序的意见和建议。即使是最后批准了的项目或操作，在技术审查和检查过程中也并不轻松，往往是在做了许多重要改进后才通过的。

放射性废物管理作为公众照射源项的控制手段，在审管过程中特别是在工程项目的环境影响评价和环保设施的“三同时”检查中起重要作用。对核设施退役来说，颠覆性意见也常常出自源项。审管制度是保证放射性废物管理实现其目标的动力源泉。

ICRP-60 第 7 章用了很大篇幅来论述现场防护体系。现场防护是以运营者为主体的自觉的自组织行为。它包括监测、实际剂量估算，数据库及其应用，运行阶段的防护最优化，运营者之间的联合和信息交换，以及第三方认证制度等。现场防护体系的核心是建立有效的运行经验反馈制度。经验反馈的目的不仅是为了揭露和解决运行操作中的技术问题，而且是为了对工程设计、操作规程、人员培训，以及操作中的防护标准甚至于如何堵塞审管漏洞等提供需要改进的信息（ICRP-60 第 248，249，252，276 段）。大亚湾核电站在试运行期间对与放射性废物管理有关的 7 次事件做了详细的分析，包括事件发生过程、事件后果、事件原因和改进措施等。对讲真实情况的人不追究责任，说假话者却要受处分，这有利于总结出真正有价值的经验教训。我们的目标应该是通过运行经验反馈使粗放型的放射性废物管理转变为精细型的管理。

在国外，运行经验反馈系统已经发展成为全国规模的信息网络。一家出事，其经验和教训可使各家受益。我国在建立全面的核电站和核燃料循环运行经验反馈制度时，不能只注意核安全问题，还必须把放射性废物管理考虑在内，因为在核设施正常运行条件下每时每刻都与公众和环境有关的显然是后者。

事故应急体系也应考虑放射性废物管理，特别是高放废物贮存、高放废物运输和废源丢失等情况。

在考虑进行干预的许多情况中有不少是长期存在的，不要求紧迫行动，但需要采取补救措

施。这些情况多半与放射性废物的早期埋藏或放射性污染的扩大有关(ICRP-60 第 215,219 段)。目前应急计划和补救行动计划是由不同部门分管的。但应该看到,在实施应急计划的后期可能要求补救行动;某些非事故后果的大规模补救行动也可能需要国家的参与。这个问题有待进一步研究。

参考文献

1 ICRP 编,李德平等译. 国际放射防护委员会 1990 年建议书. 北京:原子能出版社,1993

2 中华人民共和国国家标准. 压水堆核电厂运行工况下的放射性源项. GB/T 13976-92, 1992

3 美国联邦法规. 放射性废物陆地处置的审批要求. 10CFR61, 1991

4 陈式,杨立基,李学群,等. 中低放固体废物管理和处置政策探讨. 见:潘自强主编. 放射性废物管理. 北京:原子能出版社,1987. 1~4

5 中华人民共和国国家标准. 放射性废物管理规定. GB 14500-93, 1993

6 潘自强. 在辐射防护和安全中一些概念的转变. 辐射防护, 1994, 14(1):1

7 Gonaalea A J. 辐射安全:新的国际标准. 国际原子能机构通报, 1994, 36(2):2

8 IAEA Radioactive Waste Management Glossary. IAEA, Vienna, 1993

9 陈式. 对铀矿冶设施退役工程辐射防护标准问题的讨论. 辐射防护, 1993, 13(4):414

10 ICRP. Radiation Protection Principles for the Disposal of Solid Radioactive Waste. ICRP Publication 46, 1985

11 中华人民共和国国家标准. 低、中水平放射性废物的近地表处置规定(修订报批稿). GB 9132-95, 1995

12 李德平. 辐射防护的全部内容和实践的防护体系——ICRP 新建议书中有关问题的讨论. 辐射防护, 1991, 11(5):321

【载于李德平,潘自强,胡遵素等著. 辐射防护及相关学科论文集. 北京:原子能出版社, 1996】

我国放射性废物管理标准研制概述

近年来国内外普遍重视放射性废物管理标准的研制，并取得了很大的进展。国际原子能机构(IAEA)继20世纪80年代大量发布有关放射性废物处置安全标准之后，又于90年代开始编制和出版《放射性废物安全标准》系列，计划出55种，现已出6种。在我国的国家标准系列(GB)、核行业标准系列(EJ)、核电厂安全法规系列(HAF)和环保标准系列(HJ)中，截止到1997年，涉及放射性废物管理的标准包括导则共有54种(详见本文附录：我国已发布的放射性废物管理标准目录)，其中绝大部分是在20世纪90年代编制或修订的；目前正在编制或已经形成报批稿的还有17种。

废物管理标准热的出现不是偶然的，它反映了公众对安全和环保问题的关注。废物管理是提供安全保证的一个重要方面，在IAEA等6个国际组织共同倡议的《国际电离辐射防护和辐射源安全的基本安全标准》中，所涉及的7种需要考虑防护与安全的辐射照射类型，即职业照射、医疗照射、公众照射、潜在照射、应急照射、持续照射和天然照射，除天然照射以外的其余6种均与放射性废物管理有关。该国际标准所确定的8项防护与安全基本原则，即实践的正当性、个人剂量与危险限值、防护与安全最优化、干预的正当性与干预措施最优化、安全的主要责任、安全文化、纵深防御、优质管理等，除实践的正当性不在废物管理范围内考虑外，其余7项均应在放射性废物管理中实施；此外还有豁免原则也用于放射性废物管理。正是上述这些原则指导着放射性废物管理标准的研制。表1给出了放射性废物管理的各种情况同辐射照射的类型及适用的防护与安全原则之间的关系。

表1　放射性废物管理中的防护与安全问题

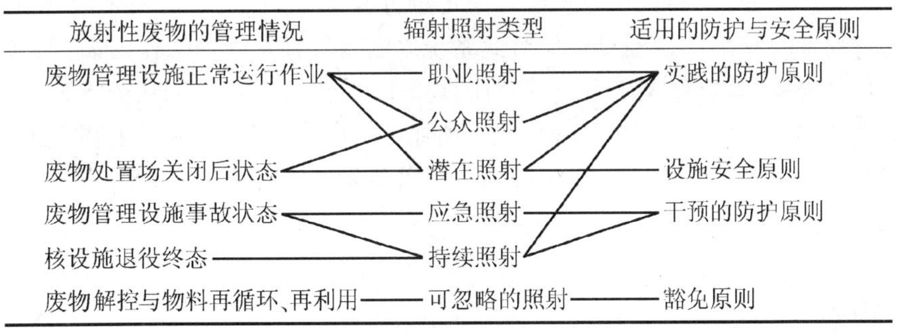

本文简要介绍了我国放射性废物管理标准研制的新近进展，其中包括一部分正在研制的标准的动向，对研制中已取得共识的思路做了某些有助于理解的说明，也涉及放射性废物管理标准未来变化的趋势。本文只代表作者的观点，难免有错误和不妥之处，敬请指正。

1 放射性废物的定义

在 GB/T 4960.8-1996 中，对放射性废物给出了一个新的定量标准：若废物中含有的放射性核素的量大于清洁解控水平则为放射性废物，若小于或等于清洁解控水平则为解控废物亦即非放射性废物。该标准也适用于污染物料的再循环再利用。

现在需要针对废物的解控和污染物料的再循环再利用制定有关核素的清洁解控水平。GB 13367-92 的附录 A(参考件)给出了固体废物中某些核素的清洁解控水平的范围值(以 Bq/g为单位)；附录 B(参考件)给出了污染钢材和设备再循环再利用时某些核素的清洁解控水平的范围值(以 Bq/g 为单位)及同时必须满足的表面污染控制值(以 Bq/cm^2 为单位)。但在该标准中引用的清洁解控水平范围值只具有参考意义。目前国内正在研制的某些新标准(参见本文第 11 节)将提供较可信的数值。

有人认为清洁解控水平数据不全且难于准确测量，标准的可操作性差，故主张仍沿用旧的废物免管值(不分核素种类都是 74 Bq/g)，但走回头路是不可能的。清洁解控水平主要是建立在可忽略剂量水平(10 μSv/a)的科学基础上的，对它的推算没有不可克服的困难；且国内正在制定等效采用国际标准的活度测量方法。实际上需要通过准确测量来判定是否为放射性废物的情况主要发生在退役废物和城市放射性废物管理中，其他废物则是在实施废物最少化时才有这种要求(参见本文第 2 节和第 4 节)。

2 废物分类

1997 年在审查 HAF 导则《放射性废物的分类》送审稿时，与会专家通过讨论共同形成了我国放射性废物分类体系的最新思路。该分类体系包括 3 个分类系统。其一是 IAEA 新近建议的按废物处置安全要求进行分类的固体废物定量分类系统，这是一个主要的分类系统。它将固体废物区分为高放废物、长寿命中低放废物、短寿命中低放废物(简称中低放废物)和解控废物 4 类。分类的定量界限值可在 GB 9133-1996 中查到；而在划分长寿命和短寿命中低放废物时，长寿命 α 核素以外的其他长寿命核素的界限值则可在 GB 9132-95(修订报批稿)中查到。其二是兼顾废物处理、整备和处置要求的定量分类系统，它主要适用于废气、废液和固体废物的前处置作业。核工厂强烈要求保留此系统以满足其日常管理工作的需要。该系统的依据来自国内运行经验，其定量界限值可在 GB 9133-1996 中查到。其三是按废物来源进行分类的定性分类系统。设置此系统的必要性在于，铀钍矿冶废物、核设施退役废物和城市放射性废物是上述两个定量分类系统不能完全包容的 3 类需要特殊考虑的废物；此外，在相当多的情况下，废物来源本身就决定了废物的定量类别。

3 废物管理原则

在 GB 14500-93 中规定了我国放射性废物管理的 6 条基本原则。它与 IAEA 新近发布的放射性废物管理 9 项原则的精神是一致的。而且在 GB 14500-93 中有两条总结了国内的经验教训，一条是"一切产生放射性废物的设施或实践，均应设立相应的放射性废物管理设施，并必须保证其与主体工程同时设计、同时施工、同时投产"；另一条是"废物管理应以安全为目的，以处置为核心"。这两条仍需坚持下去。

在 1997 年审查的 HAF 管理规定《放射性废物安全监督管理规定》送审稿中等效采用了 IAEA 放射性废物管理的 9 项原则，即保护人类健康、保护环境、考虑境外影响、保护后代、不给后代留下不适当的负担、建立国家法律框架、放射性废物最少化、废物的产生和管理各步骤之间的相互依赖、废物管理设施安全。从标准化的角度看，最后一项值得注意。事实上，近几年来在国内放射性废物管理标准研制中已经加强了废物管理设施安全的选题。例如废物处置设施安全（参见本文第 8 节）、尾矿库等设施安全、高放废液贮存设施安全、高放废液固化设施安全、废物运输容器安全、可燃废物焚烧装置安全等。

4 废物管理的步骤和范围

在 IAEA《放射性废物安全标准》系列中，废物（包括污染的物料）的管理步骤被确定为：控制废物产生、废物流特性检测、废物预处理、处理、整备、运输、贮存和处置（含排放）。图 1 显示了废物管理的基本步骤及某些步骤所获得的“产品”，如拟排放的流出物、待处置的固体废物包、解控的废物、供再循环再利用的非放射性物料、供再循环再利用的放射性物料等。图 2 给出了上述 5 种“产品”的判定方法，清洁解控水平就是重要的判定依据之一。废物管理的重要原则之一是废物最少化，它不仅要求减少初始废物和二次废物的产生以及废物减容，还要求在废物管理各步骤中尽量将可用的物料和可解控的废物从废物流中分离出去。这里特别提一下可以在核工业厂矿内部再循环和再利用的放射性物料，其可能性还远未被充分利用。以上思路丰富了人们对废物管理目标和范围的认识，但在国内标准中还缺乏完整、准确的反映。

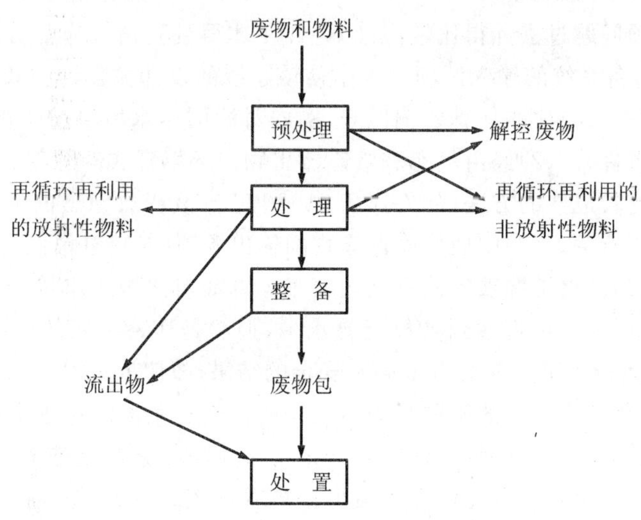

图 1　废物管理的基本步骤

无论是 IAEA《放射性废物安全标准》系列还是各有关政府签署的《乏燃料管理安全和放射性废物管理安全联合公约》，都认定废物管理包括退役和环境整治。因此，在我国废物管理标准系列中含有适用于退役终态的标准（参见本文第 9 节和第 10 节）、退役废物分类标准（参见本文第 12 节）和污染金属去污标准（参见本文第 11 节）就不显得奇怪了。

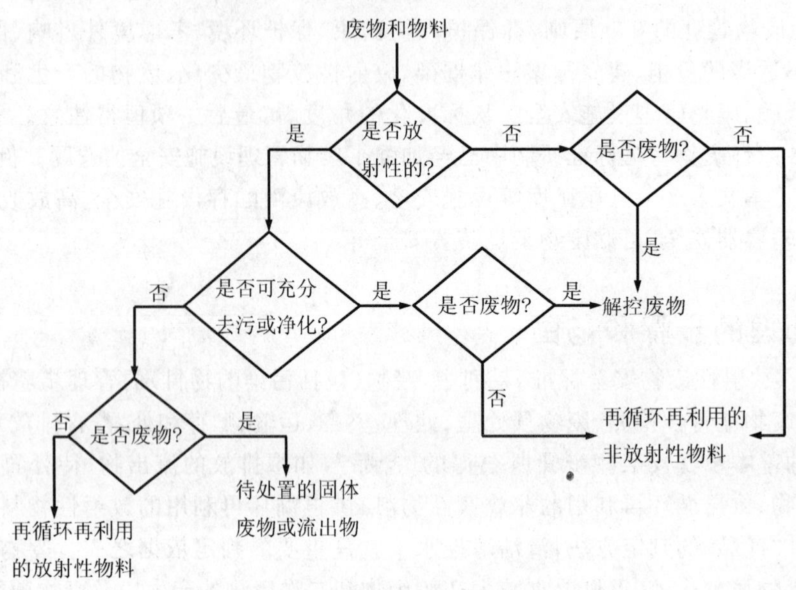

图2　废物流走向判定图

5　核电站废物源项的估算

核电站废物源项问题过去弄得比较混乱，近几年才得到澄清。应区分以下几个不同的概念：(1)废物处理和整备系统的输入源项。为了使该系统的设计在容量和效能两个方面都留有足够的余地，一般对输入源项的估算要偏保守，例如对法国压水堆可按工况 B 估算（在工况 B 中含有预计的运行事件）。(2)经由气态和液态流出物向环境释放的源项。这一部分释放源项的估算已经建立了比较成熟的方法，如 GB/T 13976-92。该释放源项的大小与核电站废气和废液处理系统的效能有关。(3)中低放固体废物的输出源项（对核电站而言）或处置源项（对接收废物的处置场而言）。这类源项的估算问题较多。例如对法国压水堆若按工况 B 做偏保守的估算，算得一部分固体废物将达到高放废物水平，显然是违背事实的；若按工况 A 估算（工况 A 是平均的正常运行工况），又会得出偏不安全的结果；故应取工况 A 和工况 B 之间的某一点，但算法尚未规范化。更复杂的问题是固体废物所含长寿命核素的处置源项的估算。目前，采用的估算方法是首先确定某些短寿命核素与某些长寿命核素活度浓度之间的比例关系（不同的堆型设计将有不完全相同的比例），然后根据短寿命核素的源项推断长寿命核素的源项，最后用实测数据验证。在中低放废物处置场，还可以根据处置源项和多重屏障效能对经由核素迁移向人类环境释放的源项进行估算。虽然这一部分释放源项对核电站的环境影响来说是间接的，但该释放源项的大小与核电站废物整备系统的效能有关。在我国有关的导则中，应对以上几类源项的估算方法做出推荐。

6　固体废物包的接收标准

中低放废物处置对废物包的一般要求可查 GB 16933-1997。对固化体性能的定量化要求可查 GB 14569.1-93(水泥固化体)、GB 14569.2-93(塑料固化体)和 GB 14569.3-95(沥青固化体)。此外高放废液玻璃固化体性能标准也在编制之中。在包装容器方面,已有 EJ1042-96(钢桶)和 EJ 914-94(混凝土容器),还有钢箱标准也已形成报批稿。

7 中低放废物近地表处置的辐射防护标准

这方面的规定可查 GB 9132-95。一直有人询问:整个处置场的剂量约束值才有 0.25 mSv/a,为什么闯入剂量约束值却高达 5 mSv/a(单次)或 1 mSv/a(长期)?这是因为处置的辐射防护标准采用剂量和危险双重标准,在这里区分了适用于处置场常规释放的个人剂量约束值和适用于闯入情景的约束值,后者实质上是以剂量标准的语言表达的专用于单个事件序列的个人危险约束值。

8 中低放废物浅埋处置的技术安全准则与标准

浅埋处置是近地表处置的一种类型。由于我国在建的广东北龙处置场和西北处置场均采用浅埋处置技术,故在选址、设计和安全评价方面积累了一定的经验。经过初步整理和归纳,我们提出了中低放废物浅埋处置的几条技术安全准则,以此作为多重独立屏障原则的展开。对这些技术安全准则的细化可能有助于改进和丰富现行中低放废物处置安全标准。

中低放废物浅埋处置的主要技术安全准则是:

a)选址准则;

b)工程屏障与地质屏障互补准则;

c)处置工程与邻近的其他工程相互影响评价;

d)废物包接收准则;

e)工程构筑物设计安全准则与工程寿期;

f)废物包堆置的安全要求;

g)顶部覆盖层的多重屏障设计准则;

h)多重防排水系统设计准则;

i)回填和覆盖材料的选择;

j)屏障效能的可检查性准则;

k)监护期的设置及可维修性准则。

9 退役终态的辐射防护标准和污染土壤清除水平

退役终态适用的标准问题,过去曾经按豁免原则进行考虑。随着国际上最新研究的进展,现已纳入持续照射的防护框架内,基本上按实践的防护原则进行考虑。我国已积累了初步的实际经验。退役终态的辐射防护标准将写进正在修订的国家标准《电离辐射防护与辐射源安全基本标准》中;作为退役现场执行标准之一的污染土壤清除水平正在编制之中。

10 铀矿冶设施退役与整治的辐射防护标准

过去我国铀矿冶设施的退役整治在概念上一直未能与国际标准完全接轨。在国际标准中明确区分了退役与停闭,其中停闭(closeout)的含义类似于废物处置场的关闭。做出这种区分的必要性在于退役与停闭两者的辐射防护标准依据不同。最近在审查核行业标准《铀矿冶设施退役整治工程设计规定》送审稿时，专家们建议重新定义“退役整治”这个在国内广为流行的术语：退役整治是对永久终止运行的铀矿冶设施所做的善后处理，以保证公众免受残留的和长期受控制的放射性物质的危害及其他可能的危害；对废矿井、露天采场废墟、尾矿库、废石场、堆浸场和地浸场是进行整治，对地表建筑物及其外环境是进行退役；退役后场址可对公众无限制开放，整治后的场所仍应适当限制公众的活动。以上建议既照顾了我国现有的语言习惯又满足了与国际标准接轨的要求。目前国内很重视地浸场的环境保护标准的研制，因为如果在定址和设计阶段不能依据标准把好关，以后出了问题就较难控制了。

11　污染金属解控标准

污染金属通过去污达到清洁解控水平属于豁免原则的应用范围。对解控标准的研制还有待做更多的工作。但核工业厂矿目前需要解决污染金属在去污后出厂检验的标准问题，而且要求该标准具有可操作性。最近在审查国家标准《来自核设施的钢铁和铝再循环再利用的放射性核素清洁解控水平》送审稿时，与会专家通过讨论形成了如下过渡性的解决办法：(1)对表面污染金属的去污采用现行去污标准中不受限制使用条件下的控制值（以 Bq/cm^2 为单位）作为出厂标准；(2)对活化金属直接采用以 Bq/g 为单位的清洁解控水平作为出厂标准；(3)当表面状况不利于活度的准确测量或表面污染与体污染同时存在时，作为校核手段，可在熔炼后取样测量并同以 Bq/g 为单位的清洁解控水平进行比较；(4)在制定以 Bq/g 为单位的清洁解控水平时，应明确解控点设在去污后（指出厂前去污）而非设在熔炼后（指出厂后熔炼），这就要求在解控后的安全评价中，所选择的情景应包括熔炼、加工、运输和使用等。

12　极低放废物标准问题

在退役中产生大量极低放废物，它定位于低放废物和免管废物之间，需要研制其分类和处置标准。在我国现行国家标准 GB 14500-93 中，规定了“低于低放的废物的管理”，其本意就是要解决退役产生的极低放废物的分类和处置标准问题。当时的分类依据现在看来是有缺陷的，今后应当按什么原则来解决这个问题仍在讨论之中。

13　城市放射性废物标准问题

研制城市放射性废物分类和管理标准，包括废辐射源的整备和处置标准，在当前具有迫切意义。在国家环保局颁发的行政管理文件《城市放射性废物管理办法》中含有一部分属于技术标准的内容，但还有待完善。因此，今后应加强这类标准的研制，尽早改变这类标准空缺的现状。

附录　我国已发布的放射性废物管理标准目录(至 1997 年)

标准类别	标准编号	标准名称
通用标准	GB/T 4960.8-1996	核科学技术术语:放射性废物管理
	GB 8703-88	辐射防护规定
	GB 9133-1996	放射性废物的分类
	GB 13367-92	辐射源和实践的豁免管理原则
	GB 14500-93	放射性废物管理规定
	HAF 0800	核电厂放射性废物管理安全规定
废物的产生、预处理、处理和排放	GB 9134-88	轻水堆核电厂放射性固体废物处理系统技术规定
	GB 9135-88	轻水堆核电厂放射性废液处理系统技术规定
	GB 9136-88	轻水堆核电厂放射性废气处理系统技术规定
	GB 13695-92	核燃料循环设施放射性流出物归一化排放量管理限值
	GB/T 13976-92	压水堆核电厂正常运行工况下的放射性源项
	GB/T 14057-93	放射性污染表面的去污、试验与评价去污难易程度的方法
	GB 14587-93	轻水堆核电厂放射性废水排放系统技术规定
	GB/T 15850-95	放射性污染表面的去污,纺织品去污剂的试验方法
	EJ/T 791-93	核空气净化系统的现场检验
	EJ 795-93	低中水平放射性废物减容系统技术规定
	EJ 938-95	核燃料后处理厂通风与空气净化设计规定
	EJ/T 940-95	核燃料后处理厂放射性废液管理系统技术规定
	HAD 401/01	核电厂放射性排出流和废物管理
	HAD 401/02	核电厂放射性废物管理系统的设计
	HAD 401/03	放射性废物焚烧设施的设计与运行
废物整备	GB 7023-86	放射性废物固化体长期浸出试验
	GB 12711-91	低中水平放射性固体废物包装安全标准
	GB 14569.1-93	低中水平放射性废物固化体性能要求:水泥固化体
	GB 14569.2-93	低中水平放射性废物固化体性能要求:塑料固化体
	GB 14569.3-95	低中水平放射性废物固化体性能要求:沥青固化体
	EJ 914-94	低中水平放射性固体废物的混凝土容器
	EJ 1042-96	低中水平放射性固体废物包装容器钢桶
废物贮存	GB 11928-89	低中水平放射性固体废物暂时贮存规定
	GB 11929-89	高水平放射性废液贮存厂房设计规定
	GB 14589-93	核电厂低中水平放射性固体废物暂时贮存技术规定
	EJ/T 532-90	低中水平放射性固体废物暂时贮存库安全分析报告要求
废物运输	GB 11806-89	放射性物质安全运输规定
	GB 15219-94	放射性物质运输包装质量保证
	EJ/T 818-94	放射性物质运输环境影响报告的标准格式与内容
	EJ/T 839-94	放射性物质运输安全分析报告的标准格式与内容

(续表)

标准类别	标准编号	标准名称
废物处置	GB 9132-95(修订报批稿)	低中水平放射性废物的近地表处置规定
	GB 13600-92	低中水平放射性固体废物的岩洞处置规定
	GB/T 15950-95	低中水平放射性废物近地表处置场环境辐射监测一般要求
	GB 16933-1997	放射性废物近地表处置的废物接收准则
	HJ/T 5.2-93	放射性固体废物浅地层处置环境影响报告书的格式与内容
核设施退役	GB11850-89	核电厂核大型反应堆退役辐射防护规定
	GB 14588-93	反应堆退役环境管理技术规定
	EJ 588-91	核燃料后处理厂退役辐射防护规定
	EJ/T 941-95	生产堆退役的去污技术准则
	EJ/T 1037-96	铀加工及燃料制造设施退役环境影响报告的标准格式与内容
铀钍矿冶废物管理	GB 14585-93	铀钍矿冶放射性废物安全管理技术规定
	GB 14586-93	铀矿冶设施退役环境管理技术规定
	EJ/T 683-92	铀钍矿冶放射性废物安全管理
	EJ 725-92	铀水冶厂尾矿设施的运行安全管理
	EJ 794-93	铀水冶厂尾矿库存安全设计规定
	EJ 913-94	铀矿地质设施退役辐射环境安全规定
	EJ/T 1007-96	铀矿堆浸、地浸环境保护技术规定
	NEPA-RG. 2-91	铀矿退役环境影响报告编制格式和内容

【载于《辐射防护通讯》,1998,18(4):1】

放射性废物管理基础知识

1 本文采用的基本术语释义[1]

(1)放射性废物:放射性废物管理的对象不完全都是无用之物。要区分预期真正无用的废弃物和可能有用的污染物料。这两者构成了广义的放射性废物概念。狭义的放射性废物被定义为含有放射性核素或被放射性核素污染,其活度浓度或总活度大于审管机构确定的清洁解控水平,且预期无用的废弃物。废物的有用或无用不取决于持有人的想法。不可将有用的污染物料当作无用的废弃物进行处置,否则可能直接诱发物料的丢失、被盗和导致污染的扩散。如果由于某种原因需要将污染物料作为废物处置时,则应尽可能破坏其有用的形态。污染物料的回收利用是消除潜在危险的有效手段。它主要出于安全考虑,而不仅是为了资源的合理利用。这是放射性废物区别于一般废物的显著特点。

(2)清洁解控水平:由审管机构制定的以放射性核素活度浓度或总活度表示的一组数值,当含有的或致污染的核素的量小于或等于该值时,可解除对废物或污染物料的核审管控制。清洁解控水平是由豁免原则导出的。

(3)核设施运行废物:本文所要讨论的一类放射性废物。它主要来源于核工业,可包括核电站废物、核燃料后处理废物和核军工废物等。

(4)铀地勘与矿冶废物:本文所要讨论的一类放射性废物。它来源于铀地质勘探,铀矿开采和铀矿石水冶作业。

(5)退役与环境整治废物:本文所要讨论的一类放射性废物。它主要来源于核设施退役与受污染环境的整治作业,还有一些来源于操作放射性物质的其他设施的退役作业。

(6)核技术利用废物:本文所要讨论的一类放射性废物。它来源于放射性同位素和辐射技术在工业、农业、医疗、科研和教育等部门的应用。我国核技术利用废物俗称为城市放射性废物。

(7)伴生放射性矿开发利用废物:本文所要讨论的一类放射性废物。它是在非核矿冶作业及其产品加工和副产品开发利用过程中产生的含天然铀、钍系放射性核素的废物。

(8)放射性废物管理:涉及放射性废物的所有管理活动和运行作业。放射性废物管理的基本步骤是控制废物产生、废物的预处理、处理、整备、处置与排放、解控与回收利用。穿插于各基本步骤之间的其他步骤包括废物流的特性检测、废物贮存与运输等。

(9)控制产生:在有可能产生放射性废物的设施和活动中,通过合理的设计、运行与退役作业或其他操作,减少一次废物(来自主工艺)和二次废物(来自废物管理工艺)的产生体积和活度。

(10)预处理:废物处理前的作业,例如分类收集、化学调制和去污等。

(11)处理:旨在通过改变废物特性以获得安全和经济利益的作业。处理的目的是减容,从废物中去除放射性核素(净化或去污)和改变组成。

(12)整备:旨在产生适宜于装卸、运输、贮存和处置的废物包所要求的作业,整备可以包括将废物转变为固体废物形态(固化或固定),将废物封装在容器内(包装)以及必要时提供外包装。

(13)处置:将整备作业产生的废物包安置于经批准专门建造的设施内不打算回取(有时要求考虑可回取性),并保持其与人类环境长期隔离。

(14)排放:将通常主要由处理作业产生的气载和液体流出物经批准有计划和受控制地向环境释放,以及随后在环境中稀释和弥散的过程。排放是另一种处置形式。

(15)解控:在监测后将低于清洁解控水平的废物解除核审管控制。

(16)回收利用:在监测和(或)去污后将低于清洁解控水平的有用物料再循环或再利用。

(17)退役与环境整治:为保护工作人员和公众健康及保护环境,使核与辐射设施在其有效寿期终结时按计划退出现役或因某些原因提前退出现役,并对场址和周围环境进行整治。退役与环境整治的目的是通过去污、拆除、拆毁、清除、补救行动和废物管理等项作业,使设施及其所在的场址和环境中残留的放射性物质与其他有害物质的量,或现实的与潜在的危险减少到可以接受的水平,并对退役与环境整治产生的废物给予有效的管理,以实现场址和环境的无限制或有限制的开放或使用。通常把退役与环境整治归属于放射性废物管理范畴。

(18)去污:去除系统和设备的表面放射性污染。

(19)拆除:将系统和设备整体拆除。其中包括对设备和部件的拆卸、解体。

(20)拆毁:将非留用建(构)筑物拆毁。

(21)清除污染:退役与环境整治的基本作业之一,国际上对清除概念有不同的解说,本文采用的概念是去除场址和环境中及留用建(构)筑物表层残留的放射性污染物。

(22)环境放射性污染物:又称环境放射性残留物。指受审管实践、早期活动与事件或核事故等对场址和环境造成的放射性污染。环境污染物不等同于废物,只有在环境整治中采用清除作业时,环境污染物才转化为废物。

(23)补救行动:退役与环境整治的重要作业。补救行动的目的是减少危险和降低剂量,它可以选择多种方式,如封隔工程、覆盖、就地固化、限制进入、物理和化学分离、生态措施等。

(24)清除水平:在退役或环境整治终态下,由持续照射情况按照实践的防护要求导出的对场址和环境中放射性残留物的清除所应达到的活度浓度水平。国内常称作残留放射性允许水平。

(25)补救行动水平:在对放射性残留物的补救行动需求进行逐个分析的基础上,为确定补救行动的正当性和实施防护最优化而制定的水平。补救行动水平是由持续照射情况按干预的防护要求导出的。

2　放射性废物的来源与分类

我国放射性废物的主要来源如表1所示。从表1中可以看出,体积最大的放射性固体废物是铀矿废石和水冶尾矿,其次是核电站产生的中低放固体废物;核燃料后处理厂产生的高放废液集中了主要的放射性活度,辐射水平最高;核设施退役产生了最大数量的极低放废物和解控废物;核技术应用废物的来源最具多样性;伴生放射性矿开发利用废物涉及的部门最多。

表 1　我国放射性废物的来源

废物产生过程	废物特性和数量
1. 地质勘探,铀矿开采,矿石选冶	(1)含有氡和铀矿尘的空气(矿山通风); (2)含有铀、镭和其他天然放射性核素的铀矿废石和水冶尾矿,已积存数千万吨,其放射性水平较低; (3)含铀坑道废水,在某些矿山大量涌出
2. 铀精制、转化、铀同位素分离和燃料元件制造	含有铀和氟化物的废气、废液、废渣等
3. 核电站和其他大型核反应堆的运行	(1)含放射性惰性气体、碘和气溶胶的废气; (2)含活化产物和裂变产物的中低水平废液和固体废物,最终废物包的产量约为 100～500 $m^3/(GW \cdot a)$
4. 研究堆和其他研究设施的运行	(1)含活化产物和裂变产物的废气、废液和固体废物; (2)卸出的乏燃料(当它作为废物时)
5. 核燃料后处理厂的运行	(1)含裂变产物的中低水平废气、废液和固体废物; (2)含显著量超铀元素的废气、废液和固体废物; (3)含大量裂变产物和超铀元素的高水平废液和固体废物
6. 退役与环境整治	(1)含铀镭、含高中低水平裂变产物和活化产物或含显著量超铀元素的固体废物和去污废液; (2)堆芯活化材料; (3)可回收的污染废钢铁及其他废金属; (4)数量巨大的极低放废物和解控废物
7. 放射性同位素的生产	利用研究堆、加速器和后处理装置及其附设生产线从事同位素生产与分离,可产生核素组成和特性多变的低水平废物
8. 放射性同位素和辐射技术的应用	(1)放射性同位素在工业、农业、医疗、科研和教育等部门的应用,可产生核素组成和特性多变的低水平废物; (2)废放射源种类很多,但辐照装置卸出的废源主要限于^{60}Co、^{137}Cs源和^{226}Ra源
9. 铀、钍伴生矿物资源的采、选、冶活动	在稀土、磷肥、煤炭、钢铁和其他有色金属等非核工业中,由于原料中伴生有天然放射性物质,可产生相当大数量的伴生矿放射性废物

我国放射性废物的分类体系包括三个分类系统。其一是基于IAEA新近建议的按废物处置安全要求进行分类的固体废物定量分类系统;其二是主要基于国内核工厂运行经验并综合考虑废物处理、整备和处置要求的废气、废液和固体废物定量分类系统;其三是按照废物来源进行分类从而包容了需要特殊考虑的铀地勘与矿冶废物、退役与环境整治废物、核技术利用废物与废密封放射源和伴生放射性矿开发利用废物的定性分类系统。

已被我国国家标准《放射性废物的分类》[2]等效采用的IAEA分类系统[3]如表2所示。该系统将固体废物区分为高放废物,长寿命中低放废物(其中包括α废物),短寿命中低放废物(在我国简称为中低放废物)和解控废物(也就是非放射性废物)。在这里长寿命的含义是含有半衰期大于30 a的核素(不包括^{137}Cs和^{90}Sr)。本分类系统的最大优点是对短寿命中低放废物中所含有的半衰期大于 30 a 的长寿命 α 核素的活度浓度施加了限制，从而有利于实施中低放废物和 α 废物的分类管理。同时，在我国国家标准《低中水平放射性废物的近地表处置规定(修订报批稿)》[4]中，参照采用了美国联邦法规的有关规定[5]，对短寿命中低放废物所含有的半衰期大于 30 a 的长寿命非 α 核素的活度浓度也施加了限制，如表 3 所示。

表 2　废物按处置安全要求分类[3]

废物类别	典型特性	处置方案
高放废物	释热率约大于 2 kW/m^3，长寿命核素活度浓度大于短寿命中低放废物中规定的上限值	地质处置
长寿命中低放废物	长寿命核素活度浓度大于短寿命中低放废物中规定的上限值，释热率约小于 2 kW/m^3	地质处置
短寿命中低放废物	核素活度浓度大于清洁解控水平，长寿命核素活度浓度有上限值规定，其中长寿命 α 核素在单个废物包中的上限值为 4 000 Bq/g，总平均上限值为 400 Bq/g	近地表处置或地质处置
解控废物	核素活度浓度小于或等于清洁解控水平	没有放射学限制

表 3　中低放废物对长寿命非 α 核素活度浓度的限制[4]

放射性核素	活度浓度上限值/(Bq/kg)
^{14}C	1.8×10^{8}
^{14}C(在活化金属和石墨块中)	1.8×10^{9}
^{59}Ni(在活化金属中)	5×10^{9}
^{63}Ni	1.6×10^{10}
^{63}Ni(在活化金属中)	1.6×10^{11}
^{94}Nb(在活化金属中)	4.6×10^{6}
^{99}Tc	7×10^{7}
^{129}I	1.8×10^{6}
^{241}Pu	1.3×10^{8}
^{242}Cm	7.4×10^{8}

适用于核工厂运行作业管理的放射性废气、废液和固体废物定量分类系统[2]如表 4 所示。它较多地考虑了在废物处理和整备过程中各系统所应达到的净化指标、屏蔽设计和其他现场防护要求，但仍与废物处置的基本要求一致。

废物按来源分类的定性分类系统[3]如表 5 所示。其中的铀地勘与矿冶废物、退役与环境整治废物、核技术利用废物和伴生放射性矿开发利用废物均不能完全套用上述两个定量分类系统。有关情况将在以后的章节中加以说明。

表 4　综合考虑废物处理、整备和处置要求的废物分类[2]

物理状态	废物类别	废 物 特 性
废　气	低放废气	活度浓度小于或等于 4×10^{7} Bq/m^{3}
	中放废气	活度浓度大于 4×10^{7} Bq/m^{3}
废　液	低放废液	活度浓度小于或等于 4×10^{6} Bq/L
	中放废液	活度浓度大于 4×10^{6} Bq/L,小于或等于 4×10^{10} Bq/L
	高放废液	活度浓度大于 4×10^{10} Bq/L
固体废物	低放固体废物	(1)半衰期小于或等于 60 d;活度浓度小于或等于 4×10^{6} Bq/kg (2)半衰期大于 60 d,小于或等于 5 a;活度浓度小于或等于 4×10^{6} Bq/kg (3)半衰期大于 5 a,小于或等于 30 a;活度浓度小于或等于 4×10^{6} Bq/kg (4)半衰期大于 30 a;活度浓度小于或等于 4×10^{6} Bq/kg
	中放固体废物	(1)半衰期小于或等于 60 d;活度浓度大于 4×10^{6} Bq/kg (2)半衰期大于 60 d,小于或等于 5 a;活度浓度大于 4×10^{6} Bq/kg (3)半衰期大于 5 a,小于或等于 30 a;活度浓度大于 4×10^{6} Bq/kg,小于或等于 4×10^{11} Bq/kg (4)半衰期大于 30 a;活度浓度大于 4×10^{6} Bq/kg;释热率小于或等于 2 kW/m^{3}
	高放固体废物	(1)半衰期大于 5 a,小于或等于 30 a;释热率大于 2 kW/m^{3},或活度浓度大于 4×10^{11} Bq/kg (2)半衰期大于 30 a;活度浓度大于 4×10^{10} Bq/kg,或释热率大于 2 kW/m^{3}
	α 废物	半衰期大于 30 a 的 α 核素,活度浓度在单个货包中大于 4×10^{6} Bq/kg

表 5　废物按来源分类[3]

废 物 来 源	废 物 分 类
核燃料循环	铀地勘与矿冶废物 核燃料加工废物 反应堆运行和核能生产废物 核燃料后处理废物 乏燃料(当它作为废物时)
放射性同位素生产和应用	研究活动废物 放射性同位素生产废物 核技术利用废物和废密封放射源
退役与环境整治	退役与环境整治废物
非核活动	伴生放射性矿开发利用废物

3　放射性废物管理的历史沿革

20 世纪 40 年代,伴随着美国核军工的成长提出了放射性废物管理问题。半个多世纪以来，在全世界范围内放射性废物管理经历了以下几段历程：早期的摸索；20 世纪 70 年代以来先进国家的经验积累；20 世纪 80 年代以来国际社会形成废物安全共识，重视技术难题攻关规划，并扩大了放射性废物管理的覆盖范围。

在早期摸索阶段走过不少弯路。其中最大的问题是废气和废液未经处理直接向环境（大气、水体、土地）排放，造成了严重污染环境的后果[6]，如表 6 所示。吸取教训后逐渐发展成较完善的废气和废液净化技术。中国较早地接受了这个教训，在 1960 年法规中规定废物产生单位应具备相应的废气和废液处理能力，少走了弯路。因此，我国的环境放射性污染是比较轻微的。

表 6　未经处理的废气和废液向环境排放的后果实例[6]

时　间	地　点	排放情况	排放量/pBq	集体剂量/（人・Sv）
1944—1946 年	美国汉福特钚生产厂	未经处理将含碘废气直接向大气排放	18	7 000
1950—1951 年	前苏联 Chelyabinsk 钚生产厂	未经处理将含有裂变产物的废液直接向河流排放和将废液贮存在露天的不带衬里的土质蓄水池中	95	15 000

早期阶段对固体废物的危害认识不足，管理不善。如 α 废物未与中低放废物分开管理，大量 α 废物被浅埋，中低放废物处置场选址不当和缺少工程屏障，铀矿废石和水冶尾矿随意堆放等。我国直到 20 世纪 80 年代初，长期存在忽视中低放废物整备和处置的问题。中低放废物管理走到贮存这一步就停止了。中低放废液的浓缩液和中低放固体废物超期贮存带来了安全隐患。

早期忽视重要的废物管理设施自身的安全问题。最惨痛的教训发生在 1957 年，前苏联 Chelyabinsk 钚生产厂高放废液贮存大罐发生爆炸，约 100 pBq 放射性物质在环境中弥散，污染面积估计在15 000 km^2 到23 000 km^2 之间，事故后撤出居民所受集体剂量约为1 300人・Sv，未撤出居民 30 年所受集体剂量约为1 200人・Sv。这是后果仅次于切尔诺贝利核电站事故的严重事故[6]。

从 20 世纪 70 年代开始有一些先进国家在放射性废物管理中实现了根本性的转变。其中应特别提到美国放射性废物管理立法和建立审管制度，法国对中低放废物处置技术的发展和在世界范围内整备技术的逐步完善。

美国的立法行动针对性很强。例如有关 α 废物与中低放废物分类管理和补救行动，铀矿冶废物补救行动，中低放废物处置工程规范和审管要求等，都着眼于改正 20 世纪 70 年代以前暴露的缺点，并收到了良好的效果。这些措施后来均为各国政府仿效。除部门规章外，美国还重视高层次的废物管理法。这正是我国至今未能解决的问题。

法国芒什处置场的设计和运行经验，标志着中低放废物处置进入一个新的发展时期，成为一种不同于美国早期“场址决定型”处置方式的“多重屏障型”处置方式。我国的中低放废物处置场也采用了这一方式。我国于 20 世纪 90 年代初制定了中低放废物处置的环境政策，并对废物就地暂存期限做了限制，促进了中低放废物处置场的建设。

作为废物处置多重屏障的组成部分，中低放废物的整备技术在一段时期内受到高度重视，并逐步发展到比较成熟的程度。我国也在晚些时候发展了这类整备技术。

20 世纪 80 年代以来，IAEA 和 ICRP 等许多国际组织为解决共同关心的放射性废物管理问题做出了巨大的努力。这首先是从中低放废物处置及其安全评价开始的，随后扩展到整个放射性废物的安全管理，形成了废物安全共识。其中有关放射性废物的管理原则、国际安全公约和一系列安全标准的制定就是这一努力的组成部分。我国在废物安全标准的制订和实施方面也取得较好成绩。在世界范围内，高放废物的整备技术得到很大的发展，高放和 α 废物处置的研究与发展规划吸引了科技界的广泛参与；退役与环境整治已被纳入废物管理并且备受关注；废密封放射源、核技术利用废物和伴生放射性矿开发利用废物的管理均已提上日程。在这些方面我国也正在跟进。

4 放射性废物管理原则

国际原子能机构（IAEA）总结了半个世纪以来放射性废物管理的经验和教训，制定了以下放射性废物管理原则[7]：保护人类健康，保护环境，考虑境外影响，保护后代，不给后代留下不适当的负担，建立国家法律框架，放射性废物最少化，废物的产生和管理各步骤之间的相互依赖，废物管理设施安全。

原则一　保护人类健康

核心思想：放射性废物管理的主要任务之一是保护公众成员的健康（公众照射的防护）。同时，从事放射性废物管理作业的工作人员的健康也应得到足够的保护（职业照射的防护）。这两者取得适当的平衡，是辐射防护最优化的重要课题。

公众照射来源于气载和液体放射性流出物向环境排放，固体废物处置设施的核素释放和迁移，物料的回收利用，退役与环境整治后场址和环境向公众开放。应在这几个源头把住关。职业照射来源于废物管理和退役与环境整治作业场所在正常工况下对工作人员产生的外照射和内照射。

当发生事故释放时，还会有对公众成员和工作人员的应急照射的防护问题。

原则二　保护环境

原则三　考虑境外影响

核心思想：放射性废物管理的一个重要目标是防止放射性物质、有毒有害物质和热的释放引起环境污染，从而保护资源和景观免遭破坏或损害。其中长寿命核素的环境污染将导致持续照射。一旦形成了环境污染，就应当及时通过环境整治加以清除或补救。放射性废物管理的另一个重要目标是保护作为生态环境不可缺少的组成部分的非人类物种免受辐射照射的危害。为了不引起纠纷，应当考虑境外影响，这符合环境公平原则。

持续照射是一种长期持续存在的非正常公众照射。与放射性废物管理有关的持续照射可能来源于放射性流出物排放所致长寿命放射性核素的非预期积累，实践中止和设施退役后场址和环境中的遗留物，过去的活动中不合理的废气废液排放和固体废物填埋，以及作为废物管理设施事故后果的环境污染。应在这几个源头把住关。

原则四　保护后代

原则五　不给后代留下不适当的负担

核心思想:要重视含有长寿命放射性核素的高放废物和α废物的处置,以及存在于场址和环境中可能引起持续照射的长寿命放射性残存物的整治。如果这两件事情不做好,就意味着对人类和环境的长期危险;如果废物处置和残存物整治不及时,污染将随时间扩散,留下的负担也会越来越重。子孙后代未享受当前核的利益,却要承担留给他们不适当的危险和负担,这不符合代际公平原则。

原则六　建立国家法律框架

核心思想:建立可以按照防护与安全原则和可持续发展原则实施废物管理的国家基础结构,包括法律和条例,监管部门,足够的资源投入。通俗表达为法规先行,依法行政,技术支持。

我国在多年实践过程中为丰富和发展放射性废物管理原则做出了贡献。1993年发布的国家标准《放射性废物管理规定》除遵循普遍适用的放射性废物管理原则外,还增添了特有的两条内容[8]。

(1)必须保证放射性废物管理设施与主体工程同时设计、同时施工、同时投产。这就是导源于我国环境保护法的著名的"三同时"原则。它可以看成是属于IAEA制定的废物管理原则六的内容。它的实施将使放射性废物管理获得可靠的技术和物质基础。

(2)废物管理应以安全为目的,以处置为核心。这一条可以看成是从IAEA废物管理原则八中引申出来的,通常把它视为对放射性废物管理现代理论的通俗表述。放射性废物管理的现代理论的要点如下[9]:放射性废物管理的主要任务是对释放源项施加控制,包括通过气载和液体流出物直接向环境排放的源项和经由固体废物处置间接向环境释放的源项;废物处置和控制排放是国家强制性地实施其废物管理政策、法规、标准的管理工具;同时,废物处置和控制排放又是运营者展示其自觉追求企业安全环保业绩形象的机会。

最近在修订国家标准《放射性废物管理规定》时,在总结国内外放射性废物管理经验的基础上,着重讨论了废物的优化管理问题,对IAEA原则八采用了系统化管理→以处置为核心→整体优化和全过程优化这样一条思路进行表述,如下文所述。

原则七　放射性废物最少化

核心思想:使放射性废物的活度与体积达到并保持最少。这既有利于防护与安全,又有利于经济。例如,核电站放射性废物最少化的三项主要指标是:从源头上减少三废的产生体积和放射性活度;减少气载和液体流出物向环境排放的放射性活度;减少最终处置的固体废物包的产出体积。废物最少化的主要途径是控制产生、减容、解控和降级。

原则八　废物的产生和管理各步骤之间的相互依赖

核心思想:放射性废物管理应遵循减少产生、分类收集、净化浓缩、减容固化、严格包装、安全运输、就地暂存、集中处置、控制排放、加强监测的方针,实行系统化管理。放射性废物管理应以安全为目的,以处置和排放为核心,充分发挥废物处置和排放对整个废物管理系统的制约作用。放射性废物管理应实施对所有废气、废液和固体废物流控制方案的整体优化和对废物从产生到处置与排放的全过程优化。

原则九　放射性废物管理设施安全

核心思想:为了使放射性废物管理完成保护人类健康、保护环境、保护后代的任务,基本的条件是确保放射性废物管理设施的安全(再加上退役与环境整治安全就更完备了)。放射性废物管理设施安全面对的任务是潜在照射的防护;一旦潜在照射转化为现实照射,又将面临应急照射的防护。安全与防护是相互依存的。防护是目的,安全是手段。放射性废物管理设施的性能指标和可靠性指标反映该设施的安全水平，它们是根据满足防护目标的需要而确定的。

潜在照射来源于不符合安全要求的放射性废物管理设施的设计、运行与退役作业。应在这几个方面减少潜在照射，同时做好应急准备与响应。

5 放射性废物管理的辐射防护与安全依据

放射性废物管理的辐射防护与安全依据是在《国际电离辐射防护和辐射源安全的基本安全标准》的绪论中提出的以下基本原则[10]。为了方便引用，本文为它们加了编号和简称。

原则一　实践的正当性

只有在某种实践给受照个人和社会带来的利益足以超过该实践引起的或可能引起的辐射危害时，才会实施这种会引起或可能引起辐射照射的实践。

原则二　个人剂量与危险限值

个人从所有相关实践的综合照射中所受的剂量或危险不应超过规定的剂量限值或危险限值。

原则三　防护与安全最优化

应该为辐射源和核设施提供在通常情况下最有效的防护与安全措施，以致在考虑到经济和社会因素之后，照射大小和可能性以及受照人数应保持在可合理达到的尽量低水平上，并且照射产生的剂量和带来的危险应加以限制。

原则四　干预的正当性和干预措施最优化

只要干预是正当的，就应该通过干预减少非实践部分的辐射源的辐射照射，并且干预措施应该是最优化的。

原则五　防护与安全的主要责任

受权从事涉及辐射源的某种实践的法人应该承担防护与安全的主要责任。

原则六　安全文化素养

应该反复灌输用以支配所有与辐射源有关的个人和组织机构对防护与安全的态度和行为的安全文化。

原则七　纵深防御

纵深防御措施应该纳入辐射源的设计和运行程序中，以弥补防护或安全措施中的可能失误。

原则八　优质管理

应该通过优质管理和良好的工程实践、质量保证、对人员的培训和资格审查、对安全的综合评价和注意从经验与研究中吸取教训来确保防护与安全。

除了上述八项防护与安全基本原则外，对放射性废物管理来说，豁免原则也具有基本意义。

现在的问题是如何针对放射性废物管理的各种情况来选择适用的防护与安全原则和适用的标准。根据我们多年积累的经验，在表 7 中给出了进行选择的思路。对不同的废物管理情况，首先应确定它与哪一些辐射照射类型有关，然后具体分析采用哪一些防护与安全原则，最后选定所采用的标准。一个放射性废物管理工作者应相当熟悉公众照射、潜在照射、持续照射和可忽略的照射及其相应的防护与安全要求，否则是不完全称职的。

表 7　如何选择适用的防护与安全原则和相关标准

工作项目	辐射照射类型	适用的防护与安全原则	选定的标准
排放	公众照射	实践原则	排放控制值
处置	公众照射和潜在照射	实践原则	剂量和危险标准
废物解控	可忽略照射	豁免原则	废物的清洁解控水平
物料回用	可忽略照射	豁免原则	物料的清洁解控水平
场址和环境的无限制开放或使用	持续照射	实践原则	清除水平(残留放射性可接受水平)
退役和环境整治中的补救行动	持续照射	干预原则	补救行动水平
废物管理设施事故预防	潜在照射	安全原则	设施安全标准

关于公众照射的防护，应依据《国际放射防护委员会 1990 年建议书》的论述[11]，充分了解辐射防护标准的层次性，即个人相关的剂量限值、源相关的剂量约束值和源相关的管理控制值具有不同的适用范围，如表 8 所示。剂量限值只用来控制每一个人的剂量的累积；有约束的防护最优化过程则适用于工程设计、运行和退役，该约束值应当用于相关的源对关键组的平均剂量；“大部分操作中的防护标准是按照有约束的最优化过程而不是按照剂量限值来建立的”，这里所说的操作中的防护标准指的就是管理控制值。

表 8　公众照射的防护标准的层次性[11]

防护标准名称	施加对象	法律意义	适用范围和程度
个人剂量限值	个　人	审管机构提出的强制性标准	只适用于对个人的评价
个人剂量约束值	源或实践	审管机构提出的强制性标准	适用于设计、运行和退役
通用管理控制值	源或实践	审管机构提出的非剂量形式的执行标准(针对全国情况按照有约束的最优化过程建立的)	适用于设计、运行和退役，可操作性更强
专用管理控制值	源或实践	业主提出的并经审管机构批准的非剂量形式的执行标准(针对本企业情况按照有约束的最优化过程建立的)	适用于设计、运行和退役，可操作性更强

关于潜在照射问题，应十分注意高放废液贮存罐、高放废液固化设施，高放和 α 废物处置库、废密封放射源处置设施、大型尾矿库、乏燃料与高放废物运输容器等的安全。对其他废物管理设施与装置的安全和可靠性也不应忽视。现在有关源的四项安全原则的基础知识在国内并未普及，因此应特别加强培训。

关于持续照射的防护，是目前快速发展的一个领域。环境放射性污染物所引起的持续照射的防护问题是目前国际社会关心的热点问题之一。例如，设施退役与环境整治的辐射防护依据之一就是如何分别按照实践或干预的防护要求来解决场址和环境中的放射性残留物问题[10,11]。

关于由豁免原则导出的清洁解控水平在放射性废物管理和设施退役与环境整治中的适用范围，近年来已得到澄清。清洁解控水平不适用于退役与环境整治中对场址和环境放射性残留物清除的控制，而只适用于放射性废物管理，特别是退役与环境整治废物的管理。对于污染金属的去污与解控，由于存在一定的社会风险，宜在清洁解控水平的基础上严格控制；同时国家的政策应鼓励核企业将污染设备和材料经适当去污后在内部再循环再利用。对于活度浓度略高于清洁解控水平的极低放废物，可在经批准的简易填埋设施中填埋，不必送中低放废物处置场。

目前对有关放射性废物管理的辐射防护与安全依据的认识仍是初步的，有许多基本概念和定量化方法仍在不断发展和更新中。但这是正确地制定和执行放射性废物管理政策法规标准所必备的基础知识，其重要性是不言而喻的。

6　放射性废物管理目标和技术性能指标

放射性废物的特点之一是它所含有的放射性物质不能用化学的、物理的和生物学的手段加以破坏，只能通过自身衰变过程最终变为无害的稳定性物质。因此，放射性废物管理的一般思路只能是将废物中的放射性物质以较小体积的固体形式浓集起来使之与人类环境尽可能长期隔离，并在严格规定的适当条件下将净化后的气载和液体流出物中的放射性物质尽可能均匀地分散到环境中去。

在放射性废物管理中，能够完整地体现浓集与分散要求的技术是净化、去污和清除技术。它们均可以同时实现核素的浓集和废气、废液、污染物料与环境介质本身的无害化。而减容、固化、包装和处置技术则是为了使浓集过程获得较小体积的有包容能力的固体产品并实现其与人类环境的隔离。

本节将分别讨论放射性废气与废液、固体废物、污染物料和环境污染物等各自的管理目标和为达到这些管理目标而采用的各种技术的性能指标。

(1)放射性废气与废液处理的目标和技术性能指标

一般来说，放射性废气与废液处理的目标应是保证实现气载和液体流出物中核素的排放量不超过国家规定的排放控制值和(或)企业在申请许可证时获得批准的排放控制值。这些排放控制值有总量控制和浓度控制两种方式。排放控制值的制定是最优化的结果。最优化的过程是在国家规定的剂量约束值基础上，充分考虑排放的环境条件、企业拥有或可能拥有的技术能力及各种经济和社会因素，使公众成员的受照剂量保持在可合理达到的尽量低值，同时还要预先计划好总排放量在气载流出物和液体流出物之间以及在废物管理各工艺系统之间的分配。

为了保证实现对排放量的控制，需要选择具有不同性能的废气和废液处理技术，并将它们合理地组织起来。废物管理各工艺系统的技术组合同样也是最优化的结果。下面介绍目前常用的废气和废液净化处理技术及其性能指标。

- 去除碘——碘吸附器
- 去除气溶胶——高效微粒过滤器

以上两类装置的性能评价指标均为净化系数和使用周期。净化系数是处理前后废气中所含核素浓度之比值。通常高效微粒过滤器的净化系数为 2 000～10 000，碘吸附器对甲基碘的净化系数在出厂时为 1 000，在使用中会逐渐变小，到某一设定值时(例如 100)就需更换装置，因此实际的净化系数有一个变动范围。

· 去除短寿命惰性气体——加压贮存衰变箱，活性炭滞留床

此类装置的性能指标为滞留时间。

· 处理中高放或高含盐量的废液——蒸发

· 处理低放和低含盐量的废液——离子交换或吸附

· 处理弱放或含悬浮物的废液——絮凝沉淀或过滤

以上三类废液处理技术的性能指标均为净化系数和浓缩(浓集)比。在这里浓缩比是处理前废液体积与处理后浓缩物体积之比值。通常蒸发的净化系数为 $10^2 \sim 10^5$，离子交换为 $10 \sim 10^2$，絮凝沉淀为 10。多种技术联用时，总净化系数为各单元净化系数的乘积，总净化系数应能满足排放标准的要求。

(2)放射性固体废物处理、整备与处置的目标和技术性能指标

一般来说，放射性固体废物处理与整备的目标应是保证实现废物的安全处置。处置是对废物的一项隔离工程，但隔离不可能也不必要完全阻止废物与环境介质之间的物质交换，而只是要控制废物中核素向环境释放和迁移的速度和数量。由于废物处置是按多重屏障原则设计的，因此它对处置前废物的处理和整备技术也提出了性能要求。下面介绍目前常用的固体废物处理、整备与处置技术及其性能指标。

· 固体废物减容——焚烧装置、低压压实装置、高压压实装置

其性能指标均为减容比，即减容前后废物体积之比值。

· 固化或固定——水泥固化、沥青固化和塑料固化(对中放)；玻璃固化(对高放)

其性能指标有浸出率、抗压强度、减容比等。

· 包装——钢桶、混凝土桶(对中低放)等

其性能指标为失效时间。

· 废物处置——近地表处置、岩洞处置、水力压裂处置、地质处置等(对中低放)；地质处置等(对高放和 α 废物)；废石场和尾矿库等(对铀矿冶废物)；简易填埋(对极低放废物)

中低放废物处置技术的总体性能指标应满足国家规定的剂量约束值和来源于危险限制的闯入剂量控制值的要求，还应满足工程寿期要求。高放和 α 废物处置技术的总体性能指标应满足剂量和危险限制的要求，同时也在考虑制定核素迁移的控制值，还应满足工程寿期要求。铀矿冶废物处置技术的总体性能指标应满足国家规定的剂量约束值和氡析出率控制值的要求，还应满足工程稳定性要求。极低放废物填埋也受国家的审管控制。

(3)有潜在利用价值的污染物料的管理目标和技术性能指标

一般来说，放射性污染物料的管理目标应是利用各种去污手段去除存在于系统、设备、部件和材料内外表面的放射性污染，使之达到或接近核素的清洁解控水平，以便尽可能实现物料的无条件或有条件回收利用。

常用的去污技术及性能指标是：

· 污染物料去污——化学去污、电化学去污、机械去污、其他物理去污等

其性能指标为去污系数，即去污前后单位表面积放射性活度之比值。也可采用多种去污技术联用。在役去污和退役去污的实施目标并不完全相同：在役去污是为了控制职业照射，它有时还附加保护物料表面的要求；退役去污可分为拆卸解体前的初步去污，目的也是控制职业照射，拆卸解体后的深度去污是为了物料解控，在严重的 α 污染情况下，如果难于实现物料解

控，可追求废物非α化目标。

(4)环境放射性污染物的管理目标和技术性能指标

一般来说，环境污染物的管理目标应是按照场址与环境的污染面积、污染的严重程度、整治的费用和整治后的用途，决定是采用清除作业以实现不受限制的开放或使用，还是采用补救行动作业以实现有限制的开放或使用。

· 清除——用于清除地表层土壤、植被、水系、道路、工业用地和拆毁后的建筑物地基中放射性污染物的各种技术

· 补救行动——控制环境放射性污染物以降低危险和持续照射剂量的各种技术

清除的目标是达到核素的清除水平。补救行动的正当性和防护最优化则用补救行动水平来表示。清除水平和补救行动水平都属于专用管理控制值。

综上所述，放射性废物管理的含义经历了两次扩展。最初是单纯的三废管理；设施退役时产生了大量具有潜在利用价值的污染物料，原有三废管理的一套不完全适用了；环境整治时又面临数量更大的环境污染物，广义的废物管理的一套也不完全适用了。新的任务总是迫使人们发展自己的认识能力。经过国际社会的共同努力，总结经验并提高到理性认识上来，才明白对污染物料和环境污染物的管理，比之于原有的三废管理，无论在防护目标上还是在技术特点上都有新的东西，尽管它们共同遵循放射性废物管理的基本原则，但在内容上确实有新的发展。这就是目前我们所达到的对于放射性废物管理基础知识的初步认识。

参考文献

1 中华人民共和国国家标准．核科学技术术语：放射性废物管理．GB/T4960.8-1996，1996

2 中华人民共和国国家标准．放射性废物的分类．GB9133-1996，1996

3 IAEA. Classification of Radioactive Waste：A Safety Guide. Safety Series No. 111-G-1.1. Vienna，IAEA，1994

4 中华人民共和国国家标准．低中水平放射性废物的近地表处置规定．GB9132(修订报批稿)，1995

5 Licensing Requirements for Land Disposal of Radioactive Waste. 10CFR61，1991

6 UNSCEAR. 电离辐射源与效应． 联合国原子辐射效应科学委员会1993年向联合国大会提交的报告和科学附件． 附件B人工辐射源的照射． 北京：原子能出版社，1995

7 IAEA. 放射性废物管理原则． 安全丛书第111F号．北京：原子能出版社，1997

8 中华人民共和国国家标准．放射性废物管理规定．GB14500-1993. 1993

9 陈式，马明燮等著．中低水平放射性废物的安全处置．北京：原子能出版社，1998

10 FAO,IAEA,ILO,OECD/NEA,PAHO,WHO. 国际电离辐射防护和辐射源安全的基本安全标准．安全丛书 No.115. IAEA,维也纳,1997

11 ICRP. 国际放射防护委员会1990年建议书．国际放射防护委员会第60号出版物．北京：原子能出版社，1993

【载于谷存礼等编写的《国家环保总局放射性废物管理培训班讲义》第三章,2001年12月】

我国放射性废物的优化和最少化管理未来十年展望

为适应核科技事业的发展，近年来我国放射性废物管理工作在各方面的支持和指导下取得了明显的进步。作为一个发展中国家，如何珍惜和用好从多种渠道获得的来之不易的资源，使之实现较高水准的废物安全目标，是摆在我们面前的一项重要任务。

在辐射防护领域早就产生了在技术经济学（techno-economics）意义的优化基础之上实施辐射防护最优化（ALARA）的思想。这里存在两种优化，通俗地说，技术经济学意义的优化是研究如何减少费用达到既定的安全防护水平（着重考虑技术与经济的关系，目标是使费用为最少），辐射防护最优化则是研究如何合理地利用资源进一步降低辐射危害（着重考虑经济和社会因素同安全防护的关系，目标是使剂量或危险水平尽量低）。由于目标不同，这两种优化通常是由不同的人来完成的，较少统一考虑。有些人认为，可以用辐射防护最优化包容技术经济学意义的优化，这可能是由于不熟悉工程管理所致。对放射性废物管理来说，根据近年来国际和国内的实践经验，有必要把这两种优化更紧密地结合起来，形成综合的优化概念，灵活地应用两种优化技术。作为新兴能源的核电为在竞争中求发展，就必须同时加强废物管理安全目标和经济目标的研究；作为可持续发展一大课题的核设施退役与环境整治，更是面临安全和经济的双重压力。我国的现实情况是在废物管理中技术经济学意义的优化并未打下牢固基础，也需要促成两种优化的结合。在以上两类核工程活动中，这种结合可能产生十分显著的安全效益和经济效益，对国家和对企业都是好事。

本文统一考虑了上述两种优化，初步阐述了放射性废物优化和最少化管理原则的含义和基本要求，总结了将其应用于核电站废物管理所取得的经验，并进一步讨论了今后十年内在核电站废物管理和核设施退役中可能取得的新进展。希望本文有助于对放射性废物的优化和最少化管理引起更多的关注。

1 放射性废物优化和最少化管理的基本要求

放射性废物管理是一类典型的多因素多目标问题。应综合考虑和选择所有可能减少辐射危害和降低治理成本等方面的措施，进行多方案比较，才能够确定满意的方案。这一过程被称为优化。

在国际原子能机构（IAEA）提出的放射性废物管理九项原则中，可以找到多因素多目标的基本线索。这九项原则是：保护人体健康、保护环境、考虑境外影响、保护后代、不给后代留下不适当的负担、建立国家法律框架、放射性废物最少化、废物的产生和管理各步骤之间的相互依赖、废物管理设施安全[1]。九项原则包含着多个因素，如健康、环境、后代、安全、法律、技术、管理、经济、社会、发展等。可以把这些因素分为安全因素和非安全因素两大组。前一组因素是第一位的，它们落实在国家的法律体系上，落实在政府对企业带有强制性的审管控制上。

后一组因素也是重要的，它们落实在企业自觉地追求经济效益上，落实在树立公众与社会可接受的企业形象上。全面考虑上述两个方面的因素，最终将有利于主产业和国民经济的可持续发展。因此，优化是解决多因素多目标决策问题的必经之路。

根据以上分析，我们在参与国家标准《放射性废物管理规定》的修订时，对放射性废物的优化管理原则做了如下递进式的表述：放射性废物管理应遵循减少产生、分类收集、净化浓缩、减容固化、严格包装、安全运输、就地暂存、集中处置、控制排放、加强监测的方针，实行系统化管理。放射性废物管理应以安全为目的，以处置和排放为核心，充分发挥废物处置和排放对整个废物管理系统的制约作用。放射性废物管理应实施对所有废气、废液和固体废物流的整体控制方案的优化和对废物从产生到处置与排放的全过程的优化，力求获得最佳的经济、环境和社会效益，并有利于可持续发展[2]。

废物最少化其实是废物优化管理原则的一个重要组成部分。它的主要含义：第一是从源头上减少三废的产生体积和放射性活度；第二是减少气载和液体流出物向环境排放的放射性活度；第三是减少最终处置的固体废物包的产出体积。废物最少化管理实质上是一种比较全面的目标管理，它同时考虑了废物管理的安全目标和经济目标。由于它很直观，指标可以定量化，容易组织实施和相互比较，因此经常把它作为一项相对独立的原则提出。但我们应该了解最少化与优化的密切联系。在一般情况下最少化要求是符合废物优化管理原则的，但也不是在任何情况下废物越少越好，例如在废物最少化过程中可能引起剂量或经费的增加。最终的选择取决于优化分析的结果。换句话说，最少化应服从于优化。

我国放射性废物的最少化管理最早是在大亚湾核电站审管过程中接触到的一个命题。由于世界核营运者协会(WANO)每年都要公布核电站运行数据，放射性固体废物产出量被列为十项主要运行指标之一，因而形成了改进废物管理的强大压力。大亚湾核电站的营运者们首先觉悟到了废物最少化可以给企业带来利益。他们实行逐年的目标管理成绩显著，尝到了废物最少化的甜头，也就比较容易全面接受废物优化管理的思想。

经常从企业界听到一种说法：本企业的放射性废物管理已经达到了国家规定的安全环保要求，何必管它优化不优化呢。这个问题要从两个方面加以说明：首先国家的安全环保规定通常都是按照有约束的防护最优化要求表述的，并没有脱离实际的“绝对化的”要求[3]。企业可在满足国家规定的前提下尽最大努力追求更高的安全目标，这本身就是一种实事求是的态度。其次优化不仅能够使国家和公众得到利益，而且能够使企业得到经济实惠。我们将通过我国核电站废物优化管理的现有经验证明这一点。

中国辐射防护研究院(以下简称“中辐院”)近年来对放射性废物管理的整体优化和全过程优化做了比较系统的研究[4~6]。初步研究结果表明，整体优化和全过程优化包含丰富的内容，涉及废物管理板块构成的优化、安全目标和经济目标的优化、作业过程与技术组合的优化、管理方式的优化以及研究与开发的优化。

(1)板块构成的优化

最初人们看到的放射性废物管理仅仅局限于废气和废液的管理，因为当时人们最关心的是核设施的排放物。后来固体废物开始受到重视，由此产生了“处置”概念，并明确了在废物处置前还要做许多事情。近年来，随着退役和环境整治活动的开展，有潜在利用价值的污染物料和环境放射性污染物这两类新的对象开始进入废物管理工作者的视野。值得强调的是人们关注污染物料和污染环境的管理不仅出于经济考虑，更多地还是为了安全。现在放射性废物管理的板块构成已经发展为废气和废液的处理与排放，固体废物的处理、整备与处置，污染物料的去污与回收利用，污染场址和环境的退役整治与重新开放或使用等。不同时期工作任务重点的确定和各板块之间关系的协调应予以优化。

(2)安全目标和经济目标的优化

伴随着辐射防护和安全科学的重大发展，对放射性废物管理安全目标的认识经历了曲折的过程。就在二十几年前人们还在接受和使用最大允许浓度的概念，后来已被一些全新的概念所替代。在一般情况下，人们将采用剂量或危险的限值、约束值和适用于现场的管理控制值。这些控制值是通过有约束的优化分析得到的，例如，对排放有排放控制值，对处置有剂量和危险双重标准，对场址和环境的重新开放或使用有清除水平(即残留放射性可接受水平)。在少数情况下，例如对场址和环境的有限制开放或使用而言，所建议的补救行动水平是通过非约束的优化分析得到的，故此时应采取慎重的“一事一议”的态度。在废物管理中还经常需要采用某些与解除核审管控制有关的分界值，例如废物的清洁解控水平和物料回用的清洁解控水平。其他安全控制值如废物管理设施的安全标准和废物包的性能标准等也需要优化。安全目标的优化还有经常被忽视的另外一个方面，即某些安全目标之间的平衡问题，例如气载流出物排放控制值和液体流出物排放控制值之间的平衡，公众照射和职业照射之间的平衡等。放射性废物管理的经济目标是使整个废物管理全过程的总费用最少。为便于相互比较，也可限定在每个核企业直接涉及的废物管理费用上，并归一化为每单位电能生产或每单位产品量的废物管理费用；核设施退役和环境整治工程的费用分析与定额管理需要专门的研究。经济目标的优化分两步走，第一步是实现技术经济学意义的优化，第二步是在实现防护最优化的同时调整经济目标。

安全目标和经济目标的优化还经常采取另外一种定量化的表达方式，即实施废物最少化。在世界范围内，核电站正在推行的废物最少化已经取得了重大进展。

(3)作业过程与技术组合的优化

我国放射性废物管理曾经长期停留在废液和固体废物贮存上，存在着许多安全隐患，也加重了未来的经济负担。随着中低放废液固化设施和废物处置设施的建立，现在实施包含了控制产生、预处理、处理、整备、储存、运输、处置和排放在内的中低放废物管理全过程优化的条件已经逐渐成熟。高放废物的优化管理还处在研究阶段，但其研究结果对于高放废液固化与运输方案的选择(正在做这方面的优化分析)和高放废物处置政策与策略的形成都具有重要的意义。α废物管理全过程优化是核设施退役与环境整治中迫切需要解决的问题，也应引起重视。除全过程优化外，某些重要系统与设备的优化也是必要的。合理的技术组合是作业过程优化的核心内容。通过技术组合的选择和有效的质量保证体系的实施，将使已经确定的安全目标和经济目标得以实现。

(4)管理方式的优化

过去人们通常把废物管理看成是化学工艺学实际应用的一个分支。但是如果像管理化工厂和化工产品那样去管理放射性废物肯定是要碰壁的。现在人们对放射性废物管理的本质有更加全面的认识。它既是一门技术学科，有其自然属性，又是一门管理学科，有其社会属性。废物管理比一般化工管理复杂得多，对管理决策和协调的需求来自以下三个方面：第一，废物的源头在主工艺或主产业，废物管理是起配合和保证作用的辅助产业，同时又向主产业反馈不应被忽视的安全环保要求。第二，废物管理的末端与公众和环境相连，它不仅在管理目标上而且在管理程序上和最终结果的检验上必须接受国家和政府的控制及公众的参与。这就是为什么放射性废物管理更需要法治而不是人治的道理。第三，废物管理各步骤之间存在相互依赖关系，而这些管理步骤又是由企业的不同管理部门来执行的。因此，无论是从主产业与辅助产业的关系来说，从企业与国家和社会的关系来说，或者从核企业内部的关系来说，都强烈要求废物管理方式的优化。

(5)研究与开发的优化

放射性废物管理迫切需要科学研究和技术开发的支持。科技兴核的战略同样适用于废物管理，但应从优化的角度了解废物管理所需要的技术有其独特性。与前面所述情况相关，放射性废物管理所采用的或计划研发的技术将受废物安全因素、经济因素和管理因素的制约而朝着独特的方向发展，即追求技术的先进性、实用性、有效性、安全性、经济性、管理方便性和社会可接受性的统一。研究与开发的优化还有另外一个侧面是改进研发的组织管理工作。过去的主要问题是缺少科技成果转化为工程应用的机制。近年来已经出现了一些可喜的变化，如恢复科研、设计院所和企业的“三结合”技术攻关，加大工程试验研究和现场验证试验的投入，鼓励研发成果的工程应用，并着手考虑国产化、产业化、专业公司等更加复杂的问题。

综上所述，优化首先是解决问题的一种思想方法和工作方法，其次才是一种数学命题。本文不打算涉及后者，但优化的数学方法也是值得研究的。在现实生活中，对多因素多目标问题不大可能在掌握全部情况后才着手去解决，也不大可能在掌握情况的深度上全部能够满足定量分析的要求，而往往只能做到掌握主要的情况就开始进入决策程序。因此决策往往带有不确定性、模糊性或风险性。强调优化管理正是为了减少决策风险。

2　我国核电站废物的优化和最少化管理经验

在20世纪80至90年代，我国从无到有建成了秦山核电站和大亚湾核电站。核电站的废物管理只能在原有设计基础上逐步前进，要对工艺和设备做大的改动是不容易的。核电站的营运者们走的是更新观念、优化管理、从源头上减少废物的路子，取得了可贵的经验，形成了一套行之有效的做法，其中有许多做法是符合优化和最少化要求的。他们的初步经验概括地讲是目标管理、团队精神、安全意识、持续改进、制度建设、技术支持。现分述如下。

(1)目标管理

核电站废物最少化的三项主要指标是：气载流出物年排放总活度，液体流出物年排放总活度和固体废物包年产出体积。国家对头两项指标以标准形式规定了排放控制值。核电站在设计阶段依据自身条件并经优化分析提出排放量申请，获得审管机构批准后也具有约束力。国家对第三项指标并无硬性规定，但规定了废物包的性能标准。核电站废物实行目标管理就是在满足审管机构批准的排放量控制值和固体废物包性能标准的基础上，瞄准国际先进水平，力争进入国际先进行列，对三项主要指标逐年提出管理目标值，并在年度计划中详细列出相应的管理措施和将每项措施分解落实在不同的管理部门和岗位上。以大亚湾核电站为例，实行目标管理取得了很好的效果，流出物年排放量和固体废物包年产出体积明显降低，如表1所示[7]。

表 1　大亚湾核电站流出物年排放量和固体废物包年产出体积(双机组)

年度	惰性气体/TBq[1)]	卤素、气溶胶/MBq	液态氚/TBq[1)]	非氚核素/GBq	固体废物包/m^3
1994	22.7	424	22.2	89.2	100
1995	80.2	720	10.1	26.9	252
1996	43.6	229	27.1	9.3	195
1997	31.1	116	28.5	11.3	209
1998	23.5	101	27.6	2.5	178
1999	25.8	111	29.1	2.8	185
设计控制值	1 140	38 000	55.6	700	1 000

注:1) 惰性气体和液态氚排放量在核电站废物管理中不大可能减少,但这两者对剂量的贡献相对较小。

(2)团队精神

三废治理活动涉及面很广,过去核工业厂矿习惯于分散管理方式,未建立统一的管理和协调组织。大亚湾核电站率先建立了三废管理委员会(后改称三废管理小组),与三废管理密切相关的运行、维修、安防、环保、技术、质保等部门都派出代表参加该组织的工作。他们定期讨论和解决各种带综合性的问题,如制定年度管理目标及年度计划,协调大修中的废物管理方案,应付突发事件,解决遗留的老大难问题,总结工作和进行经验反馈等,做到互通信息,统一认识,分工合作,管理有序。他们的经验表明,要实现废物管理的优化,必须在组织上进行优化,改变相互分割的状况,避免造成资源的浪费。更重要的是,通过组织工作的改进,将培育出现代企业所必需的团队精神。团队精神的培育是一场思想观念的变革,它摆脱了小生产者的狭隘眼界,看到了废物管理各步骤之间的相互依赖,看到了废物管理与主工艺之间的相互促进。任何一项废物管理决策,必须从全局看是可取的,否则不应采取行动。一旦达到这种思想境界,等于打开了优化管理的大门。

(3)安全意识

为什么核电站要求全员参与三废管理?一个重要原因是三废管理的好坏直接与核电站的安全运行状况有关。工艺和设备运行失常,产生三废就多;系统和设备跑冒滴漏多,产生三废就多。特别是在大修时,有时一次误操作的后果,等于几个月的废物产生量。因此三废管理的改进,有赖于提高全体员工的安全文化素养。在控制区摆着不同颜色的废物袋,就是要求人人参与废物分类。减少废物产生是优化的第一步,合理的废物分类是优化的第二步。可是让大家都养成良好的习惯绝非易事。我们从大亚湾核电站某年处理三废系统发生的 7 个事件的做法中受到启发。他们要求对每个事件弄清楚发生的过程、产生的原因、出现的后果和今后的整改措施。他们要求当事人讲真话,对人因事件讲真话者一般免受处分,但要接受再培训。

(4)持续改进

持续改进的思想是 ISO14000 环境管理标准体系的基本要求。技术上和工作方法上的持续改进潜力巨大,是核电站运行时落实废物的优化和最少化管理的重要手段。我们看到和听到许多感人的事例。如工作服破了并不废弃,买了台缝纫机进行缝补,不能再补时作为维修用布。又如维修时由铺大摊子改为搭工作棚,再改为控制工作棚的数目。又如设计规定每桶装一个废过滤器,现在只要多花费一些劳动就可做到每桶装 5～6 个。所有这些事例都是三废管理岗位上一些青年骨干敬业精神的生动写照。在核电站，三废管理岗位是领导重视和受人尊重的岗位。正如大亚湾核电站某负责同志所说：三废管理达到国际水平是核电站管理达到国际水平的重要标志。持续改进的一个范例是在大亚湾核电站和秦山核电站运行经验反馈的基础上对岭澳核电站和秦山第二核电站的废液收集、输运和排放用贮槽管网系统的设计改进。改进后的系统是一个容量更大、功能更齐全、管理更方便、利于应付元件破损、设备跑水等突发事件的系统，它具有更强的收集贮存能力，有选择多种处理方案的灵活性，核岛和常规岛全部实现有监测和返回功能的槽式排放，雨水全部实现分流，特别应提及大亚湾核电站排水渠与岭澳核电站排水渠合流改建，使总排水口东移，大大改善了海洋弥散条件。

(5)制度建设

以上所述目标管理、团队精神、安全意识和持续改进都着眼于发挥人的积极性，是"以人为本"的体现。但事情还有另外一面，就是制度建设和在制度建设基础之上的人员培训。核电站运行人员更新很快，一批又一批的技术骨干调出去支援新的工程项目，但是核电站废物管理仍然保持较高水准。这主要得益于包括管理程序文件和技术作业文件在内的制度建设和有针对性的人员培训。制度建设是法规标准和企业运行经验相结合的产物。过去工作主要靠某些人头脑中积存的经验，现在要不断地把这些积存的和新鲜的经验变成条文，并通过反复的培训，灌输给每个员工，使之成为共享的工作技能和规矩。制度建设也因为有了这种培训而回归到"以人为本"。这种由人治向法治的转变是现代化的企业管理所要求的。

(6)技术支持

核电站从一开始就注意建立外部技术支持体系。他们认识到核电站本身人员精干，不可能也不必要独立承担重大的技改项目和经常性的技术服务项目，而应当大量依靠外力。这也是一个资源优化配置问题。中辐院与核电站保持着良好的合作关系。在废物管理领域，中辐院已经为核电站做了不少事情，如中低放废物处置场的建设，国产化的碘吸附器的研制和供货，空气净化系统的现场检验，表面去污规程，核清洁服务，固化配方，废物整备与处置的接口问题等；今后还会做更多的事情，如已研制成功的多用途热解焚烧装置能够有效地焚烧含有较大量塑料、橡胶、树脂、油品等类可燃废物，可望应用于一址多堆核电站。此外，中辐院还间接通过审管机构对环境影响报告书的审评和"三同时"检查以及主管部门的安全检查为核电站废物的优化和最少化管理提供咨询服务。核电站的技术支持单位遍布全国，并已经扩展到国外公司。秦山核电站对蒸发浓缩液水泥固化设施的技术改造就是一个成功的例子。

3 未来十年展望

近年来国际上很注意放射性废物的优化和最少化管理。人们把实施的重点放在核电站废物管理和核设施退役与环境整治上，并已经有一些总结性文件或文章发表[8~10]。国内也有一些文章做了评述[7,11,12]。在国际和国内已有经验的基础上，预期我国放射性废物的优化和最少化管理在未来十年内将发展到一个新的水平。其特点是不再主要局限于思想观念的更新和管理方式的改进，而是在更多的实际工作层面上展开。

3.1 核电站废物的优化和最少化管理

未来十年核电站废物管理的进展，可能会集中在以下三个方面。第一是加强核电站废物管理系统设计的优化，认真解决设计遗留问题。第二是以群堆管理为契机，在废物管理中采用新的优化的技术组合。第三是推广和完善废物最少化经验,争取达到国际先进水平。

在建的田湾核电站三废系统的设计,被国内同行专家们评为可满足国家的安全环保要求但不是优化的。解决田湾核电站三废管理的设计遗留问题可能对其他核电站也有参考价值。[13]

我国核电站气载和液体流出物的排放采用年排放活度总量控制。为确保总量控制的实施采取了许多措施,其中一项重要措施是设置液体流出物活度浓度内控值。该值取决于国家批准的排放总量控制值、水体的稀释弥散条件和其他环境条件、监测方法的下限以及运营者的管理策略。对压水堆来说,主要的液体流出物分别来自硼回收系统(TEP)、废液处理系统(TEU的工艺排水部分、化学排水部分和地面排水部分)、蒸汽发生器排污系统(APG)以及二回路冷凝液的泄漏。6种来源的液体流出物分别进入核岛和常规岛的排放系统(TER和SEL),然后有控制地向排水渠排放。在排水渠中经大量冷却用海水稀释后最终向海洋排放。我国已建和在建核电站液体流出物的活度浓度(不包括氚)内控值如表2所示。

表2 我国核电站液体流出物向排放渠排放的活度浓度内控值比较

核电站	内控值/(Bq/L)
秦山一期	370
秦山二期	3 700
秦山三期	370
大亚湾	1 000
岭澳一期	1 000
田湾	(15)[1)]

注:1) 俄罗斯设计规范,田湾核电站预计2006年投入商业运行。

人们知道,俄罗斯核电站为滨河电站,故采用很严的浓度内控值。但若将此内控值照搬到田湾核电站这样的滨海电站则是过分偏严的,除非考虑液体流出物回收利用,但回用方案的合理性并未被证明。按此规范要求设计的TEU系统的处理工艺为蒸发(净化系数10^5)+离子交换(净化系数10^2);而我国其他核电站的TEU系统只有化学排水部分采用蒸发工艺(净化系数10^3),工艺排水则采用离子交换工艺(净化系数10^2),更无蒸发和离子交换连用之设计。显然前者的资源投入比后者大得多。相反的,原设计的田湾核电站的碘吸附器对甲基碘的净化系数只有10,我国其他核电站的碘吸附器对甲基碘的净化系数均可达到10^3,而将甲基碘的净化系数从10提高到10^3并不需要很大的投入。因此问题的实质是在安全目标的优化中应依据不同情况使液体流出物的安全目标和气载流出物的安全目标找到适当的平衡点。田湾核电站三废系统的原设计对废液部分是防护过度,对废气部分则是防护不足。当然这个问题不难解决。我们举此实例是想说明,只有紧密结合实际情况的设计才有可能是优化的设计。田湾核电站在制定合理的液体流出物活度浓度内控值时,还应注意当地大面积的沿海浅滩对排放不利的情况。

过低的活度浓度内控值设置还可能引起其他不优化的结果。前已述及压水堆液体流出物的6种主要来源,其中处理费用投入较大的是TEP、TEU(化学排水和工艺排水)和APG等系统,它们分别用了蒸发或离子交换,这些系统产生的流出物活度浓度较稳定;而投入较小的

TEU(地面排水)和冷凝液泄漏却产生较大体积的流出物,且活度浓度不稳定。随着内控值设置的降低,投入大的系统所产生的流出物对排放总活度的贡献可能会变得越来越小,变到一定程度时会发现新增加的投入无助于继续降低排放总活度,此时的内控值从经济效益上看肯定是不优化的。因此我们建议核电站积累更多的运行数据以便更深入地分析这些问题。

燃料元件破损事件可能对废气和废液处理系统产生很大的冲击效应,特别对燃料元件破损率很低的核电站更是如此。我们从秦山核电站的运行数据中看到,他们很好地化解了对废液处理系统的冲击,而对废气处理系统的冲击效应则表现得非常明显,造成年排放量的大起大落。这是废气处理系统设计和运行中需要解决的一个问题。

在核电站三废系统的设计中,应严格区分两类源项。第一类是三废处理系统的输入源项(包括其产生体积与活度);第二类是处理以后流出物向环境释放的源项及整备以后固体废物包的输出源项。前一类源项是为了确定三废处理系统的最大处理流量和净化能力,可作为该系统硬件设计的依据;后一类源项则是给核设施环境影响评价或固体废物运输和处置提供源项数据。前者一般取包含了既定运行事件的设计值,偏保守程度大;后者一般取运行经验反馈数据的上限值或正常运行条件下偏保守的预期值,偏保守程度小。早期的设计不明此理,对第二类源项也采用偏保守程度大的估算方法,将流出物排放量和固体废物包产出量的设计值定得很高,甚至多次出现固体废物包的产出体积大得惊人,或其活度浓度超出中放废物上限值以至于不允许近地表处置的情况。这种失实的设计无益于鼓励废物最少化的实施。

在建的秦山三期核电站从加拿大引进 CANDU-6 型重水堆。它所产生的氚和^{14}C将比压水堆高出许多,使我国核电站废物管理面临新的课题。尽管在设计中采取了减少泄漏和回收重水等重大措施,但还需要经过运行考验。^{14}C大部分进入废树脂,使其活度浓度超过短寿命中低放废物的上限值,给废树脂的整备和处置出了难题。此外,还需要针对该堆型的核电站制定^{3}H和^{14}C的排放总量控制值以及进一步确定合理的控制方案。

随着秦山地区和大亚湾地区一址多堆核电站的出现以及群堆管理模式概念的提出,目前已开始从地区性统一的角度考虑废物管理问题。资源优化配置问题开始提上议事日程。有些废物管理设施可以共用(如固体废物暂存库);有些设施甚至可以考虑采用流动式装置(如中低放废物固化装置);由于废物总量增加,有些原来在经济上不合算的处理方案将获得竞争力(如可燃废物焚烧和不可燃废物超级压缩)。

管理范围和规模的扩大也为采用新技术铺平了道路。未来十年最重要的变化可能发生在用新的技术组合替代原有的技术组合。合理的技术组合本身就是一个优化的概念。过去就有一些非常成功的技术组合,如在废液处理工艺中,用蒸发法处理浓盐废液或活度浓度较高的废液,用离子交换法处理稀盐废液,用过滤法处理“脏”废物。目前在固体废物处理和整备的工艺与设备中迫切需要确立更有效、更安全、适用面更广、废物包产出体积更少、成本可以接受的技术组合。例如采用超级压缩机,加适当类型的焚烧装置,加上少增容甚至减容的固化装置,再加上少增容的废物包装容器。老式的水泥固化技术可望逐步被淘汰,混凝土桶可能被限制使用范围,原有设施可能被更新改造。

群堆管理模式也会深刻地影响到三废管理的组织机构和管理方式,正如大亚湾核电站和岭澳核电站目前正在探索的那样。在管理方面未来十年将要取得的另外两项重要进展是建立包括处置和运输费用在内的核电站中低放废物管理全过程费用分析系统和建立核电站废物追溯跟踪与内外结合的质量保证系统。

在今后十年内核电站废物管理仍然需要把废物最少化作为一项重要的任务来完成。这是因为我国核电站流出物的排放总活度和固体废物包产出体积与先进核国家相比仍然有一定的差距。完成此项任务的条件比过去好多了。一方面国外的经验已经系统地总结出来可供我们学习借鉴,另一方面我们自己也积累了一些经验需要加以推广和进一步补充完善。在继续挖掘改进管理的潜力的同时,应开始把重点逐步转向工艺和设备的技术改革。当然,各核电站的进展很可能是不平衡的。美国人依仗其技术实力用了五年时间就把压水堆核电站废物包产出量从 100 m^3/GW · a 减少到 50 m^3/GW · a 以下,我国预期用十年时间应该是可以做到的。

3.2 优化和最少化管理原则在核设施退役和环境整治中的应用

在核设施退役和环境整治中应用优化和最少化管理原则是近年来提出的一个新课题,目前在国内已开始引起注意,但还缺乏系统的经验。从现有零星经验中已经可以看出它的巨大潜力。预计未来十年内在污染物料去污过程的目标管理,环境整治安全目标的优化,补救行动计划的优先权,α 废物的全过程管理,监测在废物最少化中发挥的作用以及极低放废物的填埋处置等方面将会取得不同程度的进展。

经验表明,去污作业不是单一的过程,它是由一些具有不同要求的过程组合而成的。按照去污的具体任务,可以将去污分成四类。第一类是拆卸解体前的初步去污,其安全目标是控制职业照射;第二类是拆卸解体后的深度去污,其安全目标是达到物料的清洁解控水平以供回用;第三类是供核企业内部回用的物料去污,其安全目标是达到有条件的清洁解控水平;第四类是使 α 严重污染物料非 α 废物化的去污,其安全目标是将 α 废物降级为可以近地表处置的中低放废物。由于目标不同,这四类去污所需技术也不完全相同,所需经费也有较大差别。这种分类管理策略是符合优化思想的。

环境整治是近年来逐渐受到重视的一个较新的板块。它包括作为核设施退役组成部分的场址内外环境污染的整治和由核爆或严重核事故后果所致大面积环境污染的整治。环境整治安全目标的优化将涉及两方面的内容,一方面依据不同情况选择安全目标,是清除放射性污染使之达到可接受的残留放射性水平,还是采取补救措施使之达到可接受的剂量或危险水平;另一方面则是如何制定和采用专用控制值的问题。这里只讨论后者。环境整治目标的突出特点是其安全控制值具有专有性质,一般不以国家标准形式发布,而是针对特定核设施类型,特定场址和环境以及整治后特定的用途,通过防护最优化分析制定并经审管机构认可。这种形式的最优化所获得的专用控制值比起针对全国情况的最优化所获得的通用控制值具有较少的保守性,因而对业主有利。但是制定和采用专用控制值是有条件的:污染情况是已知的;有能力估算不同控制值下的工程费用;特定场址在整治后的用途已有所设想,环境途径和参数是已知的,并有能力进行环境影响评价;花费在研制专用控制值上的外加成本是值得的。通常只有大型场址和环境具备这些条件。我国已开始积累制定和采用专用控制值的经验。

在核设施退役和环境整治中都可能碰到一些较大的危险源,它们通常是现实照射与潜在照射并存,其共同特点是处于不稳定状态,存在污染扩大的危险。对待这一类问题,过去常常本着先易后难的原则把它们推迟到退役和环境整治后期去解决。经验表明,这种管理策略是不正确的,至少是不全面的。有许多这类问题,治理得早可能不是什么大事,如果治理得晚了,污染范围可能会成百上千倍地增加,或者潜在照射可能突发性地转化为现实照射。到那时治理所花费的资源也会随之大量增加。我们把这种以减少危险为目标的治理称做补救行动。对危险源的补救行动应摆在比较优先的地位。

在退役和环境整治中，α废物的全过程管理应及早提上日程。从α废物的识别、处理、整备、贮存到处置，存在较多的技术空白需要研究和解决。α废物最少化也是一个重要的努力方向。

监测可以在废物最少化中发挥重要的作用。无论对α废物、中低放废物、极低放废物或解控废物的识别，都必须依赖先进的监测技术和良好的监测计划。我们已在某些核设施退役中通过仔细的监测大大减少了放射性废物产生量或使其降级。

极低放废物概念的提出是优化思想应用于退役所取得的重要成果。退役中产生了比核设施运行中多得多的极低放废物，如果送中低放废物处置场处置是非常不经济的。环境影响评价结果表明采用简易填埋法处置极低放废物是可行的，但需要遵守有关的标准和工程规范并经审管机构认可。我国已有这方面的初步经验。应通过选择适宜的填埋地点和根据其环境条件提出极低放废物活度浓度上限控制值的办法来促进此项工作。预期今后十年内极低放废物管理将有较大的发展。

参考文献

1 IAEA. 放射性废物管理原则．安全丛书第111-F号．赵亚民，陈竹舟译．北京：原子能出版社，1997

2 中华人民共和国国家标准．放射性废物管理规定(修订报批稿). GB14500，2001

3 ICRP. 放射性废物处置的放射防护政策．ICRP第77号出版物．赵亚民译．北京：原子能出版社，1999

4 陈式，马明燮等著．中低水平放射性废物的安全处置．北京：原子能出版社，1998

5 陈式．我国放射性废物管理标准研制概述．辐射防护通讯，1998. 18(4):1

6 陈式．退役与环境整治标准问题的某些经验教训．辐射防护与废物管理专家研讨会资料．太原，2001-05

7 孙明生．一些国家核电站放射性流出物排放情况介绍．辐射防护，2002，22(1):57

8 IAEA. Minimization of Radioactive Waste from Nuclear Power Plants and the Back End of the Nuclear Fuel Cycle. IAEA Technical Reports Series No. 377. 1995

9 IAEA. Method for the Minimization of Radioactive Waste from the Decontamination and Decommissioning of Nuclear Facilities. IAEA Technical Reports Series No. 401. 2001

10 Rudolf Burcl 等．少花钱多办事——最大限度地减少放射性废物的技术性指导意见．国际原子能机构通报，1998，40(1):37

11 罗上庚．放射性废物的最少化．辐射防护，2000，20(5):308

12 孙明生．核电厂放射性废物最少化的目标及其具体实施．辐射防护，2001，21(6):359

13 陈式．连云港核电站三废系统设计遗留问题及运营者可能采取的对策(建议备忘录). 1999-04

【载于《辐射防护通讯》，2002，22(4):1】

放射性废物安全纵横谈(一)

1 《放射性污染防治法》与放射性废物安全

阿南:听说你参加过《放射性污染防治法》[1]立法的讨论,这部法律对于放射性废物管理有什么意义呢?

文津:立法是要给人们提供一个办事的准则,从法律上回答做什么(任务)、谁来做(职责)和怎样做(原则)的问题。为了加深对《放射性污染防治法》的理解,我先说第一点"做什么",请看表1。

表1 放射性污染防治任务与放射性废物管理

污染源	污染对象	污染防治任务	与放射性废物管理的关系
放射性物质	废气、废液和固体废物	三废治理	+++
放射性物质	系统、设备和场所	设施退役	++
放射性物质	环境介质	环境整治	++
放射性物质	人体	事故应急	
射线	环境空间	放射源管理	+

从表1可知,放射性污染防治的任务涉及三废治理、设施退役、环境整治、事故应急和放射源管理等多种专业活动,它们多半与放射性废物管理有关。其中放射性三废治理是本来意义的,即狭义的放射性废物管理,在表中最后一栏打上三个加号;设施退役和环境整治被某些国际文件确认为归属于放射性废物管理范畴[2,3],即归属于扩展的或广义的放射性废物管理,故打上两个加号;放射源管理的末端包括废放射源的整备、集中贮存和处置等,与放射性废物管理有交叉,故打上一个加号。由此看来,《放射性污染防治法》对于放射性废物管理的重要意义是怎么说也不为过的。

阿南:这个表做得很有说服力,它把放射性污染的情况具体化了。我听说有的人不赞成把放射源管理列入《放射性污染防治法》,从道理上看似乎他们不了解不仅放射性物质的释放可能造成多种污染,而且射线的泄漏也可能造成环境空间的污染,就如同电磁污染和噪声污染一样。特别是无主源或未给出路的废源的丢失、被盗与被遗弃所致环境空间污染具有极大的危险性,是不断造成人身伤害事故的主要根源。在当前反恐形势下,把放射源管理写进《放射性污染防治法》确实是明智之举。

文津:现在要说第二点"谁来做"。《放射性污染防治法》一方面规定营运单位依法对其造成的放射性污染承担责任,另一方面规定国务院环境保护行政主管部门对全国放射性污染防治工作包括放射性废物管理工作依法实施统一监督管理。后一点是监管体制的一次大的变革，需要我们认真来领会。

阿南：我读了新近颁布的《行政许可法》[4]，印象很深。《行政许可法》规定只有全国人大及其常委会、国务院可以设定行政许可，省、自治区、直辖市的人大及其常委会、人民政府可以依据法定条件设定行政许可，国务院各部门和其他国家机关一律不得自行设定行政许可。也就是说，国务院各部门的行政审批工作，必须先有法律赋予的一定范围的权力，没有法律依据的或超越法定范围的都是滥用权力。对放射性污染防治包括放射性废物管理来说，法律规定下列事项需要设定行政许可：

(1)直接涉及公共安全、生态环境保护以及直接关系人身健康、生命财产安全等特定活动，需要按照法定条件予以批准的事项；

(2)公共资源配置等需要赋予特定权利的事项；

(3)提供公众服务并且直接关系公共利益的职业、行业，需要确定具备特殊信誉、特殊条件或者特殊技能等资格、资质的事项；

(4)直接关系公共安全、人身健康、生命财产安全的重要设备、设施、产品、物品，需要按照技术标准、技术规范，通过检验、检测等方式进行审定的事项；

(5)企业或者其他组织的设立等，需要确定主体资格的事项。

显然，《放射性污染防治法》已经把统筹实施第一类事项即有关安全、环保和人身健康事项的行政许可的责任和权力交给了国务院环境保护行政主管部门；其他部门可以依法参与和配合，但不能多头监管。我觉得《行政许可法》是一部具有鲜明特点的有利于提高行政效率、限制政府滥用权力和防止腐败发生的法律文件，学习它可能有助于加深对《放射性污染防治法》的理解。

文津：你的学习体会对我很有启发。安全防护许可属政府行为，需要用法律加以界定。关于第三点“怎样做”，《放射性污染防治法》也有一系列原则性的规定。如明确了放射性污染防治的目的是保护环境，保障人体健康和促进核能、核技术的开发与和平利用；针对不同对象如核设施、核技术利用、铀(钍)矿和涉及多种非核行业的伴生放射性矿开发利用以及放射性废物管理等提出了不同的放射性污染防治要求，从而大大扩展了《放射性污染防治法》的适用范围；规定了实行预防为主、防治结合、严格管理、安全第一的方针；鼓励、支持研究与开发，推广先进技术等。

阿南：你觉得贯彻实施《放射性污染防治法》的关键点在哪里呢？

文津：我觉得关键点在于从上到下建立和完善法规标准体系。只有一部法律不可能完全解决问题。有了全国人大的法律以后，要依照法律建立和完善国务院的行政法规(条例)，再依照法律和条例建立和完善部门规章和地方性法规，然后还要制定标准和导则，形成一个金字塔形的系列，才能做到有足够的法律依据来规范人们的行动。现在的问题是我国有相当一部分公务员缺乏法规先行、依法行政的观念。我这样说丝毫没有责怪他们的意思，他们也是从旧体制中走过来的，习惯于行政命令，行政命令往往产生阻力，谁不能讲出一套不听命令的理由来？结果是意见分歧长期得不到统一。因此提高行政效率最有效的办法就是法规先行、依法行政。这个道理很浅显，就看你有没有决心去做。法制建设不只是人大的事，也是各级政府的当务之急。公务员做到法规先行、依法行政了，就会有一种榜样作用，带动企事业单位的领导干部并进而带动全社会守法护法。要真正建成一个法治国家不是一件容易的事，无怪乎国务院要分批派送一些公务员去哈佛进修了。

阿南：完善法规标准体系为什么要从上到下进行呢？

文津：法治国家的普遍经验如此，是我们自己把事情做颠倒了。从上到下完善法规标准体系是一个不断配套化和细化的过程，是一个整体优化的过程，也是实施统一监管的需要。《放射性污染防治法》是我国核事业的第一部法律。我把它比作一声春雷。它不仅全面启动了下行法规标准的制订和修订工作，而且对不重视立法和执法的公务员也是一次强烈的提醒。

阿南：由此看来，为了做好放射性污染防治工作，包括放射性废物管理，一定要先把法规标准树立起来。但是这里的困难是很大的，法制建设费时费力，经费支持也不够，特别是一些高层的法规，常常一拖十几年也弄不出一个结果来。

文津：立法需要良好的调查和研究基础。这个问题解决得好，立法质量就高，速度也快。《放射性污染防治法》的立法过程就是一个实例，它在近几年内进展速度之快大大超出人们的预料。应当总结过去的经验教训，以利于改进今后的工作。关于放射性废物管理的法规标准系列的建立和完善，要乘《放射性污染防治法》颁布实施的东风加速进行。建议在第一线工作的放射性废物管理人员积极参加这项工作，反映真实情况，找准存在的问题，这将是加速法制建设的有力保证。

2　辐射防护和辐射源安全科学的发展与放射性废物安全

阿南：从上次讨论中我们已经知道，放射性废物管理活动是一类直接涉及公共安全、生态环境保护以及直接关系人身健康、生命财产安全的，需要按照法定条件由国家监督管理部门予以批准的特定活动。那么，从科学的角度看，放射性废物安全是一个什么样的概念呢？

文津：说来话长。放射性废物安全概念是20世纪90年代初期辐射防护和辐射源安全科学发展的产物。我在这里只能勾画一下发展的大致轮廓。国际放射防护委员会（ICRP）第60号出版物《国际放射防护委员会1990年建议书》的第四章全面地阐述了放射防护概念的基本构成，所述内容可以用“源项、途径、剂量、效应”八个字加以概括[5]。按照我们现在的理解，源项与“源的安全”的概念密切相关，途径与“人的防护”的概念密切相关，剂量涉及安全与防护的物理学基础，效应则涉及安全与防护的生物学基础。差不多同时，国际原子能机构（IAEA）所属国际核安全咨询组（INSAG）通过出版《核动力厂的基本安全原则》深入地阐明了源的安全概念[6]。随后IAEA等6个国际组织在酝酿起草《国际电离辐射防护和辐射源安全的基本安全标准》过程中，进一步对概念框架统一了认识，把源的安全和人的防护合称为安全，建立了广义的安全概念[7]；还把这种广义安全概念细化为“辐射安全、核安全、废物安全和运输安全”四大类[3]，并决定由IAEA出版“安全标准丛书”。当1996年《国际电离辐射防护和辐射源安全的基本安全标准》出版时，又把防护的概念在原来ICRP第60号出版物基础上扩展为职业照射防护、医疗照射防护、公众照射防护、潜在照射防护、应急照射防护、持续照射防护和天然照射防护等七大类[7]。总而言之，为了准确地把握安全与防护的含义，我建议仔细研读《国际放射防护委员会1990年建议书》、《核动力厂的基本安全原则》、《国际电离辐射防护和辐射源安全的基本安全标准》等三本书。

在《国际电离辐射防护和辐射源安全的基本安全标准》的绪论中，对广义安全的基本原则做了如下的概括[7]：

(1)只有在某种实践给受照个人和社会带来的利益足以超过该实践引起的或可能引起的辐射危害时，才会实施这种会引起或可能引起辐射照射的实践（实践的正当性）。

(2)个人从所有相关实践的综合照射中所受的剂量不应超过规定的剂量限值(个人剂量限值)。

(3)应该为辐射源和核设施提供在通常情况下最有效的防护与安全措施,以致在考虑到经济和社会因素之后,照射大小和可能性以及受照人数应保持在可以合理达到的尽量低水平上,并且照射产生的剂量和带来的危险应加以限制(防护与安全最优化)。

(4)只要干预是正当的,就应该通过干预减少非实践部分的辐射源和辐射照射,并且干预措施应该是最优化的(干预的正当性和干预的最优化)。

(5)受权从事涉及辐射源的某种实践的法人应该承担防护与安全的主要责任(防护与安全的主要责任)。

(6)应该反复灌输用以支配所有与辐射源有关的个人和组织机构对防护与安全的态度和行为的安全文化(安全文化素养)。

(7)纵深防御措施应该纳入辐射源的设计和运行程序中,以弥补防护或安全措施中的可能失误(纵深防御)。

(8)应该通过优质管理和良好的工程、质量保证、对人员的培训和资格审查,对安全的综合评价和注意从经验与研究中吸取教训来确保防护与安全(优质管理)。

以上八条基本安全原则涵盖了分别由 ICRP 和 INSAG 制定的辐射防护原则和安全原则的主要内容。

如果我们仍然借用 ICRP 第 60 号出版物的“八个字”框架来描述广义的安全概念,就可以得到下面的表 2。

由表 2 可知,IAEA 把源的安全归纳为四类:核安全,以核装置或临界装置发生不可控核反应为特征;辐射安全,以辐射源发生放射性物质或射线的泄漏为特征;废物安全,以放射性物质通过废物或污染物释放为特征;运输安全,以运输工具发生冲撞、跌落和火灾为特征。由此可见,废物安全是源的安全的重要组成部分。

表 2　放射性废物安全在防护与安全科学中的地位

源　项	途　径	剂　量	效　应
核安全	职业照射防护	辐射剂量学基础	放射生物学基础
辐射安全	公众照射防护	剂量标准	放射医学救治
废物安全	持续照射防护	剂量评价	医学监测
运输安全	应急照射防护	剂量监测	
安全监管	潜在照射防护		
安全标准	医疗照射防护		
安全分析	天然照射防护		
安全文化素养	防护标准		
源项估算与测量	现场防护评价		
	环境影响评价		
	现场辐射监测		
	流出物与环境监测		

由表2可知，基本安全标准把人的防护归纳为七类，其中与废物安全有关的是以下五类：职业照射防护，如工作场所中的气溶胶；公众照射防护，如气载和液体流出物排放或废物处置场核素迁移；持续照射防护，如大面积环境污染或早期不恰当的废物填埋；应急照射防护，如前苏联高放废液贮存库爆炸事故；潜在照射防护，如废物处置设施和其他废物管理设施安全。由此可见，废物安全与人的防护密切相关。

阿南：这可以说是对辐射防护与辐射源安全科学发展和放射性废物安全概念形成的一个相当深入浅出的说明。对于废物安全还有比这更简洁更通俗易懂的说法吗？

文津：有的。IAEA提出了放射性废物管理的九项原则，即保护人类健康，保护环境，考虑境外影响，保护后代，不给后代留下不适当的负担，建立国家法律框架，放射性废物最少化，废物的产生和管理各步骤之间的相互依赖，废物管理设施安全[8]。其中的保护人类健康，保护环境，考虑境外影响，保护后代和废物管理设施安全，就概括了放射性废物安全的主要内容。它容易理解，也容易记忆。如果再加上退役安全就更完整了。

阿南：在九项原则中，废物安全原则和其他原则之间存在一种什么样的关系呢？

文津：这是一个很有意思的问题。事实上废物安全只是废物管理必须着重考虑的但不是惟一考虑的方面，还应当同时考虑技术、经济、社会、可持续发展等其他方面，才能够做好放射性废物管理工作。我一直在思考两者之间的关系。在辐射防护领域早就产生了在技术经济学意义的优化基础之上实施防护最优化的思想。这里存在两种优化。前一种优化着重考虑技术与经济的关系，目标是使费用为最少；后一种优化着重考虑经济和社会因素同安全防护水平的关系，目标是使剂量或危险水平尽量低。放射性废物管理是一类典型的多因素多目标问题，必须综合考虑和选择所有可能减少辐射危害和降低治理成本等方面的措施，进行多方案比较，才能够确定满意的方案。因此，我们现在要做的事就是把这两种优化更紧密地结合起来，形成一种综合的优化概念[9]。借助于它就可以把废物安全方面和其他方面的考虑统一起来；借助于它还可以调整国家和企业之间，社会和企业之间，企业内部各组成部分之间，企业和个人之间，以及整体利益和局部利益之间，眼前利益和长远利益之间等各个方面的关系。

阿南：综合的优化观使我明白了废物安全不是一个绝对的概念。安全是要对其他方面产生制约作用的，因此安全的要求具有法律上的强制性；但安全也要受其他方面的制约，因此在提出安全要求时应当有较全面的考虑，无论从学术上、法律上或在实施监管时均是如此。看来放射性废物管理原则有它独到的优点，需要做广泛的宣传。

3 放射性废物管理过程与放射性废物安全

阿南：在放射性废物管理过程中，有哪些地方会发生安全问题呢？

文津：可以分别就放射性三废治理和设施退役与环境整治的过程加以说明。先看图1。

由图1可知，在三废治理过程中大约存在三种安全问题。第一种是在三废治理的末端，即固体废物处置、流出物排放、物料回用和废物解控，不同的废物“产品”进入环境或流向社会时，将发生公众照射问题（废物处置还同时存在潜在照射问题），因此需要公众照射和潜在照射防护标准及解控标准。第二种是在三废治理前端的预处理阶段，要求对废物进行分类，分类对废物的安全与防护影响颇大，因此大家都看重废物分类标准问题。第三种是在三废治理的主要工艺部分即处理和整备阶段发生的安全问题，这里通常指两种情况，其一是处理或整备设施失效导致废物“产品”不合格，将影响随后的公众照射的防护，因此需要制定废物“产品”的性能标

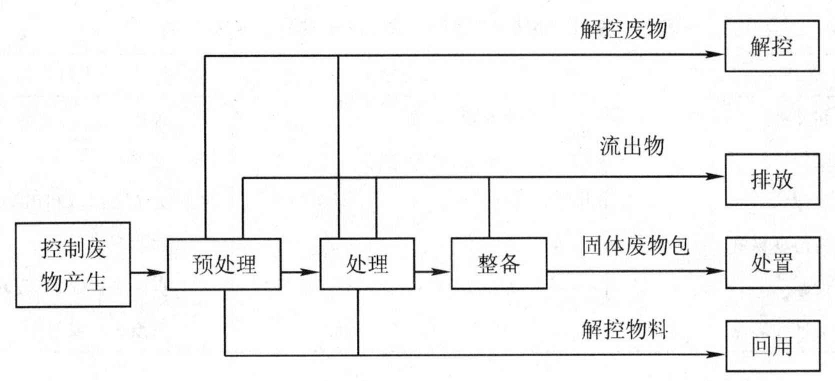

图 1　放射性三废治理的基本步骤

准;其二是废物处理或整备设施发生事故导致放射性物质或射线的泄漏,造成应急照射或持续照射,或产生其他工业安全问题,因此需要制定废物管理设施安全标准。

阿南:看来安全与防护确实是难以分割的,它们可能出现在同一个三废治理全过程的各个阶段或其末端,因此将它们统称为废物安全容易抓住要领。

文津:再请看图 2。由于设施退役与环境整治属于扩展的或广义的放射性废物管理范畴,了解设施退役与环境整治过程中存在哪些特有的安全问题也是必要的。

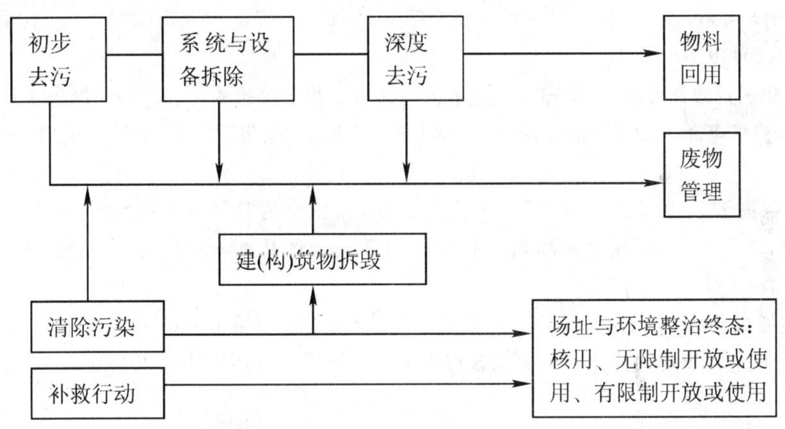

图 2　设施退役与环境整治的基本步骤

由图 2 可知,在设施退役与环境整治的末端,有些安全要求如物料回用与废物管理是同三废治理差不多的(但也有其特点);而场址与环境整治终态则存在特有的安全问题,即持续照射的防护标准,这些标准对清除和补救行动来说又是完全不同的。退役的主要工艺部分是去污和拆卸解体,它存在特有的退役安全问题,需要制定相应的工程标准;在环境整治的某些补救行动中,也可能需要某种工程规范。

综上所述,放射性废物管理中的废物安全问题依废物管理对象的不同而不同,依中间过程和末端出路的不同而不同。为了看得更清楚一些,对放射性废物管理做了一个汇总表,如表 3 所示。

表 3 放射性废物的管理对象、中间过程和末端出路

管理对象	中间过程	末端出路
废气和废液	预处理、处理	排放
固体废物	预处理、处理、整备	处置
废放射源	整备	处置或回收利用
有用的污染物料	去污	回收利用
污染设施	拆卸解体、去污	拆除和拆毁、回收利用
污染场址和环境	清除污染、补救行动	重新开放或使用

阿南：我们经过了三次讨论，从法律、学科发展和作业过程的角度探讨了放射性废物安全的概貌，现在是不是应该走进去仔细看一下放射性废物安全本身究竟有什么样的结构和内容呢？

文津：好的。

参考文献

1 中华人民共和国放射性污染防治法． 全国人民代表大会常务委员会公报版． 北京：中国民主法制出版社，2003

2 乏燃料管理安全和放射性废物管理安全联合公约．1997

3 Webb G，Karbassioun A，Linsley G，等． 安全第一（IAEA 的安全标准现状报告）． 国际原子能机构通报，1998，40(2)：10

4 中华人民共和国行政许可法． 全国人民代表大会常务委员会公报版． 北京：中国民主法制出版社，2003

5 ICRP 编，李德平等译． 国际放射防护委员会 1990 年建议书．ICRP 第 60 号出版物． 北京：原子能出版社，1993

6 国际核安全咨询组． 核动力厂的基本安全原则．IAEA 安全丛书 No.75-INSAG-3．IAEA，维也纳，1991

7 FAO，IAEA，ILO 等． 国际电离辐射防护和辐射源安全的基本安全标准．IAEA 安全丛书 No.115．IAEA，维也纳，1997

8 IAEA 编，赵亚民等译． 放射性废物管理原则．IAEA 安全丛书第 111-F 号． 北京：原子能出版社，1997

9 陈式． 我国放射性废物的优化和最少化管理未来十年展望． 辐射防护通讯，2002．22(4)：1

【载于《辐射防护通讯》，2003，23(1)：1】

放射性废物安全纵横谈(二)

4 放射性废物安全各论

阿南:今天请你来解剖一下“放射性废物安全鸟”,我们期待看到一个有血有肉的东西。

文津:这是一个很好的比喻。一只鸟要有骨架才能立起来,要有心脏才能活起来,俗话说画龙点睛,鸟的前身是龙,要给它开眼才有精神,要装上翅膀才能振翅飞翔。设施安全是它的躯干,防护目标是它的发动机,源项估计和废物分类是它的双目,安全监管和安全文化是它的双翼。

阿南:好啊! 这只鸟真像要飞起来了。还是请你先从源项估计谈起吧。

文津:在放射性废物管理中,对源项的理解不可一概而论,要具体分析其特定含义。请看表4。

表4 废物管理中的不同源项

类别	含义	用途
基本源项	设施(含废物管理设施)中的放射性物质的分布、活度浓度和总量,偏保守程度要求较大	用于屏蔽设计和职业照射的防护
三废处理系统输入源项	设施中产生的放射性废气、废液、固体废物的体积和放射性物质的活度浓度,偏保守程度要求较大	用于三废处理系统设计
流出物排放源项	设施中气载和液体流出物向环境排放的放射性物质总量和活度浓度,偏保守程度要求较小	用于设施环境影响评价和公众照射的防护
废物处置源项	处置场接收的放射性固体废物的体积和活度浓度,偏保守程度要求较小	用于处置设施安全分析、环境影响评价和公众照射的防护
退役源项	待退役设施中的放射性物质的分布、活度浓度和总量,偏保守程度要求较大	用于退役与去污作业的优化设计和持续照射的防护

在废物管理中对源项的估计是否正确将直接影响待建工程设计的安全和投资额度,核电站的设计中已经出现过这种情况。在这里着重谈一谈至今仍然存在争论的退役源项估计问题。一种意见认为退役源项调查应当主要在退役实施过程中进行,而在退役准备阶段只需粗估一下,不应提出不切实际的要求;另一种意见认为退役源项调查应当主要在退役准备阶段进行,而在退役实施阶段需要验证和补充。实际上问题的关键是退役源项调查的目的。一般来说,退役源项调查是为了查清“热点”及其分布;污染总量只是自然得出的结果。由于污染的不均匀性,对总量不必苛求。查清“热点”及其分布对于退役与去污作业的优化设计和现场辐射防护至关重要,怎么能够放在退役实施中去做呢?

阿南：我想源项调查或源项估计不仅是退役和环境整治的基础，也是废物分类的基础，而废物分类又是废物管理的基础。由此不难明白这两个“先行官”所扮演的角色的重要性了。

文津：对待放射性废物首先应该按照它的危险程度加以分类。危险程度取决于核素的组成、辐射类型、半衰期、化学形态、毒性、活度浓度、活度总量、发热率和易迁移性等等。废物只有分类管理才是安全的管理。我国现行国家标准[1]按照废物处置安全的考虑建立了一个基本的分类系统，将放射性固体废物区分为高放废物、长寿命中低放废物（含 α 废物）和普通中低放废物。高放废物和长寿命中低放废物要求深地质处置，普通中低放废物要求近地表处置。同时考虑到废物处理和整备作业中的安全，又建立了一个辅助的分类系统，分别对放射性废气、废液和固体废物做了分类，并使这两种分类合理地衔接起来，从而解决了放射性废物分类标准在放射性废物管理全过程中的适用性问题。

阿南：所述放射性废物分类的思路能否应用于一切放射性废物呢？

文津：不能。上述分类系统主要是从核燃料循环后端产生的废物中总结出来的，这个来源的废物种类比较齐全且具有典型意义。放射性废物有多种来源，其他来源的废物的分类存在例外。例如，铀矿冶废物就是单独一类放射性废物，它采用尾矿库、废石场或井下回填等方式进行处置。我国将要加强对伴生放射性矿开发利用产生的放射性废物的管理，情况与铀矿冶废物有一些类似。核技术利用产生的放射性废物具有多样性，其中包含一些很短寿命的放射性废物，可以通过衰变贮存转化为非放射性废物；也包含一些可以采用上述分类系统的放射性废物；但核技术利用产生的废密封放射源是一个最大的例外。密封放射源需要建立特殊的分类系统，这个问题一直没有很好解决，目前国际上正在讨论的一种放射源分类系统是从源的使用、贮存、运输中事故应急的角度提出来的，没有考虑不同类别的废放射源需要采用不同的处置方式，如高风险源可能采用深地质处置，低风险源可能采用近地表处置或者在近地表处置场的特殊单元中处置。我们建议在制定放射源分类标准时，应注意将基于“放射源使用安全”和基于“废放射源处置安全”的两种分类系统合理地衔接起来。

阿南：在国际文献中，经常可以看到“极低放废物”的称谓，它在放射性废物分类中占有什么样的地位呢？

文津：IAEA 官员在为我国政府提供咨询时指出，极低放废物是放射性废物分类中的一个策略性问题，IAEA 目前不做统一规定；各国政府可以根据本国的实际情况选择适宜的策略。极低放废物是指放射性水平略高于放射性废物下限值的废物，其数量较大但危险程度较低，因此采用简易填埋处置方式在安全上是可以接受的，在经济上是合理的。从低放废物中区分出极低放废物正是为了减少需要送往近地表处置场的废物数量。目前各国政府对极低放废物的考虑很不一样，有一些国家对核设施退役、核电站运行或核技术利用均提出了区分极低放废物的要求。我国对极低放废物的策略选择是：目前只对可能产生大量极低放废物的核设施退役提出要求，允许将极低放废物就地填埋在已退役的场址上，由监管部门对其管理限值和实施方案进行审批[2]。

为了完全弄清楚极低放废物在放射性废物分类中占有的地位，就需要学习新近发布的国家标准《电离辐射防护与辐射源安全基本标准》。在该标准中阐明了与废物管理有密切关系的两个概念：豁免和解控[3]。这两个概念涉及什么废物是非放射性废物的问题，因此在一定意义上可以把豁免和解控看成是放射性废物分类问题的延伸。

阿南：豁免和解控是很专业的名词，请你做一些通俗的解释。

文津：豁免和解控均来源于豁免准则。在任何情况下，任何公众成员一年内所受的有效剂量预计为 10 μSv 量级或更小；一年内所引起的集体有效剂量不大于约 1 人 · Sv 或防护的最优化评价表明豁免是最优选择，经监管部门确认，即可将实践或实践中的源予以豁免或解控。豁免是为了确定实践或实践中的源能否免于控制，解控则是为了确定实践或实践中的源能否解除控制，它们都以实践为条件，并不适用于干预情况。由于源的对象不同，照射情景和所采用的评价模式与参数不同，又可细分为两种豁免情况和三种解控情况。针对豁免和解控在放射性废物管理中的应用，比较直观的解释可以看图 3 和表 5。由图 3 可知，豁免还要求另外两个条件：废密封源或少量废物，并判定低于豁免水平。解控也要求另外两个条件：大量废物或污染物料，并判定低于清洁解控水平。豁免主要是用于核技术利用产生的某些废源或废物，解控则主要是用于核设施和放射性同位素生产设施产生的废物。为什么在实际工作中使用豁免和解控时经常会发生误解和误用的情况呢？就是因为不完全了解上述这些条件。表 5 列出了我国三项国家标准中五种主要核素的豁免水平和清洁解控水平。头两项国家标准给出的两种豁免水平和再循环、再利用物料的清洁解控水平都很好用，但废物的清洁解控水平在国内外都还没有公认为适用的标准。IAEA-TECDOC-855(1996)曾试图将废物和再循环、再利用物料的清洁解控水平合并为一个清洁解控水平，但其结果过于保守。

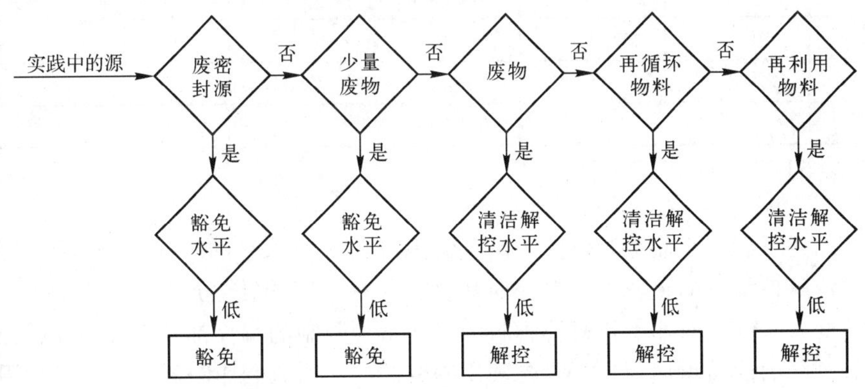

图 3 豁免和解控用于放射性废物管理时的概念框图

阿南：你的解释使我又想起了《行政许可法》，该法规定不是所有的事项都需要设置行政许可。可以不设行政许可的情况，不外乎政府不介入和以其他行政管理方式介入两种。豁免和解控就属于后一种情况。我想这是为了让政府集中主要精力管理好那些危险较大的事，而不要平均分散地使用力量。

文津：你说得很对。同时也要看到提出豁免和解控的另一个重要目的是减少放射性废物的数量，有利于企、事业单位实现放射性废物最少化的目标。这是因为解控后的废物实际上是非放射性废物，再循环、再利用物料也已经变废为宝，豁免后的密封源或非密封的少量放射性物质在废弃后一般也不是放射性废物了。当然也不能说得太绝对，例如火灾报警器中的单个密封源是豁免的，成千上万个废源聚在一起则需要作为放射性废物妥善贮存，待以后处理和处置。

表 5 五种核素的豁免水平和清洁解控水平比较

核素	豁免		解控			标准
	小源 /Bq	小源 /Bq·g^{-1}	废物 /Bq·g^{-1}	再循环物料 /Bq·g^{-1}	再利用物料 /Bq·cm^{-2}	
^{60}Co	10×10^{5}	10			0.8	(1)
				0.1(Fe)0.3(Al)	0.8	(2)
			0.1～1.0	1～10	0.4	(3)
^{90}Sr	10×10^{4}	10×10^{2}			0.8	(1)
				2×10^{2}(Fe,Al)	0.8	(2)
				1～10	0.4	(3)
^{137}Cs	10×10^{4}	10			0.8	(1)
				0.5(Fe)1(Al)	0.8	(2)
			0.1～1.0	1～10	0.4	(3)
^{239}Pu	10×10^{4}	1			0.08	(1)
				0.5(Fe)3(Al)	0.08	(2)
			0.1～1.0	0.1～1.0	0.04	(3)
^{241}Am	10×10^{4}	1			0.08	(1)
				0.7(Fe)4(Al)	0.08	(2)
			0.1～1.0		0.04	

注:(1) GB18871-2002;(2)GB17567-1998;(3)GB13367-92。

但是人们还不满足于豁免和解控。由于低于清洁解控水平的废物在测量识别上的困难,以及低于清洁解控水平的金属材料在流向社会时存在一定的社会风险,因此人们又提出了有条件解控的概念。凡是对那些待解控物料的流向施加限制的解控都属于有条件解控。据此提出了极低放废物的简易填埋,再循环、再利用物料的内部回收利用和某些核技术利用单位产生的废液在城市普通下水道排放等特设的流向。这些措施都是为了在确保安全的前提下进一步减少需要送往近地表处置场处置的低放废物的数量。由此要求制定极低放废物活度浓度控制、内部回用物料活度浓度控制和普通下水道排放控制的标准。在《电离辐射防护与辐射源安全基本标准》中已有普通下水道排放控制的规定[3]。目前中国辐射防护研究院正在研究极低放废物的简易填埋方案和极低放废物活度浓度上限值的确定方法,初步研究结果建议该上限值同时满足废物中放射性核素的活度浓度、废物填埋产生的公众成员个人剂量和填埋场的闯入剂量等三个限制条件。

阿南:看来我们讨论的话题可以转向废物管理设施安全了。

文津:为什么说废物管理设施安全是放射性废物安全的脊梁骨呢?因为它是废物管理中最基础的工作,是废物管理人员(包括研究者、设计者和运营者)的基本功。设施安全不是靠背诵几条标准就能够实现的,也不是在确定了安全目标后就保证能够达到安全目标。什么是放射性废物安全?就看你在废物管理设施的研制、设计和运营中是否把安全第一的思想贯穿在一切工作细节中,把技术考虑、经济考虑和安全考虑融为一体。为了说得更清楚一些,我们将剖析以下两个麻雀。

第一个麻雀是中国辐射防护研究院研制的可燃放射性废物焚烧装置[4~6]。对这一类废物管理设施通常有两方面的安全要求，一方面是设施的效能，另一方面是设施的可靠性。就焚烧装置的效能来说，涉及保护公众健康、保护环境和降低费效比等措施。写在合同书上的有处理能力、减容系数、排出气体中放射性物质和非放有毒物质的含量、焚烧灰的残炭率等目标要求。由于对放射性释放量控制严格，加上焚烧对象中含有较大量废弃的聚氯乙烯塑料、橡胶和树脂，为防止设备腐蚀必须去除 HCl、SO_x、NO_x 等酸性气体，还需控制排出气体中的 Pb、Zn、Cd 等重金属和苯并[α]吡、CO 的浓度，因此对处理工艺的效能要求很高。课题组采用先热解后燃烧的两步法工艺，实现了可燃废物的完全燃烧，减少了烟气中的焦油和烟炱含量，大大减轻了对烟气净化系统的压力。烟气净化工艺分四步走，第一步预过滤去除烟气中的重金属和微米级的颗粒；第二步高温高效过滤器去除亚微米级的颗粒。经过这两步，绝大部分放射性也就去掉了，因此在第三步湿法除酸气时产生的二次废液只含很少的放射性；最后一步高效过滤器只起保险作用。最终试验结果表明，只有千万分之一的放射性被释放出来，排出气体中的非放毒物也全部达标；后来在青岛实际处理医院“非典”废物时，汞也全都被截留下来了。他们就这样通过对工艺的不断完善，实现了《核动力厂的安全基本原则》中深刻阐明了的纵深防御思想。当然，按照优化的原则，我们并不赞成烧聚氯乙烯，而是建议我国核工业逐步淘汰聚氯乙烯的使用而改用其他塑料。

阿南：听说我国现在很注意对二噁英的防护。

文津：是的。我们早就掌握了这个动向，采用了有效地抑制二噁英产生和净化的措施，包括热解可降低飞灰产生量从而抑制二噁英生成，燃气的高温燃烧可使二噁英分解，中温段的烟气采用喷水急冷方式降温可快速跨过有利于二噁英生成的温度段，在高温高效过滤器前增设活性炭吸附层可净化二噁英等。测量结果表明二噁英已实现达标排放。

设施的可靠性是经常隐藏在合同书后面的有关设施安全的另一个核心内容，做惯了基础研究的同志有时可能忽视它，但它却是用户最关心的问题。就焚烧装置的可靠性来说，涉及各系统和单元设备研制中如何减少事故发生、延长设施寿命和确保现场工作人员人身安全等大量措施。课题组在焚烧装置的研制和设计中充分考虑了放射性物质的包容（密封隔离和保持负压）、防火防燃爆、系统防腐蚀、检修的方便性和安全性、冗余和备用、事故应急系统、测控及电气安全、辐射防护设计等方面。当时有意订做该装置的某单位负责人曾经问我，你们有没有考虑发生停电事故时怎么办。我说我们有可靠的应对措施。他马上就知道这个焚烧装置是精心研制出来的，因为设施的可靠性是技术成熟程度的最重要标志。课题组在研制工作中通过大量试验的经验反馈不断改进设计，一旦发生事故或事件，经常对装置进行解体观测，以便找出原因。他们把这些经验总结起来，还形成了在运行操作岗位上的信息识别、判断和处理措施的有用知识，极大地方便了用户。

阿南：能做到这个份上，真可以说是一群可爱的人。

文津：不要忘记了他们的领头人，已故的马明燮研究员。他是真正懂得工程科研的。

另一只麻雀是中国辐射防护研究院关于中低水平放射性废物处置的研究[7,8]。处置安全所采用的多重屏障原则与纵深防御原则是一致的。多重屏障可看成是纵深防御原则在废物处置中的具体应用，在应用中显露了其特点，即更长的时间尺度，并因此而增加了问题的复杂性。中低水平放射性废物近地表处置的多重屏障系统由地质屏障、工程屏障和管理屏障构成。地质屏障在处置工程到达寿期以后仍然起作用，工程屏障的一部分可在整个工程寿期内起作用，工程屏障的另一部分连同管理屏障则主要在工程寿期内的前期起作用，这些屏障的优化组合恰好适应了废物中的放射性衰变导致危险程度不断降低的过程。对近地表处置设施通常也有两方面的安全要求，一方面是屏障效能，另一方面是持久性和可靠性。为了增加屏障效能，主要采取了防止水的入渗引起放射性核素释放和迁移的措施，如选择具有良好水文地质与地球化学条件的场址，设计多重防排水系统，接收合格的废物固化体与包装容器，选择适宜的回填材料等；另外还采用了抗动植物侵扰和人的无意闯入的屏障，如多重覆盖层，混凝土构筑物等。持久性依赖于地质稳定性和工程材料的寿命，也依赖于防止废物中存在诱惑物导致人的有意盗掘。可靠性不只是一般意义上的质量保证，它与屏障效能的可预测性要求有关。多重屏障系统总体效能的可预测性是建立在安全评价方法学的基础之上的。安全评价方法学是对废物处置系统的总体效能进行定量分析的手段，它的出现标志着多重屏障的理论与技术水平发展到了一个新的高度。可靠性还与屏障效能的可检查性要求有关。广东北龙中低放废物处置场处置单元地沟中的渗出液收集装置曾被人误认为是排水系统，实际上是防排水屏障总体效能的检查装置，它与下游监测井一道构成一个核素释放和迁移的监测系统。

阿南：你是否认为处置设施和焚烧装置之间最大的差异就是处置安全更多地依赖于定量的安全评价研究的结果呢？

文津：不错。由于时间尺度很长，以及由于地质学的复杂性，处置安全不是可以亲身直接体验的东西，它需要依赖科学的预测。这就可以解释为什么中国辐射防护研究院要花费十几年时间与日本原子能研究所合作研究中低水平放射性废物处置安全评价方法学。该项研究主要包括实验室小型和中型核素迁移试验，野外包气带和地下 30 m 含水层核素迁移试验等。所取得的规律性认识有助于建立和验证适用的预测评价模式，因而研究成果已在我国中低水平放射性废物处置中获得广泛的应用，并在应用中积累了特定场址和特定处置工程安全评价的经验。

放射性废物管理科学的明珠是高水平放射性废物和 α 废物的深地质处置，它是一项更大和更复杂的安全系统工程，也是一项长期的科研工作，需要几代人为之努力。

阿南：真没想到在废物管理设施安全中包含这样丰富的科学内容。

文津：在我国还有一项工作缺乏经验和没有开展系统的研究，这就是退役安全。与运行安全相比，退役安全具有显著的特点，原先密封的系统和设备在退役时需要打开，给安全带来更多的不确定性；退役安全还具有多样性，涉及许多不规范的辐射安全、临界安全和工业安全问题；退役安全所采用的技术特别繁杂，从人员防护技术到遥控技术和机器人，从被动的气溶胶净化到主动的源头控制等，许多安全防护设备和工具需要重新研制。此外，还有一点可以肯定，高技术在退役、去污、拆卸、解体、拆除和拆毁工程中的应用将大大改善退役安全的状况。

阿南：通过以上讨论，确实感到废物管理设施安全和退役安全是一门学问，是一门专业性很强的技术。安全技术本来也是技术的组成部分之一，何况废物管理和设施退役本身的目标就是防治放射性污染，因此可以说废物管理和设施退役的技术在整体上就是安全技术。我明白你所说技术考虑和安全考虑融为一体的含义了。可是防护的目标与这种安全技术之间又是一种什么样的关系呢？

文津：我们说防护目标是发动机，指的就是“防护目标是发展安全技术的动因”。从保护人类健康、保护环境、保护后代的原则出发，进一步具体化就是提出防护目标，它是效能要求和可靠性要求的定量表示；而安全技术则是实现防护目标的手段。由于防护目标是用辐射防护标准的语言来表达的，废物管理人员需要准确的理解和把握。经验表明不同的辐射照射类型有不同的防护目标，因此先要识别辐射照射的类型，如表 6 和表 7 所示。表中所说的普适性标准是全国统一的标准，常见于职业照射、公众照射和潜在照射；针对性标准则是因地制宜的标准，常见于应急照射和持续照射。这只是大致的划分，没有绝对的界限。例如污染场址的清除水平（土壤中残留放射性可接受水平）一般采用专用控制值，特别对大型核场址要求如此；但在 GB14586-93 中规定天然放射性核素 ^{226}Ra 的清除水平采用全国统一标准；在 HJ53-2000 中为制订清除水平推荐的普适性的导出值尽管过分偏保守，仍可用于小面积污染的清除水平的制订。

表 6　放射性废物管理的防护目标——普适性标准

废物管理情况	辐射照射类型	适用的安全防护原则	防护目标
废物管理设施运行，退役作业	职业照射和潜在照射	实践的防护原则和安全原则	职业照射剂量控制，设施安全和退役安全标准
气载流出物排放	公众照射	实践的防护原则	气载流出物排放量限值
液体流出物排放	公众照射	实践的防护原则	液体流出物排放量限值
中低放固体废物处置	公众照射和潜在照射	实践的防护原则和安全原则	剂量和危险双重标准，接收废物包性能标准
高放和 α 固体废物处置	公众照射和潜在照射	实践的防护原则和安全原则	剂量/危险控制和核素迁移控制，接收废物包性能标准
废放射源处置	公众照射和潜在照射	实践的防护原则和安全原则	剂量/危险控制，接收废物包性能标准

表 7　放射性废物管理的防护目标——针对性标准

废物管理情况	辐射照射类型	适用的安全防护原则	防护目标
废物管理设施事故，退役作业事故	应急照射	干预的防护原则	超过干预水平或行动水平时实施干预
场址污染清除（场址交给地方）	持续照射	实践的防护原则	达到清除水平（土壤残留放射性可接受水平）
场址污染清除（场址继续留做核用）	持续照射	实践的防护原则	达到有条件清除水平
补救行动	持续照射	干预的防护原则	超过行动水平时实施干预

阿南：这些防护目标是怎样得出来的呢？

文津：它是通过防护最优化得出来的。防护目标的难题就是如何实现防护最优化。对实践活动来说，要求在考虑了经济和社会因素之后，个人受照剂量的大小、受照射的人数以及受照射的可能性均保持在可合理达到的尽量低的水平。对干预活动来说，要求任何防护行动或补救行动的形式、规模和持续时间均应是最优化的。从方法学上归纳，可以将防护最优化区分为有约束的最优化、有约束范围的最优化和无约束的最优化等类型[3]，如表 8 所示。

表 8　防护最优化的类型

对象	类型	剂量约束值/(mSv・a^{-1})	要　点
排放,处置	有约束	0.25	以约束值为条件,直接做常规最优化分析
清除	有约束范围	0.1～0.3,必要时经批准可放宽到 1	将约束值选择作为最优化的第一步,然后做常规最优化分析
补救	无约束		先做正当性判断,当补救行动具有正当性时再做特殊最优化分析

目前滨海压水堆核电站液体流出物排放的防护最优化做得较好。国家标准规定所有排放途径的剂量约束值为 0.25 mSv・a^{-1};根据我国普遍的环境条件和气、液途径剂量约束值的分配,导出液体流出物中核素年排放总量的限值,也作为国家标准;核电站在申请运行许可证时要根据特定环境条件申请排放总量,它应低于排放总量限值,在批准后也具有约束力;核电站为保证实现已批准的排放总量限制,还要按照一定的策略考虑来设置核素浓度内控值,该浓度内控值也应留有余地,但不具有约束力。目前内陆核燃料循环设施及核技术利用单位的排放控制如何实施防护最优化仍是一个值得研究的问题。

在我国针对特定环境条件下污染土壤清除的防护最优化,已通过中国辐射防护研究院和各现场的密切合作积累了一些经验,并形成了两种样式。通常情况下首先考虑环境、技术、经济和社会等综合因素选定剂量约束值,然后根据退役后场址可能的几种用途、照射情景、途径和参数等分别建立土壤中残留核素浓度与公众成员剂量的对应关系,再考虑清除方案及相应费用和采用代价效能分析方法确定残留核素的浓度控制值,并与当地土壤本底剂量波动范围对照,以及参考国外相关资料,最终确定土壤中残留核素浓度控制值。在污染比较轻微的情况下,参照美国的经验,当污染降低到所致附加剂量不超过当地土壤本底剂量的波动范围时,可以认为已经实现最优化了。因此可直接由当地土壤本底剂量的波动范围来计算土壤中残留核素浓度控制值。

清除污染以后的场址可以实现无限制的开放或使用,而实施补救行动以后的场址则只能实现有限制的开放或使用。补救行动通过无剂量约束的最优化来控制,因此必须持慎重态度,采取"一事一议"的方式进行。对补救行动的防护最优化还需要在方法学上做更多的研究。

阿南:以我这个外行观察的结果来说,"辐射防护与辐射源安全"依据特定的防护与安全目标来引导"放射性废物管理"的发展,而"放射性废物管理"则依据特定的工程安全技术来部分实现"辐射防护与辐射源安全"的追求。因此,放射性废物安全是不同学科之间相互交叉和融合的结果。那么,这一只"放射性废物安全鸟"又是怎样飞起来的呢?

文津:欲知后事如何,且听下回分解。

参考文献

1　中华人民共和国国家标准．放射性废物的分类．GB 9133-1996，1996
2　中华人民共和国国家标准．放射性废物管理规定．GB14500-2002，2002
3　中华人民共和国国家标准．电离辐射防护与辐射源安全基本标准．GB 18871-2002，2002
4　王培义，周连泉，马明燮等．多用途放射性废物焚烧系统的工艺流程．辐射防护，2002，22(6)：321
5　王培义，周连泉，马明燮等．多用途放射性废物焚烧系统工程试验装置的设计及建立．辐射防护，

2002，22(6):326
6 王培义，周连泉，马明燮等．多用途放射性废物焚烧系统工程验证试验．辐射防护,2002，22(6):334
7 陈式，马明燮等著．中低水平放射性废物的安全处置．北京：原子能出版社,1998
8 李书绅，王志明等著．核素在非饱和黄土中迁移研究．北京：原子能出版社,2003

【载于《辐射防护通讯》,2003,23(6):1】

放射性废物安全纵横谈(三)

5　放射性废物的安全监督管理

阿南:我们有了初步的法律保障,有了防护与安全的理论基础和切合实际的目标,又有了废物管理设施和退役与环境整治技术等硬件条件,那么怎样才能够把放射性废物安全工作做得更好呢?

文津:这就是所谓的实施问题。依我的理解,最重要的是依法搞好安全监督管理和加强安全文化素养,即强制与自觉相结合。这两个方面都存在很大的能动性,需要克服过去的惰性,需要大量的创新思维,更需要生动活泼的实践经验的总结。

阿南:如果说法律、理论、目标、设施和技术在一段时间内是相对稳定的,那么在实施中的“活用”正如你所形容的一定是生动活泼的了。你是否认为安全监督管理和安全文化素养更需要广泛的参与和深入的动员呢?

文津:要想把废物安全的理念转化为实际行动是任何策划者所不能包办的,只能依靠执法和守法的实践。行动问题比想像的要复杂得多,许多事情到现在也还不知道怎么去做。下面我所谈的意见,有一些是已经取得共识的,有一些则是个人一孔之见,只是提出来供大家探讨。

阿南:按照《行政许可法》的界定,安全监管是政府的基本行为之一。这就发生了一系列问题,安全监管与法律的关系怎样,安全监管部门与法人的关系怎样,与同级其他政府部门的关系怎样,与科技界的关系怎样。

文津:你真是一位聪明的节目主持人!在《电离辐射防护和辐射源安全的基本安全标准》的绪论中,已经把你所提的问题概括为国家基础结构,并指出“国家基础结构必不可少的部分是:法律和条例;受权批准和检查受管制活动并强行实施法律和条例的审管机构;足够的资源和相当数量受过培训的人员”[1]。在这里,法律和条例是发生政府行为的源头和依据;监管部门是策划和组织执法行为的主体和核心;而投入足够的资源则是对监管部门必不可少的支持。我常把国家基础结构通俗地表述为法规先行,依法行政,技术支持。

与放射性废物安全有关的法律,除《放射性污染防治法》外,还有《环境保护法》、《环境影响评价法》、《安全生产法》、《职业病防治法》等相关法律,以及正在制定的《原子能法》。此外,还有国务院的一系列条例。随着法规体系的逐步完善和等效采用国际基本安全标准,对于依照法定程序和规则来实施安全监管在框架上已基本取得共识。这就是由法律授权一个政府部门实施统一的安全监管,其他相关政府部门按照国务院规定的职责分工参与安全监管;安全监管的主要环节包括安全许可制度和安全监督检查制度;安全许可一般是针对各类设施的选址、设计、建造、运行、退役等实践活动的,对核技术利用而言经常是针对单位或个人资质的;安全许可的主要形式是许可证和注册证,两者含有不同程度的限制条件和安全要求;此外,还存在非许可类的安全监管形式,即通知(建议译为呈报或备案),它适用于豁免和解控的情况。在安全监管中,对于法律所承载的精神的领悟和在行动中如何加以贯彻,则还有许多值得研究的问题。

阿南：在我看来，法律是神圣的。所有涉及安全、环保和人身健康的法律都是保护人民切身利益和长远利益的。安全监管部门秉公执法也就体现了执法为民的思想。那么，困难在什么地方呢？

文津：主要问题发生在从计划经济向市场经济体制的转变，以及伴随而来的政府职能的转变过程中，在新的历史条件下政府不再指挥一切，也不再包揽一切，此时政府的安全监管如何操作？举一个很小的例子，密封放射源的购销活动过去靠准购证来加以控制。由于市场的开放，各行各业，甚至个体户都有可能买到放射源。沿用老的监管办法还符合当前形势吗？在政府官员的讨论会上，与会的司长、处长和地方官员们展开了激烈的争论。最后认为：两个持证者（许可证或注册证持有者）之间发生的购销行为是市场行为，已有的许可证条件或注册证条件的限制就足够了，不应再重复施加准购证限制；与固定的设施不同，放射源是可流动的，从这个新的角度看问题，就会发现只设置确认法人资质的许可证和注册证还不足以控制源的转移，还应当设置针对放射源本身的备案登记制度才能有效控制源的转移；至于登记办法，最好要求购销双方同时进行事后登记以实现安全责任的转移，并明确规定如果销售方不去登记，他将继续承担放射源安全的主要责任；除购销外，危险密封放射源的其他转移过程也可照此办理。

阿南：由此看来，在市场经济条件下如何既保持安全监管的有效性，又做到便民和不扰民，确实是需要下一番工夫的。我非常赞赏政府官员内部的民主讨论气氛，它将加速政府对市场经济的适应过程。由此看来，建立合理的安全监管制度，必然要求在管理理论上有所创新。

文津：过去我们在研究中低水平放射性废物处置的地位和作用时曾经初步探讨过这个问题[2]。我认为放射性废物管理的主要任务就是对释放源项施加控制。而最有效的控制方式则是外部监管与内部监管相结合，末端控制与全过程控制相结合。政府实施的外部安全监管集中体现了国家的强制性要求，而企业实施的内部安全监管则反映了营运者自觉追求企业良好形象的努力。强制之中包含自觉，两个积极性总比一个积极性好。在市场经济条件下，政府应充分发挥企业内部的安全监管作用和市场本身的相互制约作用，并通过外部安全监管促进以上两种作用的发挥。与此同时，外部安全监管将主要要求在废物管理的末端实行控制，即在气载与液体流出物排放、固体废物处置、污染物料解控后回收利用和污染场址在清除污染后开放使用等关节点上实行控制。末端控制方式具有“一票否决”的性质，并有较低的费效比。为了保证末端控制的有效性，外部安全监管也要求对全过程实行跟踪性和追溯性的监督检查。而内部安全监管则要求实行完整的全过程控制。现在的主要问题仍然是外部安全监管没有完全到位，国家的强制性要求不能完全落实，通过外部监管促进内部监管的初衷不能完全实现。这与我国法制建设和监管能力建设的落后状况有关。

阿南：作为被监管对象的法人，他们的守法表现如何？

文津：有一些企业做得很出色。印象较深的是有一次参加大亚湾核电站安全检查，我带去了历次安全评审中放射性废物管理部分遗留的十几个问题，想看一下他们是否履行了承诺。检查结果表明，除雨水分流一项由于技术经济原因没有办成（后来在岭澳核电站设计中采纳了专家的意见），其他的承诺均已认真履行，其中包括花费很长时间和很大气力清理漏入废水处理系统内的树脂。我为他们对法律和对安全监管的尊重所感动。但是也有相当多的企业平时对安全工作缺乏系统的安排，需要时才临时抱佛脚应付一下。正如李德平先生尖锐指出的，一些人把提交安全分析和环境影响报告当成是获取许可证的敲门砖，而不是把它作为改进安全工作的一次机会。

阿南：从大亚湾核电站的事例可以看出安全评审和现场检查具有服务性的一面，它实实在在地帮助企业改进安全工作。对企业提供有效的服务应当是安全监管部门及其技术支持单位的追求。

文津：说到服务问题，我想强调实现安全监管技术手段现代化的重要性。正如《放射性污染防治法》所要求的，应加强全国监测网络、电子政务和事故应急能力的建设，这样才能服务得更好。技术支持体系是安全监管不可分割的组成部分，没有技术支持不可能有现代意义的安全监管。这需要国家投入较多的财力、人力和物力资源，特别需要政府注意争取科技界的咨询和援助。

阿南：关于政府职能的转变，我有一个问题不明白。在过去计划经济年代，存在许多行业的行政主管部门。现在有的合并了，有的职能转变了，但仍然需要保留一些由政府直接投资的行业的行政主管部门，例如核军工行政主管部门。按照《行政许可法》的界定，它们将承担第二类许可即公共资源配置的职责。这显然需要保留较多的计划经济成分，但同时尽可能实行市场化运作。它们过去也主管该行业的安全，今后它们还管安全吗？

文津：依我个人的看法，考虑到公共资源的配置包括了安全投资决策在内，而决策者显然应当对其安全投资决策是否能够确保安全承担责任，因此应当把企业内部的安全监管进一步提升到该行业主管部门。这些部门应当建立和完善自己的内部安全监管体系，包括建立和完善有针对性的部门规章和行业标准。在一般情况下这些部门不具有安全许可职责，只是通过内部安全监管来参与统一的安全监管，但不排除国务院通过部门职责分工授权它们分管部分与安全有关的许可事项。此外，对核军工而言，要区分军工和军用。关于军用部分的安全监管，《放射性污染防治法》已有规定。

6　放射性废物安全与安全文化素养

阿南：IAEA 发表《Safety Culture》报告[3]以来，已经有两个中文译本，一个译为安全文化，另一个译为安全文化素养。你认为哪一个更准确呢？

文津：依我个人的看法，目前我国缺乏在文化层面上对安全进行深入系统的研究，从研究的需要出发，译为安全文化似乎无可厚非；但实际生活中“文化”已被滥用，为了不使安全文化变成一门玄学，译为安全文化素养抓住了要领，是比较恰当的。《电离辐射防护与辐射源安全基本标准》已经给它定名了。安全文化素养发端于切尔诺贝利核电站事故后对人为错误所起作用的分析，并由此写进了《核动力厂的基本安全原则》中。IAEA《安全文化素养》报告进一步做了系统的论述，使它适用于整个核与辐射安全领域。

阿南：怎样理解安全文化素养呢？

文津：在《电离辐射防护与辐射源安全基本标准》中给出了安全文化素养的准确定义：“存在于单位和人员中的种种特性和态度的总和，它确立安全第一的观念，使防护与安全问题由于其重要性而保证得到应有的重视”[4]。该定义清楚地表明，安全文化素养是观念形态的东西。观念是无形的和抽象的，但它无时无处不在有形的和具体的事物中表现出来。重要的是善于抓住这些外在表现来衡量和检验其内在观念是否符合安全第一的要求，以求得思想深处的改进，而不仅仅是表面上的改进。我们如果从强制与自觉相结合的角度分析问题，就会发现安全文化素养对于包括废物安全在内的所有安全具有无可替代的重要性。

倡导安全文化素养，能取得举一反三的效果。记得有一次在核电站做安全检查时，一位细心的检查组成员在现场废物收集袋内发现了一个烟头。电站经理很重视，追查的结果认定是安全教育有漏洞，未消除某些外部协作人员的麻痹大意思想，由此引出了一次安全教育补课。我认为在安全教育中要注意掌握人的心理活动和潜意识。核电站厂房内禁止吸烟本来是强制性的，但有些人就是不在乎，这里面存在心理的和潜意识的障碍，要逐一找出来，有针对性地说服他们变强制为自觉。懂一点概率和风险知识很有必要。阮可强说得好：在交通管制中，警察从来不讨论你闯红灯是否安全，只要你过了线就是违规。如果我们每个人心中都高悬一盏红灯，事故就会减少许多。

阿南：从表观层次上找出安全缺陷并在深层次上反思，以求在更大范围内改进安全工作确实是一种行之有效的方法，但一定要注意实事求是。我想做一点历史的类比。从"文革"走过来的老同志都知道思想检查、深挖思想根源、灵魂深处闹革命，但那时往往违心地无限上纲，把思想问题变为政治问题或品质问题，否则过不了关。现在我们要求把违反安全的表现上升为文化素养问题，并通过教育提高认识，求得自觉，其目的是改进工作而不是整人。

文津：还有另外一个方面值得注意，倡导安全文化素养的重点不是对个别人的教育，而是希望在全社会(特别是在运营单位)培育一种优良的作风，建立人人重视安全的风气或习惯。我要补充另一种类比，在中国革命的优良传统中，艰苦朴素的作风曾经影响了几代人，形成了一种新的价值观。这是个别人闭门思过式的修炼所达不到的效果。

阿南：作为观念形态的文化，可能在哪些方面物化为不安全的表现？而作为安全文化素养的内核，又对思想修养提出了哪些要求？

文津：关于表现，上至安全方针政策，中至责任制度、安全管理、信息交流、人员培训，下至个人的响应等都可以作为分析的对象。为了方便用户，IAEA 的《安全文化素养》报告分别针对政府及其部门、营运单位、研究单位、设计单位等设计出一套提问清单，可供自我检查之用。

关于思想境界，报告列举了工作人员的献身精神和责任心，安全第一的思想，内在的探索态度，谦虚谨慎，精益求精，高度的警惕性等。以上两个方面，都不可能列举完全。重要的是掌握方法。

目前，安全文化素养已经作为营运管理要求的第一条写进了《电离辐射防护与辐射源安全基本标准》中，从而获得了某种程度的强制性。这叫做在自觉中包含强制，它与安全监管在强制中包含自觉是相辅相成的。潘自强最近指出：放射性废物最少化是当前放射性废物管理的关键问题。放射性废物最少化要求也已经写进了《电离辐射防护与辐射源安全基本标准》和《放射性废物管理规定》中。一方面是典型示范，正面倡导，另一方面是标准要求，持续推进。这就是我们增强安全文化素养之路。

阿南：对放射性废物安全的探讨就要告一段落了。我个人最大的感受是法律和科学技术对人的关爱。不要认为以人为本的思想全是舶来品，其实中国不乏仁者爱人的传统思想。在当今社会主义制度下，我们有条件真正实施仁政。废物安全是保护人民的，人民更要自己保护自己。尽可能减少废物的产生和消除它的危害，这应当是强制与自觉相结合的结果。(全文完)

参 考 文 献

1 FAO,IAEA,ILO 等． 国际电离辐射防护和辐射源安全的基本安全标准．IAEA 安全丛书 No.115，1997

2 陈式，马明燮等著．中低放水平放射性废物的安全处置．北京：原子能出版社，1998

3 IAEA. Safety Culture：A Report by the International Nuclear Safety Advisory Group. Safety Series No.75 INSAG 4. Vienna：IAEA，1991

4 中华人民共和国国家标准． 电离辐射防护与辐射源安全基本标准．GB18871-2002

【载于《辐射防护通讯》，2004，24(1)：1】

放射性废物管理和核设施退役中几个问题的讨论

自从中华人民共和国国家标准《电离辐射防护与辐射源安全基本标准》[1](GB 18871-2002,以下简称基本标准)发布以来,如何将基本标准的有关规定应用于放射性废物管理和核设施退役已经引起了相关科技人员的关注。本文拟结合实际工作中碰到的几个问题讨论基本标准在此方面的应用。

1 排除、豁免、解控

基本标准提出并明确地区分了排除、豁免、解控概念,指出排除是在照射大小或照射可能性本质上不能控制的情况下,将该照射排除在基本标准的适用范围之外;豁免通常是指在小量含放射性物料情况下,在进行实践的场所中存在的给定核素的总活度或在实践中使用的给定核素的活度浓度不超过基本标准规定的豁免水平,并经审管部门认可后,可以免于对该放射性物料的控制;解控通常是指在批量含放射性物料情况下,在已经注册或许可的实践中使用的给定核素的活度浓度不超过国家标准规定的清洁解控水平时,审管部门可以解除对该放射性物料的控制。按照我们的理解,豁免的必要条件是:实践中的源,小量物料,总活度或活度浓度不超过各自的豁免水平;相应地,豁免可细分为总活度不超过对应豁免水平的小量物料的豁免,以及活度浓度不超过对应豁免水平的小量物料的豁免。而解控的必要条件则是:已授证的实践中的源,批量物料,废物的质量活度浓度、可回收利用物料的表面活度浓度或质量活度浓度不超过各自的清洁解控水平;相应地,解控可细分为放射性废物的解控,表面污染物料的解控和内污染物料的解控。

对豁免和解控概念在放射性废物管理中应用的详细讨论表明[2],豁免主要适用于一部分核技术利用单位产生的小量放射性废物和单个废密封放射源的豁免;解控则主要适用于核设施和另外一些核技术利用单位产生的批量放射性废物和可回收利用物料的解控。两种豁免水平和三种清洁解控水平,除废物清洁解控水平外,可以在所推荐的两个国家标准,即基本标准(GB 18871-2002),以及核设施的钢铁和铝再循环再利用的清洁解控水平(GB17567-1998)中找到适用的数据。建议下一步工作要修订废物清洁解控水平,并补充物料清洁解控水平的物料和核素种类。经验表明,由于许多废物管理人员不完全了解豁免和解控的必要条件的差异,以及由于标准用语不统一所产生的含义混淆,对豁免水平和清洁解控水平经常发生误解误用的情况。例如,将豁免水平当作清洁解控水平使用,不了解豁免和解控概念的区别;将物料清洁解控水平当作废物清洁解控水平使用,不了解制定这两个水平时所采用的情景和参数都不一样;甚至将清洁解控水平当作污染土壤清除水平使用,不了解解控是实践范畴内的活动,清除则是干预范畴内的活动。因此,加强标准宣贯工作也是很重要的。

最近国际原子能机构(IAEA)又在讨论能否将排除概念加以扩展,考虑建立一个排除水平，即任何含天然放射性物料的活度浓度如果不超过该水平，可被排除在基本标准的适用范围之外。这一新概念的优点是排除决策只需要不超过排除水平的判断条件，不附带其他条件，有点类似“傻瓜相机”的使用，不容易出错。若排除水平的概念被接受，可适用于非核行业的伴生放射性矿开发利用中废物的管理。

应用排除、豁免、解控概念的目的，对于政府安全监管部门来说是为了合理减轻工作负担，使安全监管部门能够把主要精力集中在可能产生较大危害的事情上，而不是分散地平均使用力量；对于企业和用户来说，一个重要目的是为了实现放射性废物最少化，这具有较大的经济意义。

2 有条件解控的几种情况

基本标准对有条件的豁免做了规定，例如安装在设备内的总活度超过豁免水平的密封放射源，若能有效地防止与放射性物质的任何接触或防止放射性物质的泄漏，并在距设备的任何可达表面 0.1 m 处所引起的周围剂量当量率或定向剂量当量率不超过 1 μSv/h 时，在正常运行操作条件下可以给予有条件的豁免。在放射性废物管理中，有条件的解控是更具有应用价值的一个概念。我们初步认为在实际工作中，凡是对被解控物流的最终利用范围施加限制的解控活动都可以称之为有条件解控。下面讨论几种有条件解控情况。

2.1 极低放废物就地填埋

在退役和环境整治中产生了数量巨大、放射性水平极低的固体废物，俗称极低放废物。它们的活度浓度超过清洁解控水平，有别于符合解控要求的解控废物。从安全上考虑，应当对极低放废物的最终归宿施加限制。限制方法之一是将它们就地填埋在已经退役整治后的场址上，这是有条件解控的一种典型情况。问题是如何确定有条件清洁解控水平即极低放废物活度浓度上限值，并确定废物填埋工程要求。在最近的一项研究中，中国辐射防护研究院孙庆红等提出了制定极低放废物活度浓度上限值应同时满足以下限制条件：a)废物中核素的活度浓度最高不超过清洁解控水平的 1～2 个数量级倍数；b)废物就地填埋后对公众成员造成的附加剂量不超过当地土壤天然照射剂量的波动范围；c)就地填埋的闯入剂量不超过 1 mSv/a；d)就地填埋应符合一定的技术要求，如填埋深度在潜水水位之上，废物须夯实，上部覆盖层厚度不小于 2 m，不得埋入可回收利用的物品和材料等。希望对这一项初步研究成果进行讨论。

2.2 物料在核行业系统内部回收利用

在污染较严重的核设施退役中，虽然大部分污染物料可以经过仔细去污并在达到低于清洁解控水平后回收利用，但此时去污费用较高，且物料在流向社会时存在一定的风险。为了降低费用和减少社会风险，通常使物料在经过去污达到相应规定标准后，在核行业系统内部限制用途回收利用，例如用于制作废物容器等。这是有条件解控的另一种典型情况。为此应当针对系统内部不同的用途制定相应的有条件物料清洁解控水平。建议有关管理部门和科研机构支持和推进这一项有意义的工作。

2.3 极低放废液向普通下水道排放

基本标准沿用了过去的国家标准中对主要来自核技术利用单位的废液向普通下水道有控制的排放所做的规定，这也是有条件解控的一种情况。它规定每月排放的总活度不超过

10 ALI_{min}(ALI_{min}是职业照射的食入和吸入年摄入量限值中的较小者),每一次排放的活度不超过 1 ALI_{min},普通下水道流量大于 10 倍排放流量和每次排放后用不少于 3 倍排放量的水进行冲洗。可以先从基本标准的表 B3 中查出食入和吸入单位摄入量所致待积有效剂量中的较大者,然后按基本标准附录 B 中的相应公式算出 ALI_{min}。

3 排放的分级监管

基本标准规定了注册者和许可证持有者向环境排放放射性物质时应符合下列所有条件:a)排放不超过审管部门认可的排放限值,包括排放总量限值和浓度限值;b)有适当的流量和浓度监控设备,排放是受控的;c)含放射性物质的废液是采用槽式排放的;d)排放所致的公众照射符合规定的剂量限制要求;e)已使排放的控制最优化。我们建议在实施这些规定时注意参考 IAEA 有关排放分级监管的推荐意见(表 1)[3];同时建议结合我国国情进行研究,尽早制定相应的国家标准。

表 1 气载和液体流出物排放的分级监管[3]

	预测的关键人群组最大年剂量		
	≤10 μSv	≤10 μSv	≥10 μSv
对排放的监管要求	通知[1)](豁免)	注册	许可
建议的条件	源是固有安全的 无监测要求 定期检查	源不是固有安全的 排放限值 流出物监测 检查 排放记录	排放限值 流出物监测 环境监测 监测记录 监测报告
设施举例	放射免疫分析实验室 用氚试验药盒的医院	用少量核素的医院和研究开发设施	核反应堆 后处理设施 放射性同位素生产设施

注:1) notification:基本标准译为通知,建议译为呈报或备案。

表 1 中所述排放限值包括排放总量限值和浓度限值两种。一般认为,总量控制的理论基础与环境容量的概念有关,但对放射性物质而言,还需进行专门的研究加以论证;而浓度控制的理论基础则与人体对放射性核素摄入量的限制有关。在审管中如何具体运用这两种控制手段是一个值得深入研究的问题。比较成熟的经验是滨海核电站液体流出物采用总量控制为主、浓度控制为辅的方案;但对内陆滨河核燃料循环设施而言,可能对浓度和总量的控制同样重要。

4 放射源的分类与废放射源处置

基本标准强调了应根据所产生废物的放射性核素的种类、含量、半衰期、浓度以及废物的体积和其他物理与化学性质的差别,对不同类型的放射性废物进行分类收集和分别处理、整备、运输、贮存与处置,以利于废物管理的优化。我国现行放射性废物分类标准[4]包含两个分类子系统，一个是以IAEA建议的按处置安全要求对固体废物进行分类的主要分类系统，另一个是基于国内经验的可用于处理和整备作业并与处置安全要求相容的废气、废液和固体废物辅助分类系统。它较好地解决了放射性废物分类在放射性废物管理全过程中的适用性问题。

但是密封放射源的分类存在一定的问题。目前IAEA正在讨论的放射源分类标准[5]是从源的使用、贮存和运输中事故应急的角度出发，按所产生的确定性效应的严重程度来划分的，没有考虑废放射源的处置安全要求。根据现有认识水平，废放射源尤其需要分类处置，处置方式可能从贮存衰变、一般的近地表处置、特定近地表处置单元、岩洞处置或钻孔处置、深地质处置等都在考虑之列，这是反恐的特殊需要。因此，建议在制定我国的放射源分类标准时，应注意将基于“放射源使用安全”和基于“废放射源处置安全”的两种放射源分类系统合理地衔接起来。

5 退役中去污的分类管理

基本标准不仅规定了工作场所的放射性表面污染控制水平，而且规定了工作场所中的某些设备与用品，经去污使其污染水平降低到设备类控制水平的五十分之一以下时，经审管部门确认后，可当作普通物品使用。基本标准还提出了制定清洁解控水平的要求。但是如何根据去污的不同目的，来选定不同的污染控制水平，需要有一些明确的指导原则。在总结了退役中去污工作的经验教训后，我们提出可以按照去污的具体任务将退役中的去污分为以下四类[6]：第一类是拆卸解体前的初步去污，其防护目标是控制拆卸解体时的职业照射；第二类是拆卸解体后的深度去污，其防护目标是达到物料的清洁解控水平以供回收利用；第三类是供核工业系统内部回收利用的物料去污，其防护目标是达到有条件清洁解控水平；第四类是使α严重污染物料非α化的去污，其防护目标是将α废物降级为可以近地表处置的中低放废物。上述退役中去污的分类管理策略是符合优化思想的，因此已被广泛接受。

6 退役中α废物最少化

基本标准强调了注册者和许可证持有者应确保在现实可行的条件下，使其所负责的实践和源所产生的放射性废物的活度浓度与体积达到并保持最小。目前我国核电站放射性废物最少化已经取得较大进展，需要进一步做好先进经验的推广工作。而核设施退役所产生废物的最少化则还处在初期研究阶段。在核设施退役中，α废物最少化具有很大的现实意义，它可以大大减轻α废物长期贮存和地质处置的负担。α废物最少化有许多技术手段，例如在运行阶段控制α废物的产生；通过测量识别α废物与非α废物；通过物理的和化学的去污实现非α废物化；采用各种减容技术进行减容；防止α气溶胶的扩散而使α污染扩大；在选择废物处理方案时注意防止由于浓集作用使非α废物变为α废物；防止α废物与非α废物混杂包装和贮存等。其中目前迫切需要开发的技术是测量识别技术和非α废物化技术。

7 防护最优化的几种情况

在放射性废物管理和核设施退役过程中，防护最优化始终是中心议题之一。它涉及废物的处置与排放，环境污染物的清除与补救行动等关键作业的防护目标的选择。按照基本标准的提示，从方法学上可以把废物管理和退役中的防护最优化区分为以下三类[2]：第一类是涉及排放和处置的有约束的最优化。它以剂量约束值为出发点,按照通常的防护最优化方法选定一个可合理达到的尽量低的管理控制值,包括通用控制值和专用控制值。第二类是涉及清除的有约束范围的最优化。基本标准规定放射性残存物持续照射的剂量约束范围通常在0.1 mSv/a至0.3 mSv/a之间;如果不存在其他照射的可能性,并且降低照射的经济代价太大,经审管部门认可,可将剂量约束值放宽到1 mSv/a。在这里首先应考虑环境、经济和社会等各种因素,从该约束范围内选定一个适用的剂量约束值,这也是最优化的组成部分。然后再按照通常的防护最优化方法选定一个可合理达到的尽量低的管理控制值。第三类是涉及补救行动的无约束的最优化。基本标准规定首先要进行补救行动的正当性判断以确定行动水平。当需要采取补救行动时,应按照特定的防护最优化方法为补救行动选定一个最终可合理达到的尽量低的剂量或危险水平。补救行动的特点是可供选择的具体技术方案跨度很大,因此进行方案比较显得格外重要。常用的方案有封隔包容、覆盖、就地固定、限制进入、物理和化学分离、生态措施等。对以上三类防护最优化方法还有许多研究工作要做。

参考文献

1 中华人民共和国国家标准. 电离辐射防护与辐射源安全基本标准. GB18871-2002. 北京:中国标准出版社,2002

2 陈式. 放射性废物安全纵横谈(二). 辐射防护通讯,2003, 23(6):1

3 IAEA. Regulatory Control of Radioactive Discharges to the Environment. Safety Standards Series. IAEA Safety Guide No. WS-G-2.3, 2002

4 中华人民共和国国家标准. 放射性废物的分类. GB9133-96. 北京:中国标准出版社,1996

5 IAEA. Categorization of Radioactive Sources. IAEA-TECDOC-1344, 2003

6 陈式. 退役与环境整治标准问题的某些经验教训. 辐射防护与废物管理专家研讨会. 太原,2001, 05

【载于《辐射防护》,2004,24(6):343】

第二部分

废物处置安全

中低放固体废物管理和处置政策探讨

我国的核工业在30年发展过程中积存了几万立方米中低水平放射性固体废物和待固化的蒸残液。它们主要来自核反应堆、乏燃料后处理厂和核燃料加工厂，分别含有裂变产物、活化产物、铀和超铀元素。在20世纪内，我国中低放固体废物和废物固化体大部分由核工业产生；但到21世纪，核电站固体废物的数量将逐渐占优势。

1　中低放固体废物管理现状

核工业的中低放固体废物管理已经取得了如下的进展：

(1)建立了必要的规章制度，初步实行了废物分类管理。

(2)各工厂普遍建设和使用了固体废物贮存库。

(3)从固体废物中回收铀取得了显著的成绩。

(4)废钢铁的表面去污和回收利用取得了一定的进展。

(5)可燃废物焚烧积累了初步的运行经验。

(6)正在执行多项固体废物处理技术的开发计划。例如，完成了三向压缩打包机样机的研制，正在进行裂解焚烧炉、高温熔融炉和有机废液焚烧或固化装置的研制，以及废物桶包装系统的运行试验。

(7)正在实施两项中低放废物处置技术的开发计划，包括水力压裂法处置中放废液的可行性研究，中低放废物浅地层处置场选址与环境影响预评价。

(8)在政策研究方面开展了比较活跃的讨论，特别是处置政策研究。核设施退役问题也列入了议事日程。

中低放固体废物管理目前存在的主要问题如下：

(1)与固体废物管理有关的法规标准还不完善。

(2)固体废物管理体制不够健全。还没有建立放射性废物处置的管理机构。

(3)在固体废物管理中缺乏全盘经济考虑。

(4)缺少能反映固体废物的数量、性质、加工历程和监测结果的完整数据资料。

(5)固体废物的减容和包装技术需要进一步改进。

(6)固体废物暂存库的设计沿用20世纪50年代规范，不适应废物回取要求。原有固体废物暂存库使用了二十几年，多数固体废物已很难回取转运。

(7)中低放废物最终处置问题尚有待解决。

综上所述，固体废物管理已经成为我国放射性废物管理中的薄弱环节，应当引起有关各方的注意。

固体废物管理落后的原因，从历史上看主要是对固体废物的潜在危害认识不足，长期以来只重视废液和废气净化，忽视固体废物管理。近年来一些发达国家对放射性废物管理的重点开始由废液和废气的净化转向固体废物的处置。我们没有及时跟上这一发展。我国中低放废物处置进展迟缓是中低放固体废物管理落后的现实原因。正是由于没有实施废物处置,使中低放固体废物管理在某种意义上成了没有目标的活动。现在看得很清楚,惟有抓住中低放废物的处置,才能够带动整个中低放固体废物的管理工作,就像当年抓住废液和废气的控制排放和环境保护曾经促进了废液和废气的净化系统的建设那样。

2 中低放废物处置政策探讨

1983年核工业部科技委废物管理专业组在《放射性废物处置研究规划建议(修订稿)》中对中低放废物处置政策提出了"建立区域处置场,尽可能就近处置"的建议。所谓区域处置场,就是在国家的统一规划下全面考虑安全、经济、技术、社会诸因素和地理、交通等条件,尽可能靠近现有的或计划中的大型核企业,选择少数几个有利地点建立起来面向核工业、核电站和核技术应用的大型中低放废物处置场。

中低放废物处置政策有多种可能的选择,如就地处置、区域处置或全国集中处置等。制定政策的出发点应当是从国家的整体利益出发,而不是从一个企业或一个部门的局部利益出发。此外,还应当考虑每种政策的社会后果、舆论反应和对发展核能前途的影响,绝不要由于决策失误而给核能的发展增添障碍。建立区域处置场,尽可能就近处置,是中低放废物处置政策的最佳选择。区域处置政策最大限度地减少了永久性污染源的数目,它比就地处置政策更容易为公众普遍接受。区域处置场选择在比较有利的地点,在环境辐射安全上更有保证,在经济上可以节省工程费用。过去在论证和比较废物处置政策的经济合理性时,片面强调了废物运输费用的作用。其实就地处置固然可以节省运费,但为了就地处置,往往需要在不利的环境条件下花费过多的钱来加强工程屏障,这往往是得不偿失的。当然像中国这样一个幅员辽阔的国家,尽可能靠近大型核企业的区域处置显然要比全国集中处置节省很多运费并大大减少运输中的风险。

应该用立法手段来确立区域处置场的地位。禁止各废物产生单位分散经营各自的中低放废物处置库或把废物暂存库当作永久贮存库使用,并规定中低放废物必须统一由取得国家颁发许可证的区域处置场集中进行处置。区域处置场应实行军民两用,独立经营。

在今后10至20年内,应逐步建成华东、华南、西北、西南等四个区域处置场,以满足核电站和核工业发展的需要。

3 中低放固体废物管理政策探讨

中低放固体废物管理的目标应该是实现安全的和经济的废物处置。固体废物的全部管理活动都要围绕和服从这一目标。换句话说,建立中低放废物区域处置场不是一项孤立的政策,它和中低放固体废物整个管理工作有着密切联系,甚至规定和制约着固体废物管理的其他政策。必须从区域处置政策的角度来观察和解决中低放固体废物管理中一些重要的政策问题,这就是我们的指导思想。

中低放固体废物管理的主要内容可以概括为28个字:控制产生,分类收集,减容固定,可靠包装,就地暂存,安全运输,区域处置。它们之间的相互关系如图1所示。

本报告就当前迫切需要解决的几个管理政策问题提出如下建议:

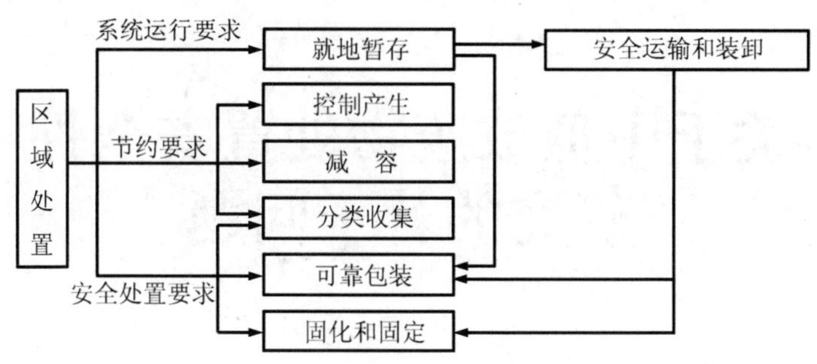

图1　中低放废物管理系统示意图

(1)关于区域处置。应当为中低放废物区域处置场制定一个废物接收标准,规定废物形式和废物包装的性能要求,不符合要求者拒绝接收;规定废物分类计价和按体积收费。这些规定将大大促进各企业在控制废物产生量上和在废物分类、减容、去污、回收、固化和包装等方面下功夫。

(2)关于就地暂存。为了实施区域处置,各企业必须建立中低放废物暂存设施,并由企业直接管理。暂存库的设计应着重做到回取方便,力求简单实用。应从法律上规定废物转运期限,以保证暂存库不再变成事实上的永久贮存库。

(3)关于可靠包装。优良的包装可以发挥多方面的作用。它可以确保搬运安全;有利于废物堆放操作;确保回取的可能性;在处置时提供有效的废物屏障层。无包装或仅以塑料袋、纸箱作为中低放废物包装的无回取可能的做法必须废止。所有废物桶的设计、制造和使用,均需获得国家主管部门的许可证。

(4)关于减容固定。控制废物产生量和对废物进行加工处理(压缩、切割、焚烧、去污、回收)以减少最终处置废物的体积,是固体废物管理的基本要求。从废物管理的总体构思出发,建议普遍推广废物桶内单向压缩减容工艺,尽管其压缩比不高,但经济方便,不易产生二次污染。按照未来处置场的废物接收标准,不仅废液需要固化,而且湿固体也需要固化或干燥,某些分散状态的干固体也可能需要固定。有机废液则需要焚烧或固化。所有固化工艺的选择应考虑减容因素。

(5)关于安全运输。区域处置和暂时贮存系统的运行必须有安全运输作保证,而运输和装卸的安全性则依赖于废物包装的质量。除了废物包装容器外还应有废物运输容器。双重容器运输技术已被证明不但可以确保运输安全而且可以降低运输成本。运输容器应发展无屏蔽和有屏蔽两个系列。所有运输容器的设计、制造和使用均需获得国家主管部门的许可证。中程铁路运输与短途公路运输相结合应作为现行的废物运输方针。对于中低放废物的包装容器和运输容器的设计和制造,应使废物运输的风险不高于化工危险品的运输,从而在运输中不再需要专列和专门的护卫。

(6)关于补救措施。对于已超期使用的中低放废物储存库和早期的废物浅埋点要进行安全评价,采取各种有效的补救措施,并加强监测和管理。

【作者:陈式,杨立基,李学群,等． 载于潘自强主编． 放射性废物管理．北京:原子能出版社,1987】

关于中低放废物处置安全性研究的若干问题

1 前言

近几年来，国内外中低放废物处置的安全性研究迅速发展，这对于我国中低放废物处置实践将起重要的促进作用。

中低放废物处置是一项具有特色的安全系统工程。如果从一般工程角度看，中低放废物处置并不需要很复杂的技术。但从安全角度看，为使寿期约 500 年的中低放废物处置场不至于对环境和公众产生不可接受的影响，还需要作很大的努力，尽管国外的实践已经证明，经过这种努力，中低放废物处置的安全性是有保证的。

在 20 世纪五六十年代，放射性废物的处理基本上只是放射化学工艺学中的一个分支，而中低放废物处置仅处于早期实践阶段；到本世纪 70 年代，随着高放废物处置研究的进展和中低放废物处置实践的改进，逐渐发展起一门新的学科——放射性废物处置学。这是一门涉及工程学、地质学、环境科学、放射化学、地球化学、辐射防护学和系统科学等多种学科的交叉学科。放射性废物处置系统就是运用这门学科设计和建造的一项安全系统工程。

20 世纪 70 年代以来主要有三件事推动了放射性废物处置学的形成和发展。第一是 1972 年在斯德哥尔摩召开的联合国人类环境会议，它唤起了人们对环境问题和环境科学的普遍关注和重视。环境科学与地质科学相结合应用于放射性废物的地下处置，在处置场选址、场址特性评价和环境影响评价方面开展了大量工作。第二是 1977 年 ICRP 第 26 号出版物的发表，它代表着辐射防护学发展的一个新的里程碑，它所提出的剂量限制体系——辐射防护基本原则，为废物处置安全目标的定量描述和处置方案的决策方法等提供了原则性指导；1984 年发表的 ICRP 第 46 号出版物，又为辐射防护基本原则在放射性废物处置中的具体应用提供了详尽指导，特别在将剂量限制体系延伸到固体废物处置的概率性事件方面有了新的发展。第三是 IAEA 从 1977 年到 1986 年实施了它的放射性废物地下处置的第一个十年计划，在总结各国研究成果的基础上，运用系统科学的理论和方法，完善了放射性废物处置的多重屏障原理和安全评价方法学，为放射性废物处置的安全性评价奠定了科学基础。其中的一部分报告[1~9]对中低放废物处置有更直接的意义。

在 1984 年，作者和同事曾提出把在国外高放废物处置研究中发展起来的多重屏障概念引入中低放废物处置[10]，以便加强中低放废物处置安全性的研究。随着我国中低放废物处置场选址工作的进展，在中国辐射防护研究院和其他单位逐步开展了多重屏障技术选择、安全评价方法学和安全性试验等研究，积累了初步经验。在这些研究工作中，出现了许多需要进一步探索的问题，对于今后的研究工作，也需要有一个整体设想。本文就是在这些方面的一次尝试。

2 中低放废物处置的多重屏障系统

中低放废物处置系统如浅埋、岩洞或水力压裂处置系统都是由两种以上独立的屏障构成的。它不仅能在正常和非正常情况下有效地阻隔废物与人类环境之间的物质交换（包括水、气、放射性核素和其他化学物质），还能防止人和动植物对废物处置场的侵扰，从多方面保证废物处置的安全。

一般来说，多重屏障包括三大类。第一类是工程屏障，如废物体、废物包装、回填材料、处置单元构筑物和覆盖层等。第二类是天然屏障，如处置单元所在地的主体岩土介质和外围地质介质等。第三类是对工程屏障和天然屏障起补充作用的管理屏障。天然屏障在处置场寿期内自始至终起作用，管理屏障主要在寿期内前期起作用，工程屏障兼有以上两种情况。

在工程屏障中，废物体（如水泥、沥青、塑料的废物固化体，或压实的干废物）要求具有较稳定的物理和化学性能、可承压、基本不含水、很少产生气体、抗辐射、抗老化、在水中对核素的浸出率较低；包装容器要求密封和耐腐蚀；回填材料要求对核素具有尽可能良好的吸着能力，并视情况或者宜于防渗，或者利于排水，或者可吸附气体；处置单元构筑物和覆盖层，要求能保持整体完好性，具有防水和排水功能，可抵抗自然过程的侵蚀和人为侵扰。

天然屏障的效能取决于场址的情况。由于多数工程屏障的寿命是有限的，故随着时间的推移天然屏障越来越多地起决定性作用。它主要要求良好的水文地质条件，稳定的地质构造，有利的地形和地表环境，以及对核素有较强吸着能力的岩土介质。中低放废物处置场选址是通过最优化分析，依据明显的或隐含的优先选择标准，对防护上可行的各种方案进行逐步筛选来实现的。首先应根据安全准则排除那些不宜建场的地区或地点，然后根据技术准则和经济准则排出顺序，最后对一两个最有希望的场址进行场址特性评价以确定场址。

在多重屏障系统中，管理控制（Institutional control）是一个仍在发展中的概念[13,6,11]。废物处置的本来意义是要逐步减少管理。换句话说，它的长期安全性不能依赖于管理。例如，废物处置设施的设计原则之一应是保持自然稳定性，而不能指望在五百年左右的寿期内都有人维修。但是在处置场封闭以后的一段相当长的时期内保持管理控制仍然是必要的。在处置场寿期的前期，废物的放射性水平较高，更有必要防止人的无意或有意的侵入，所以更需加强管理控制。在这个时期，由政府机构来控制是必要的。另外，在管理控制期内还可以获得有关工程屏障和天然屏障效能的现场实测数据。正是由于管理控制对于中低放废物处置的多重屏障系统是一种不可缺少的补充，所以本文称之为管理屏障。管理屏障实质上是一类软屏障或一类控制手段，它包含主动式控制和被动式控制两种管理方式。主动式控制指的是检查维护、环境监测、建立围墙、控制出入和限制使用等。经过一段相当长的时期以后，被动式控制将保证人们继续了解废物处置设施的存在，它指的是设置永久性标志、建立长期备查档案和制定土地利用的管理程序等。

多重屏障系统不是各个屏障的堆积，它的总体效能也不等于各个屏障效能的简单叠加。多重屏障系统具有整体性，它的内部结构存在层次性和互补性，它的效能具有可预测性。

国内外的研究表明，可以将各个屏障按其功能划分为隔离屏障和滞留屏障两大类。隔离屏障有如废物包装容器、处置单元构筑物、某些回填材料、覆盖层和某些岩土介质以及管理当局采取的控制措施等，其作用是隔水、隔气和防止人和动植物的闯入。滞留屏障有如废物体、回填材料、主体岩土介质和外围地质介质等，其作用是当隔离屏障失效时减慢核素的释放速率和阻滞核素的迁移。废物中核素的释放、迁移和产生辐照危害的途径，包括水载、气载和人直接接受辐射照射，其中最主要的途径为降水渗入或地下水进入处置单元随后将废物中的放射性核素载带出来。由此可知，从多重屏障系统发挥其功能的实际过程来说，隔离屏障好比第一道防线，滞留屏障好比第二道防线，它们的位置相互交错，功能相互补充，两个层次缺一不可，合起来构成了一个纵深防御体系。

在同一功能的屏障之间也分层次，也有互补性。例如为了隔水，废物处置系统往往设置多个互补屏障。如水文地质条件与工程措施互补，在工程措施中防水和排水措施互补，在处置单元顶部混凝土板与覆盖层互补等。像废物容器这样的隔水屏障，其耐久性是较差的，为什么还要设置它呢？这是由于在废物处置场关闭后的一段时期内，废物的潜在危害最大。随着废物中放射性核素不断衰变，其潜在危害将相应变小。因此我们希望在处置场关闭后的一段时期内能保持数目较多的有效的互补屏障以准备经受最大的考验。过了这段时期以后，某些屏障的失效也就关系不大了。管理屏障的设置也是基于同样的道理。这种设计思想同多重屏障系统的整体性有关。

对系统的整体性要求来源于系统的安全性目标。对废物处置系统来说，有两个基本目标或评价指标。一个是总屏障效能，可用剂量指标和风险指标表示；另一个是耐久性，可用寿期表示。为了达到整个系统的安全目标，不要求过分地扩展单个屏障的阻隔能力。通常的做法是对每类屏障规定出一些最基本的条件，如选址要求、处置工程设计要求、废物固化体和包装的性能要求等。在满足这些要求以后，再根据达到整体目标的需要和不同的实际情况，适当调整对各层次的要求，用较小的代价实现既定的安全目标。整体性要求是多重屏障系统的重要特性，这在选址和处置工程设计中，在安全评价中，以及在废物处置的辐射防护最优化分析中，得到了多方面的体现。

系统效能的可预测性是建立在安全评价方法学的基础之上的。安全评价方法是对废物处置系统效能进行定量分析的手段，它的出现标志着多重屏障理论和技术水平发展到了一个新的高度。安全评价不是对现成设计的被动式评价，更不局限于在处置场建成以后的事后评价，它更多的是主动式的和事前的评价。它是完善废物处置安全系统工程的有力工具。

高放和中低放废物处置的多重屏障系统在原理上基本相同，但各自具有某些不同的特点。中低放废物由于放射性水平较低，核素半衰期较短和基本上不需要考虑衰变热，对废物处置系统的总屏障效能和寿期的要求远低于高放废物。因此中低放废物处置可以离生物圈较近，从而节省大量投资。但这样一来又出现了容易遭受自然侵蚀和人为破坏的问题。解决的办法是调整各类屏障的相对重要性。高放废物处置往往要求耗费巨大代价选择一个最佳的场址以确保地质屏障的绝对可靠性。中低放废物处置虽然仍把地质屏障视为第一位的安全因素，但只要求选择一个满意的场址。中低放废物处置对工程屏障和管理屏障的依赖程度明显地增加了。

3 安全评价方法学和安全性试验

放射性废物处置安全评价的基本标准将采用双重标准，即对公众中的个人的剂量限值（$1\ \mathrm{mSv\cdot a^{-1}}$）继续应用于处置场的常规释放情景，而对个人的风险限值（$10^{-5}\ \mathrm{a^{-1}}$）则应用于低概率事件[11]。为了给其他源或实践留有余地，需要制定源相关剂量或风险约束值，这在各个国家是不同的。例如废物处置对公众中个人的剂量约束值，美国规定为 0.25 $mSv \cdot a^{-1}$，瑞士为0.1 $mSv \cdot a^{-1}$，我国尚无此项标准。

放射性废物处置的安全评价方法学已经有了很大的发展。在放射性废物处置场及其周围地区，从发生核素释放到核素在地质介质和生态环境中迁移、弥散和转移，最后通过各种途径对人体产生照射，或者由于某些原因发生废物对人的直接辐射照射，这种种事件、事故或过程及其前因后果，可以通过情景分析和后果分析两类分析手段，组成首尾相连的链或网络。在定量化的安全分析中，还可以根据所用数学工具的性质划分为确定论方法和概率论方法。这两类方法的结合产生了现行的安全评价模式。

我国在中低放废物处置的安全评价中已经初步应用了上述方法和模式，其结果已分别出现于选址阶段和初步设计阶段的浅埋处置或水力压裂处置的安全分析报告和环境影响评价报告中。所涉及的释放途径主要是降水、地下水或洪水的渗入和漏入可能污染地下水流或产生澡盆效应，最后进入地表水；此外还有由建筑开挖、塌陷或长期居住所致的直接照射。

但是我们在安全评价方法和模式上还存在不少问题，有待继续提高水平。首先，目前的工作偏于确定论方法的应用，对事件发生概率的估计往往停留在定性或经验的水平上。因此必须加强对中低放废物处置的风险分析和评价的研究。其次在应用确定论方法时，目前采用的模式过分简化。因此必须加强模式的开发、引进和消化。

在当前中低放废物处置安全评价方法学的研究中，必须把重点放在场址确定阶段的整体模式上。只有加强整体模式的研究，才能适应多重屏障系统的复杂情况，才能使确定论方法和概率论方法有机地结合起来，也才能克服模式过分简化的倾向。

为了建立整体模式。必须着重解决好各个子模式之间的连接问题，包括工程屏障内部各过程之间、工程屏障与地质屏障之间、包气带核素迁移与地下潜水层中核素迁移之间、核素迁移与水分运移之间，以及处置系统和生态环境之间的各种纵向和横向连接问题。必须使整体模式尽量多地吸收各专业的实验研究和子模式开发的成果，但这种吸收能力将受到各方面的限制，经常不可避免地要进行简化，因此整体模式反过来应对各专业的研究工作提出要求。此外，必须对所用模式及参数的敏感度与不确定度进行分析和应用各种检验与证实方法，以确定总体模式的可靠程度。

为了选择适用的屏障技术，为了研究各屏障起作用的机制，以及为了子模式的开发和参数的测定，需要进行一系列试验研究工作。我们暂时把这一类试验（包括模拟试验和现场试验在内）统称为废物处置安全性试验。

我国在中低放废物处置安全性试验方面开展了核素迁移试验、固化体浸出试验、辐射稳定性和热稳定性试验、添加剂研究和回填材料研究等。

中国辐射防护研究院所进行的核素迁移试验主要有如下特点：核素迁移试验同现场的地下水力学试验紧密结合；还在野外模拟试验条件下专门进行了包气带核素迁移和水分运移规律的研究；在小型静态和动态核素迁移试验中研究了环境因素的影响；正在建设的中型核素迁移模拟试验装置将有助于开展放大效应的研究。

安全性试验的薄弱环节在工程屏障方面。在浅埋处置技术中，覆盖层起重要作用。在地下水位低的地方，降水可能从覆盖层渗入再通过包气带使地下水受到污染，这可能成为核素释放和迁移的主要途径。在干旱地区，强烈的蒸散发作用可能在覆盖层中引起上行流。按含湿量的多少依次表现为毛细管流、薄膜流和气化流。还存在植物的散发作用。废物分解产生气体或废物的盐析作用可能使核素借助上行流污染地表土壤，成为通向生态环境的最短途径。因此要求从覆盖层的厚度、结构和材料的选择上保证阻断下渗流和上行流。今后在覆盖层模拟试验中也要把对核素迁移和对水分运移的研究结合起来。

容器腐蚀与防腐试验是为了确定或延长在处置条件下废物包装的有效期。此外在海洋性气候腐蚀比较严重的沿海地区，这一类试验还可以保证核电站废物暂存库中废物包装件的可回取性和确定暂存期限。除要求进行适量的现场试验外，建议发展模拟条件下的加速试验方法。其他需要做的工程屏障安全性试验还有混凝土改性试验、全规模废物固化体浸出试验等。

中国古墓葬发展了一整套隔气抑菌防水防盗的实践经验。它虽然没有上升为理论，没有进行定量化的分析，但对今天的中低放废物处置系统特别是陆地浅埋系统，仍然具有不可低估的借鉴意义。中国古墓葬的某些技术和某些不解之谜，值得运用现代科学技术和试验手段进行鉴别和消化，以便更充分地做到古为今用。

4 其他与废物处置安全性有关的问题

在石墨反应堆退役和压水堆运行中产生了相当数量的^{14}C废物需要进行处置。^{14}C废物给中低放废物处置带来了新的问题[12]。这些问题的实质是含有一定活度浓度长寿命核素的中低放废物处置的安全性还需要进行新的研究和论证。所谓长寿命核素是指其半衰期远大于^{90}Sr、^{137}Cs的所有裂变产物、活化产物和活度浓度够不上超铀废物的超铀元素，但不包括天然放射性核素。在中低放废物处置场的500年寿期内，这些长寿命核素基本保持其总活度和活度浓度不变。

需要开展的研究工作包括长寿命核素的状态和行为、中低放废物的细类划分、处置场接受废物的标准以及不同细类废物采用不同处置技术的研究等。例如在美国法规中[13]，长寿命核素^{14}C，^{59}Ni、^{94}Nb、^{99}Tc、^{129}I、^{241}Pu、^{242}Cm等可按其在中低放废物中的活度浓度决定废物属于A类、C类或超C类。C类废物必须处置在距覆盖层表面至少5 m以下；或必须采用寿命长达500年的抗侵扰屏障进行处置。超C类废物一般不适于浅埋处置。在我国法规中目前还没有这种细类划分。但是在英国，1988年宣布整个中低放废物不再采用浅埋处置，可见各国的态度并不完全相同。有一种趋势是肯定的，目前对中低放废物岩洞处置技术的研究越来越活跃。其原因除了浅埋处置更容易受侵蚀和侵扰外，还有含长寿命核素的中低放废物处置的需要。

以上讨论的都是废物处置安全性问题。废物处置的安全性与经济性不是绝对对立的。而是可以兼顾的。安全性与经济性的统一体现在辐射防护最优化原则和豁免原则中。因此必须把应用这两个原则所得的结果作为废物处置方案选择的重要依据。辐射防护最优化原则应用于废物处置时需要解决某些方法学上的问题[11]。但是需要指出，这个原则用于中低放废物处置所碰到的困难，比用于高放废物或矿冶废物处置时小得多，主要是因为前者时间跨度较短的缘故。因此应加紧这一领域的工作。近年来豁免原则在废物处置中的应用在国际上取得较大进展[14~16]。应用的结果是把极低放废物从中低放废物中分离出来，前者的处置要求比后者低得多。显然这将是一个能产生实际效益的研究项目。

由于在中低放废物处置中应用以上两个辐射防护原则都要涉及集体剂量和个人剂量的估算，而估算方法又与废物处置安全评价时相同。因此这方面的工作可以作为中低放废物处置安全性研究的一部分结合起来进行。

5 小结

中低放废物处置安全性研究包含着丰富的内容，目前的研究仅仅是开端。需要继续组织力量，多学科通力合作来完成。

几年来中国辐射防护研究院已做过一些有意义的试验研究工作，如核素迁移与水分运移的综合研究、多重屏障效能参数的测定技术与质量保证、现场试验与实验室试验的相互配合等。所积累的经验为今后的发展提供了良好的基础。通过参加选址调查和对处置系统的安全分析与环境影响评价等一系列工作，我们对中低放废物处置的多重屏障系统的了解也比几年前深入得多了。

目前在中低放废物处置安全性研究中还存在很多薄弱环节，主要是工程屏障的效能模拟试验、安全评价的整体模式和风险分析研究。此外，反应堆退役时含^{14}C等长寿命核素的中低放废物处置的研究也是急需的。

中低放废物处置安全性研究还应涉及更广泛的领域，如辐射防护最优化原则和豁免原则的应用。

（在与马明燮同志的多次讨论中作者获益很多，谨致谢意）

参 考 文 献

1 IAEA. Shallow Ground Disposal of Radioactive Wastes, A Guidebook. Safety Series No. 53, 1981

2 IAEA. Site Investigation for Repositories for Solid Radioactive Wastes in Shallow Ground. Technical Reports Series No. 216, 1982

3 IAEA. Disposal of Low- and Intermediate-Level Solid Radioactive Wastes in Rock Cavities, A Guidebook. Safety Series No. 59, 1983

4 IAEA. Disposal of Radioactive Grouts into Hydraulically Fractured Shale. Technical Reports Series No. 232, 1983

5 IAEA. Site Investigations, Design, Construction, Operation, Shutdown and Surveillance of Repositories for Low- and Intermediate-Level Radioactive Wastes in Rock Cavities. Safety Series No. 62, 1984

6 IAEA. Design, Construction, Operation, Shutdown and Surveillance of Repositories for Solid Radioactive Wastes in Shallow Ground. Safety Series No. 63, 1984

7 IAEA. Safety Analysis Methodologies for Radioactive Waste Repositories in Shallow Ground. Safety Series No. 64, 1984

8 IAEA. Performance Assessment for Underground Radioactive Waste Disposel Systems. Safety Series No. 68, 1985

9 IAEA. Acceptance Criteria for Disposal of Radioactive Wastes in Shallow Ground and Rock Cavities. Safety Series NO. 71, 1985

10 陈式，马明燮，周子荣等．中低放废物处置场选址和环境影响评价技术．辐射防护通讯，1985，15(3)：1

11 ICRP. Radioaction Protection Principles of the Disposal of Radioactive Waste. ICRP Publication 46，1985

12 陈式，冯声涛．^{14}C废物的生成和处置． 原子能科学技术，1989，23(2)：82

13 10 CFR61. Licensing Requirements for Land Disposal of Radioactive Waste. 1983

14 IAEA. De Minimis Concepts in Radioactive Waste Disposal Consideration in Defining de Minimis Quantities of Solid Radioactive Waste for Uncontrolled Disposal by Incineration and Landfill. IAEA-TECDOC-282，1983

15 IAEA. Exemption of Radiation Sources and Practices from Regulatory Control, Interim Report. IAEA-TECDOC-401, 1987

16 Kennedy W E, et al. Application of Exemption Principles to Low-Level Waste Disposal and Recycle of Wastes from Nuclear Facilities. IRPA 7. Seventh International Congress of the International Radiation Protection Association. Radiation Protection Practice. Vol. 3. 1988. 1 235～1 238

【载于《辐射防护》,1990,10(6):401】

核电厂中低放固体废物的厂外运输与处置问题

1 前言

核电厂中低放固体废物的大批量运输是近几年提出的一个新的和比较复杂的问题,各方面都缺乏准备。为了促进各项准备工作的开展,本文初步考察了中低放废物运输在技术、经济、安全、组织管理和宣传培训等方面可能碰到的问题,并提出了在我国建立一个健全的放射性废物运输体系的建议。

废物运输的费用和风险是确定我国中低放废物处置政策和处置场选址的重要依据之一。根据我们最近的研究结果[1],伴随有长途运输的中低放废物全国集中处置政策是不可取的,而区域处置政策则符合我国国情,是一项能促进我国核电发展的政策选择。与区域处置相适应,本文将主要研究核电厂中低放废物的中短途运输问题。

2 核电厂的中低放固体废物

核电厂在运行和退役过程中都将产生中低放废物,包括废气、废液和固体废物。其中废气和废液经浓集、浓缩和固化等处理以后也要转化为固体废物。软固体废物本身还应经过压缩或焚烧减容,不可燃、不可压缩废物则应经过去污、切割或熔炼等减容处理。所有固体废物都要用符合贮存、运输和处置要求的容器进行包装。我国规定废物包装件在固体废物暂存库中贮存时间不超过 5 年,应尽早转运到中低放废物处置场进行处置。

核电厂产生的中低放固体废物体积在不同国家差别很大,主要取决于反应堆选型、材质和堆水化学、三废处理技术选择和核电厂运行状况。IAEA 在 1985 年世界放射性废物管理现状报告中[2]推荐用于轻水堆核电厂运行废物体积估算的数字为 550 m^3/GW·a,可以作为参考。

值得注意的是近年来核电厂越来越趋向于采用具有高减容比的净化、固化和减容技术。因此,每标准堆·年产生的中低放废物体积有明显下降的趋势。

核电厂废物和废物货包的放射性特性应包括:废物按活度浓度分类,废物货包按总活度分型,以及废物货包或外包装(如集装箱)按辐射水平分级。所依据的标准[3~6],和所获得的一般结果列于表 1。

3 废物运输方案的考虑

3.1 运输路线问题

根据 IAEA 的有关文件[7],为了保证放射性物质安全运输,并不要求规定运输路线,但某些成员国一直对运输路线施加限制,这通常是指乏燃料和其他高活度物质的运输。根据我国沿海地区人口稠密和交通落后等具体情况，对核电厂中低放废物的中短途运输，最好仍适当选择运输路线以节省费用和提高安全度。这要求考虑交通条件、运输里程、沿途人口分布、经济发达程度和某些政治因素。

表 1　核电厂废物和废物货包的放射性源项

指　标	限　值	核电厂废物源项描述
废物按活度浓度 C (Bq/kg)分类[3]	当 5 a＜$T_{1/2}$≤30 a 时 低放废物：$7.4\times10^{4}<C\leqslant3.7\times10^{6}$ 中放废物：$3.7\times10^{6}<C\leqslant3.7\times10^{10}$ 高放废物：$3.7\times10^{10}<C$	70%～80%(体积)为低放废物 20%～30%(体积)为中放废物 有少量高放运行废物
货包按总活度 (Bq)分型[4]	A 型货包：总活度≤A_1 或 A_2 B 型货包：总活度＞A_1 或 A_2 (对^{134,137}Cs，^{58,60}Co，$A_1=0.4$ TBq，$A_2=0.4\sim2$ TBq)	全部低放废物和一部分中放废物的货包为 A 型，另一部分中放废物的货包为 B 型
货包或外包装按辐射水平 H(mrem·h^{-1})分级[4～6]	概括文献[5]： Ⅰ级：表面 $H\leqslant0.5$；1 m 远 $H=0$ Ⅱ级：表面 $0.5<H\leqslant50$；1 m 远 $0<H\leqslant1$ Ⅲ级：表面 $50<H\leqslant200$；1 m 远 $1<H\leqslant10$ Ⅲ级专载：表面 $200<H<1\,000$；1 m 远 $H>10$ 注意：外包装只要求 1 m 远的限值 根据铁道部现行规则： 一级：表面 $H=0.4\sim1$ 二级：表面 $H=15$；1 m 远 $H=0.7$ 三级：表面 $H=200$；1 m 远 $H=9$ 四级：表面 $H>200$；1 m 远 $H=54$	一部分低放废物的货包为Ⅱ级，另一部分低放废物和全部中放废物的货包为Ⅲ级或Ⅲ级专载

3.2　运输方式

这种选择必须以现行运输规则[5,6,8]为基础，应充分考虑废物运输量、废物货包的放射性活度和辐射水平、废物运输距离和路线、可用交通工具及其技术水平、贮存和转运的可能性等因素。

从现行运输规则看，大批量中低放废物的铁路运输麻烦很多。首先按照核电厂废物特性应选定企业自备专用车辆的专列专用集装箱快运方式；其次铁路运输的各起点和终点站应设立放射性物品专门办理站，其中包括装卸场所、库房和货车洗刷所等；第三必须自行组织装卸，并派专人押运；第四放射性物品目前不办理铁路和水路货物联运。因此在修改铁路运输规则以前，从经济和管理角度考虑不应优先选择铁路运输方式。

初步研究结果表明，核电厂中低放废物的中短途运输可以考虑以下四种方式：

(1)短途汽车运输方式　它适用于核电厂与废物处置场距离较近的情况，最大优点是汽车可以直接抵达，不用中转，尽量减少中途停靠，既节约又安全，还方便管理。

(2)汽车加火车运输方式　它适用于核电厂与废物处置场距离较远的情况，在安全上优于跨省中程汽车运输方式。

(3)纯海运方式 它适用于滨海核电厂和废物处置场位在海岛上或海边时的情况。

(4)海运加汽车运输方式 它适用于滨海核电厂和废物处置场位在内陆时的情况。

在目前我国核电起步阶段,中低放废物处置场应尽可能靠近核电厂,故应优先考虑上述第一和第三种运输方式。

3.3 发展专用集装箱运输

无论对公路运输、铁路运输和海运,都必须确定废物运输的基本单元。这种运输单元最好不是单个的废物货包,而是废物货包的组合件即集装箱。集装箱兼有废物货包的外包装和运输容器两种作用。核电厂废物货包使用集装箱运输在安全上的好处是非常明显的(见表2)[9]。

表2 核电厂废物货包使用集装箱运输的优点

编号	内容	说明
1	改善对外照射的防护	集装箱的距离屏蔽与箱壁屏蔽作用可降低包装件的级别
2	减少表面污染的可能性	多了一重外包装保护
3	降低废物货包的事故破损率和泄漏程度	集装箱牢固地固定在运输工具底座上,集装箱本身有很高的机械强度
4	货包的装卸由职业人员完成	废物货包装入集装箱和卸空集装箱均在发货和收货单位由职业人员完成,减少了非职业性辐射照射
5	集装箱的装卸机械化程度高	进一步减少了非职业性辐射照射

近几年来我国集装箱运输发展很快,铁科院研制的10 t通用集装箱被国家经委推荐为当前铁路运输的主型集装箱[10,11]。它的尺寸为3 070 mm×2 500 mm×2 050 mm,内容积16.81 m^3,载重8.382 t,总重10 t。由此可知它的单位底面积的负载能力为1.3 t/m^2,而核电厂废物货包每单位面积的重量可达2.0～3.5 t/m^2,因此在核电厂废物运输中不可能使用通用集装箱。

专用集装箱的研制离不开废物容器、屏蔽容器和运输容器标准化和系列化的统一考虑。必须注意使废物货包、集装箱、运输工具和装卸机械相互匹配。特别注意使集装箱适用于多种中低放废物货包的运输而不过分追求专用化,以便取得较好的节约效果。同时在运载工具总的载重量、载货尺寸、固定装置和其他防护要求等方面不要脱离国内实际。

4 废物运输费用和运输安全概述

放射性废物运输费用可由废物产生部门对运输的投资和营运部门的直接收费两部分构成。与普通货物运输相反,在核电站废物运输中前一类费用所占的比重很大。

废物产生部门可能投资于废物运输的项目有:修建公路或铁路支线,修建专用货场或码头,自备或租用运输工具,研制或改造专用运输工具,研制专用集装箱、屏蔽容器或其他运输容器,购制或研制装卸机械,还必须加上自备运输系统的运行、维修和管理,辐射监测、安全管理和保健,事故应急计划和措施等所需费用。对上述各项投资的必要性应逐项审议。

对铁路货运来说,铁路运输收费是以现行铁路运价规则[12]为依据的。该规则要求对特种货物规定特定运价。对自备或租用铁路货车或机车的运输,其计价方法与托运完全不同。

核电厂中低放废物运输费用取决于许多具体条件。粗略的估计表明[1]，即使是按照区域处置政策实施的中短途运输，其所需运输费用也要占整个废物处置费用的一个相当大的份额。从这一点出发也要求在核电厂废物处理中必须注意减容和减重。

废物运输的安全性与下列多种因素有关：

(1)特定地区公路运输、铁路运输或海运的事故发生率；(2)废物运输量与运输里程，它们将影响可能发生的事故的件数；(3)废物活度浓度和辐射水平，废物包装和运输容器，它们将影响可能发生的事故的后果；(4)运输系统的技术条件和组织管理水平，它们将决定正常运行条件下的辐射照射后果，并在一定程度上影响事故发生率；(5)承运人员的培训和考核，它是确保运输安全的基本条件之一；(6)事故应急计划和准备，它立足于减轻事故后果和恢复正常情景。

关于铁路运输事故发生率，国外的统计资料列于表3[13]。在这里列车事故系指列车间冲突、运行中列车脱轨和列车火灾。

国内铁路和公路行车事故已积累了多年的资料，但需要进一步分析和总结，以便提炼出有关事故发生概率的确切数字。

关于事故后果分析，应着重B型货包下述两类事故：

(1)翻车事故，废物货包坠入河水中。此时应考虑完好的B型货包的抗浸出性能[14]和被摔破包装的废物体的实际抗浸出性能，从而估算出货包取回之前的最大释放量。

(2)扒车事故，可估算闯入者个人所受的最大剂量当量。

关于事故应急计划和准备，可参考国外有关经验[15,16]。

对于废物运输在正常运行条件下的安全管理，如对外照射的管理，对泄漏和污染的处理等，也可参考国外的丰富经验[14]。

表3　一些国家列车事故情况比较

国别	事　故　率/(件/百万列车公里)					
	1980年	1981年	1982年	1983年	1984年	平均
日本	0.07	0.05	0.05	0.08	0.06	0.06
意大利	0.09	0.07	0.04	0.04	0.08	0.06
原联邦德国	0.12	0.13	0.10	0.08	0.08	0.10
法国	0.11	0.10	0.12	0.10	0.14	0.11
瑞士	0.13	0.17	0.12	0.15	0.17	0.15
加拿大				0.24		0.24
英国	0.44	0.33	0.42	0.62	0.62	0.49
荷兰		0.25	0.27	0.27	0.05	0.21
瑞典		0.82	0.65	0.42	0.47	0.59
印度	1.53	1.79	2.01	1.80	1.35	1.70

5　建立我国的放射性废物运输体系

核电厂中低放废物和乏燃料的运输都已经提上议事日程。为了做好运输准备工作，必须

从根本上解决我国的放射性废物运输体系的问题。在这个目标下,建议开展以下工作:

(1)改进运输管理体制,统一审批手续。目前在我国涉及放射性物质运输管理和监督的部门很多,没有协调机构,缺乏统一的审批程序,以至于要实现任何一次放射性物质装运都花费很大精力和许多时间。这种情况急需改善。

(2)建立放射性废物运输公司或放射性废物处置与运输联营公司,负责放射性废物运输的营运工作。对于核电厂的中低放废物和乏燃料,采取上门取货的服务方式,可减轻核电厂的负担。核电厂也可对运输公司投资。从技术和人员条件看,在全国只有核工业总公司有能力承担这类运输的营运任务,同时也需要有全国其他部门的大力支持和协作。

(3)加速有关放射性物质运输的法规标准的编制,以便依法管理。建立和健全运输安全分析与环境影响评价的制度和技术方法,并准备实施运输中的辐射防护最优化。

(4)技术上的准备,包括如何减少和解决车辆中途检修问题、专用集装箱的研制、废物包装容器的标准化和系列化、货包和集装箱的检验、应急技术准备等。

(5)培训和宣传活动,包括在承运部门举办培训班,利用报刊、影视工具宣传放射性物质运输的知识和安全性,做好公众的心理准备。

参考文献

1 陈式等. 核电站废物运输问题研究. 中国辐射防护研究院. 1989

2 IAEA. Radioactive Waste Management, A Status Report. Vienna, 1985

3 中华人民共和国国家标准. 放射性废物分类标准. GB 9133

4 中华人民共和国国家标准. 辐射防护规定. GB 8703

5 中华人民共和国国家标准. 放射性物质安全运输规定. GB 11806

6 中华人民共和国铁道部. 危险货物运输规则(铁道运输适用本). 北京:中国铁道出版社,1987

7 IAEA. Advisory Material for the Regulations for the Safe Transport of Radioactive Material (1985 Edition). Third Edition. IAEA Safety Series No. 37. Vienna, 1987

8 铁路和水路货物联运规则. 北京:中国铁道出版社,1984

9 列深斯基编著. 放射性物质运输. 1965

10 我国铁路集装箱运输的发展. 铁道科技动态, 1988, (7)

11 集装箱运输. 铁道知识, 1988. (3)

12 铁路货物运价规则. 北京:中国铁道出版社,1990

13 对日本等国铁路安全状况及对策的分析. 铁道科技动态, 1988, (8)

14 IAEA. 放射性物质安全运输规程. IAEA 安全丛书 No. 6. 北京:原子能出版社,1986

15 IAEA. 放射性物质运输事故的应急计划. IAEA-TECDOC-262. 1982

16 国际海事组织. 船舶载运危险物应急措施. 1984

17 国际海事组织. 国际海上危险货物运输规则

【作者:陈式,汪佳明,李学群,等. 载于马明燮主编. 放射性废物管理(二). 北京:海洋出版社, 1992】

中低放废物的安全处置与评价

近几年来，我国建设区域性中低放固体废物处置场和专用中放废液固化兼处置设施的前期工作已取得很大进展。其中包括西北和华南地区两个近地表处置场的选址和场址特性评价，以及大型核企业产生的中放废液在近地表的大体积水泥浆浇注和在中等深度页岩层中的水力压裂等处置设施的建造准备工作。在此背景下，中低放废物的安全处置和评价正在成为我国废物安全研究和实践比较活跃的一部分。

中低放废物处置的安全问题在本质上属于环境辐射安全问题。它所要达到的主要安全目标是依据辐射防护基本原则保护公众和环境免受辐射危害；所采用的主要防护手段是多重屏障，包括地质屏障、工程屏障和管理性屏障在内；所应用的安全评价方法在某些方面与“潜在照射”[1]的概念有关。我们曾著文[2]较详细地讨论过中低放废物处置安全性研究的若干问题，涉及多重屏障系统的理论与技术、安全评价方法学、安全性试验、辐射防护原则的应用，以及含长寿命核素的中低放废物处置所带来的问题。

本文所要讨论的问题是：放射性固体废物的分类标准、中低放废物处置场选址准则、近地表处置工程设施的类型选择、覆盖层设计的新思路、安全评价模式与计算机程序选择，以及中低放废物处置场运行质量保证等。本文力求反映和探讨近年来我国中低放废物处置前期工作中提出的某些新问题，并在讨论中融合了一些国外的新经验。这些经验主要是通过1991—1993年实施的国际原子能机构(IAEA)对中国的技术援助项目“中低放废物处置”[3]等途径获得的。

1 关于放射性固体废物的分类标准

不同类别的废物应采用不同类别的处置方案，这是放射性废物处置的基本安全要求之一。在我国1988年发布和实施的“放射性废物分类标准”[4]中，对放射性固体废物的分类初步考虑了处置要求。废物首先按所含核素的半衰期长短分为4种，然后按放射性活度浓度水平分为3级，同时又把超铀废物单列为1种(不分级)，如表1所示。

在同时发布和实施的“低中水平放射性固体废物的浅地层处置规定”[5]中，规定了适合于“浅地层”处置的废物必须满足下列条件之一：(1)半衰期大于5 a，小于或等于30 a，活度浓度不大于3.7×10^{10} Bq/kg的废物；(2)半衰期小于或等于5 a，任何活度浓度的废物。上述规定把废物分类同处置方案联系起来了。该标准对半衰期大于30 a(即含长寿命核素)的废物是否适合于近地表处置未作明确规定。

IAEA根据废物处置要求对固体废物分类进行了研究和改进。在其新近推荐的一个安全导则[6]中(见图1)，将固体废物分为高放废物(HLW)、长寿命中低放废物(LILW－LL)、短寿命中低放废物(LILW－SL)和解控废物(EW)。高放废物与中低放废物的分界线由发热率水

表 1　我国放射性固体废物的分类表

类型	活度浓度 A/(Bq/kg)				
	$T_{1/2} \leqslant 60$ d	60 d $< T_{1/2} \leqslant 5$ a[1)]	5 a $< T_{1/2} \leqslant 30$ a[2)]	30 a $< T_{1/2}$	超铀废物
低放[3)]	$7.4\times10^4 < A \leqslant 3.7\times10^7$	$7.4\times10^4 < A \leqslant 3.7\times10^6$	$7.4\times10^4 < A \leqslant 3.7\times10^6$	$7.4\times10^4 < A \leqslant 3.7\times10^6$	$3.7\times10^6 \leqslant A$
中放	$3.7\times10^7 < A \leqslant 3.7\times10^{11}$	$3.7\times10^6 < A \leqslant 3.7\times10^{11}$	$3.7\times10^6 < A \leqslant 3.7\times10^{10}$	$3.7\times10^6 < A \leqslant 3.7\times10^9$	
高放	$3.7\times10^{11} < A$	$3.7\times10^{11} < A$	$3.7\times10^{10} < A$	$3.7\times10^9 < A$	

注：1) 包括放射性核素 ^{60}Co(半衰期为 5.271 a)；

2) 包括放射性核素 ^{137}Cs(半衰期为 30.17 a)；

3) 对仅含天然 α 辐射体的低放固体废物，下限值为 3.7×10^5 Bq/kg。

平(2 kW/m^3)确定。中低放废物与解控废物的分界线由公众成员的年剂量水平(0.01 mSv)确定。长寿命中低放废物和短寿命中低放废物的划分如图 1 中虚线所示，其中竖线取半衰期为 30 a；横线由公众成员在主动式管理控制期过后的非故意闯入剂量确定，因而含不同长寿命核素的废物往往有不同的活度浓度分界值，如长寿命 α 辐射体在单个废物包中的活度浓度分界值为 4×10^6 Bq/kg，其平均活度浓度分界值 4×10^5 Bq/kg(主要参考法国的经验[7])。该分类系统还要求高放废物和长寿命中低放废物均采用地质处置方案，短寿命中低放废物采用近地表处置或地质处置方案，解控废物采用非放射学处置方案。IAEA 新的分类系统为我国固体废物分类和中低放废物近地表处置标准的修订提供了适宜的参考。

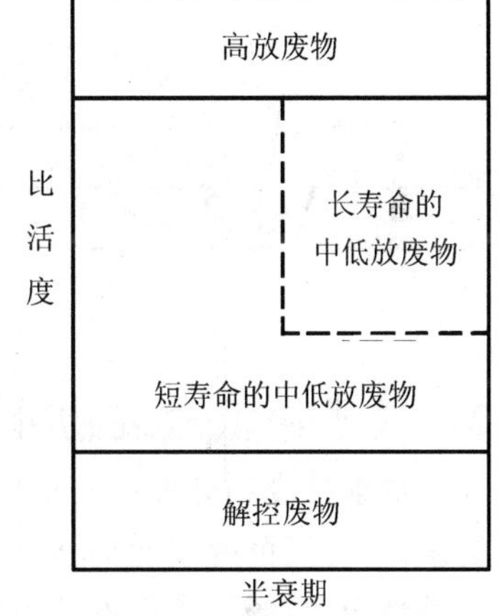

图 1　IAEA 新修订的固体废物分类系统[6]

目前，对我国核电站产生的中低放废物，需确定允许近地表处置的长寿命核素(如 ^{14}C、^{63}Ni、^{237}Np、^{99}Tc)活度浓度的上限值；对后处理厂产生的中低放废物，需确定允许近地表处置的超铀核素(如 ^{239}Pu)活度浓度的上限值。具体方法可参考美国的经验[8]，它也是按照闯入情景来导出活度浓度上限值的。

在美国的联邦法规[9]中，对长寿命核素规定了适合于近地表处置的活度浓度上限值，如表 2 所示。活度浓度超过表 2 数值者为超 C 类废物，一般不适宜于近地表处置；活度浓度不超过表 2 数值但超过该值的十分之一者为 C 类废物，需采取附加措施确保废物体稳定性和防止非故意闯入才适宜于近地表处置。其他主要核国家也做了类似的规定。例如，日本可在近地表处置的长寿命核素活度浓度的上限值列于表 3[10]。超铀核素可允许近地表处置的活度浓度上限值问题，在国外法规中基本上已趋于一致[11]。在多数国家中该上限值即为超铀废物下限值 3.7×10^6 Bq/kg。倒是属于裂变产物和活化产物的其他长寿命核素活度浓度上限值的规定还很不一致，值得引起重视。

表 2　美国由长寿命核素活度浓度决定的废物分类[9]

长寿命核素	半衰期/a	C类废物活度浓度上限值/(Bq/L)	长寿命核素	半衰期/a	C类废物活度浓度上限值/(Bq/L)
^{14}C	5.37×10^{3}	3.0×10^{8}	^{99}Tc	2.14×10^{5}	1.1×10^{8}
^{14}C(在活化金属中)		3.0×10^{9}	^{129}I	1.6×10^{7}	3.0×10^{6}
^{59}Ni(在活化金属中)	7.5×10^{4}	8.1×10^{9}	发射α的超铀核素	>5 1)	3.7×10^{6} 2)
^{63}Ni	1.0×10^{2}	2.6×10^{10}	^{241}Pu	1.4×10^{1}	1.3×10^{8} 2)
^{63}Ni(在活化金属中)		2.6×10^{11}	^{242}Cm	1.63×10^{2}	7.4×10^{8} 2)
^{94}Nb(在活化金属中)	2.0×10^{4}	7.4×10^{6}			

注:1) 我国标准中超铀核素半衰期大于 20 a;

2) 单位为 Bq/kg。

表 3　日本可在近地表处置的长寿命核素活度浓度的上限值[10]

长寿命核素	^{14}C	^{63}Ni	α放射性物质
活度浓度上限值/(Bq/kg)	3.7×10^{7}	1.11×10^{9}	1.11×10^{6}

2　关于中低放废物处置场选址准则

放射性废物处置的安全性是靠多重屏障系统的长期效能来保证的。对中低放废物处置系统来说,地质屏障效能仍然具有首要意义,但工程屏障效能的相对重要性提高了。出现了这样一种情况:当场址条件不甚理想时,可以用工程措施来弥补。由于中低放废物本身类别的多样性,以及多重屏障系统的因地制宜性,使得各个核国家对中低放废物处置有着不完全相同的安全考虑,表现出对多重屏障原理的灵活应用。

首先表现在中低放废物处置技术路线的选择上。最基本的选择为近地表处置或岩洞处置(包括废矿井处置),有条件的地方也可以考虑水力压裂处置。一般来说,近地表处置比较容易实施,投资相对较小;岩洞处置对废物类别和对气候变化的适应范围更广。美国和法国是坚持近地表处置的有代表性国家;德国是坚持岩洞处置的有代表性国家。英国对中低放废物本来是采用近地表处置的,现在打算对中放废物采用中等深度的(大于 100 m)地质处置,将来甚至对低放废物也如此处置[12]。在中低放废物处置技术路线的选择方面仍存在某些不确定因素。除经济方面的考虑外,从安全上讲主要是如何可靠地估计长寿命核素的长期环境影响,不同处置深度与抗侵扰能力的关系,对以混凝土为主要材料的工程屏障长期效能的担心,以及公众对废物处置安全性的判断等,这些都是在废物处置安全研究中需要着重解决的问题。

其次表现在近地表处置场选址过程中地质、水文地质和地表水文条件的掌握上,各国总的要求是一致的,但也存在侧重点的若干差别。法国要求找到这样一种场址条件:处置场下渗水不向地下深部流动,而在一个不透水层上面沿确定的方向流动,既便于监测又可被邻近的排水河流全部汇集[13];美国要求选择地质构造简单和非裂隙发育地带建造处置场,以便容易地建立安全评价模式;日本青森处置场由于地下潜水埋深较浅,不得不把处置单元建造在水饱和带中。处置单元周围用膨润土—砂土混合物填充，内壁衬以 10 cm 厚的孔隙混凝土层。水一旦进入，可从孔隙混凝土层通过排水管迅速排出[10]。在地表水文方面，美国规定处置场应离开水域 1 km 以外；法国则没有任何此类限制，反而要求附近有排水河流。由此可见，过去在场址初选中提出的若干“排除准则”[14]，其中有一些并不具有绝对意义。例如处置场与水域的距离、地下水埋深等限制条件，在某些国家已经被打破了。这反映了中低放废物处置越来越重视整体屏障效能和整体安全性，而不过分强调单个屏障的定量化效能评价准则。这些经验值得认真吸取。选址不应完全照搬国外的准则，使自己的工作只局限于提供地质和环境参数，而应从地质屏障总的效能要求出发，参考国外的条文，独立研究符合国情的选址条件，使选址标准“国产化”。

3　近地表处置工程设施的类型选择

到目前为止，近地表处置设施已发展了 5 种基本类型[3]，即地表下土沟(图 2)；地表下混凝土沟(图 3)；半地下土丘混凝土沟(图 4)；地表上混凝土构筑物(图 5)；工程竖井(图 6)。浅埋土沟在美国有悠久历史，至今仍为除超 C 类废物以外的中低放废物处置的基本方式。其中 C 类废物要求至少 5 m 厚的覆盖土，或至少在 500 a 内保持有效的抗闯入屏障[9]。有的方案要求 A 类废物有 2 m 厚的覆盖土，B、C 类废物至少 10 m 厚的覆盖土[12]。在我国西北地区，场址具有优良的地质和气候条件。为了降低处置费用，应考虑采用或部分采用地表下土沟处置方式。

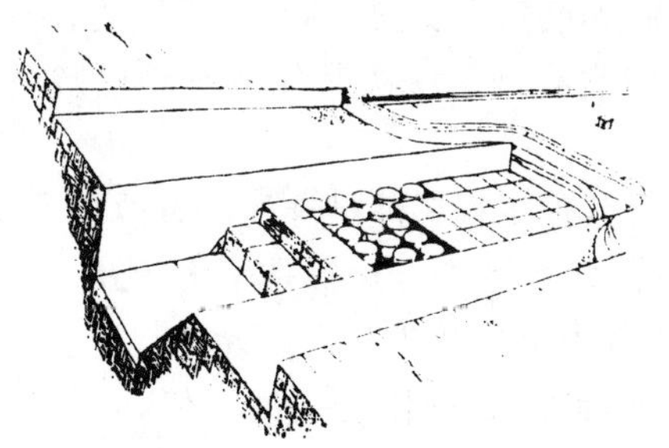

图 2　近地表处置设施的基本类型之一：地表下土沟[3]

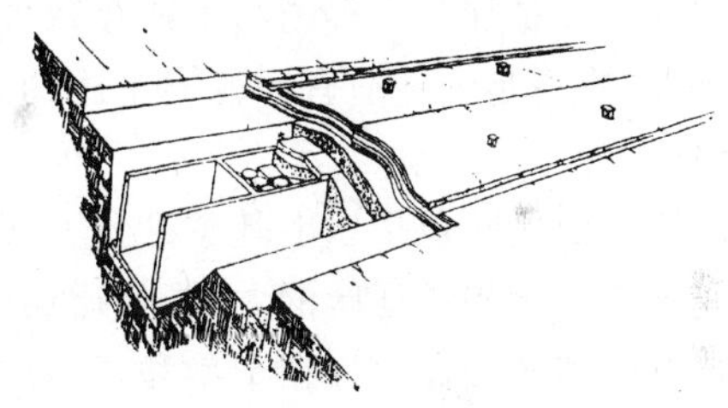

图 3　近地表处置设施的基本类型之二：地表下混凝土沟[3]

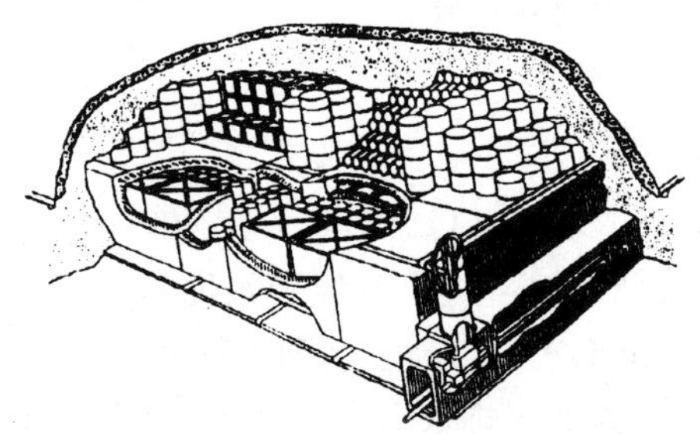

图 4　近地表处置设施的基本类型之三：半地下土丘混凝土沟[15]

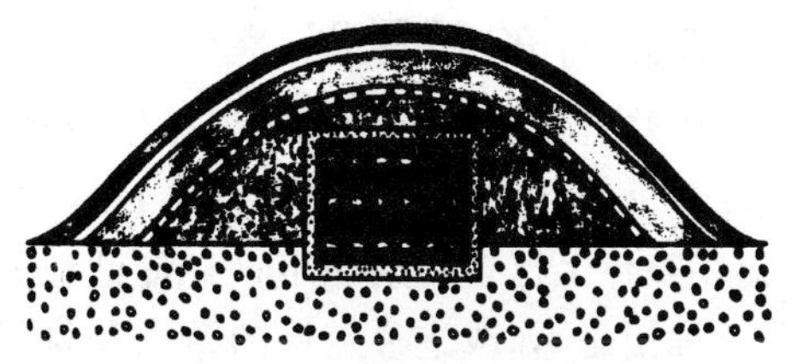

图 5　近地表处置设施的基本类型之四：地表上混凝土构筑物[6]

地表下混凝土沟是广泛推荐的一种中低放废物处置方式，特别适用于中放废物处置。它有封闭式的混凝土结构，覆盖层除混凝土板外还有覆土层。因此它的结构的稳定性，抗侵扰、防渗和屏蔽辐照的能力均佳。地表下混凝土沟也应是我国中放废物处置优先考虑的一种方式。

半地下土丘混凝土沟在法国芒什处置场有 20 多年的使用经验。它分为上下两部分，在地表下的混凝土沟中处置中放废物，在地表上的土丘中掩埋低放废物。可形成合理的配置以增强中放废物的抗侵扰屏障和改善处置场的排水条件。

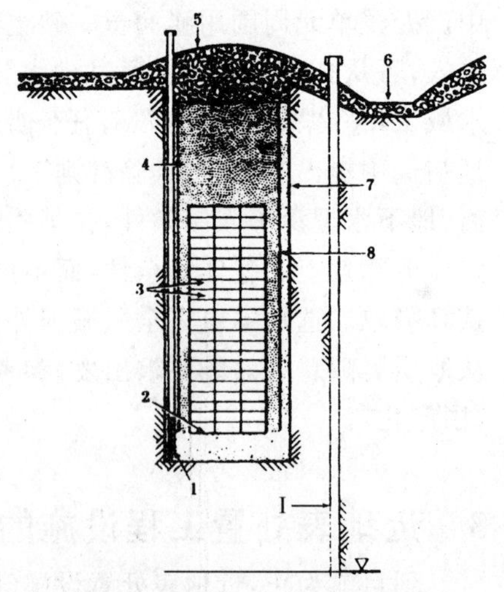

图 6 近地表处置设施的基本类型之五：工程竖井[3]

1—监测井；2—底部；3—废物包；4—回填土；5—混凝土顶；6—混凝土表面排水沟；7—排水层；8—衬套

地表上混凝土构筑物是近年来出现的一种处置方案。它是适应地下水埋深很浅的情况的一种选择，法国最近建成投入使用的奥布处置场即是一例[13]。但在美国，该方案更有可能是考虑公众心理因素的一种选择。美国专家认为[3]，地表上的处置可能遭受自然侵蚀和人为侵扰，在技术上并不比地表下的处置优越，但公众能够看得见，一旦出了问题也容易收拾一些，因而比较容易被接受。在我国东南部地区的某些场址地下水埋深较浅，也应考虑采用地表上处置方式。

工程竖井是加拿大等国为了贮存特种中低放废物(如废离子交换树脂)而设置的。它要求深度较大，故不是一种适宜于普遍采用的处置方案。但它有助于解决其他方案难以解决的某些问题。

近地表处置除包括以上基本处置方案外，还有结合其他工程屏障措施的各种改良方案。

我国是一个幅员辽阔的大国，交通运输条件又较差，废物的安全运输是个大问题。因此应根据核电站和核工业布局在干旱和多雨地区分别建立若干个中低放废物处置场。许多人关心多雨地区废物处置安全，这确实是一个值得仔细研究的问题，必须慎之又慎。但办法是有的。我们认为在达到总体屏障效能的前提下灵活应用多重屏障原理是各国中低放废物处置实践的共同经验，如上两节所述，选择余地是很大的。若近地表处置不合适，就考虑岩洞处置；若场址特性不甚理想，就加强工程屏障；若地表下工程设施有困难，就采用地表上工程设施。在我国建设中低放废物处置场的前期工作中应充分利用上述国际经验。

4 覆盖层设计的新思路

中低放废物近地表处置设施的覆盖层应具备如下功能：(1)以多种方式使降水和地表径流的入渗量减至最小；(2)阻止人类和动植物的侵扰；(3)减少侵蚀(风蚀和水蚀)，防止塌陷和破损，使设施在整体上保持长期稳定；(4)降低地表剂量率水平。为了达到上述功能，在设计中采用了多种工程措施，如改进覆盖层的结构和材料，改善地表排水和蒸散条件，控制树木深根发育，加强覆盖层和整个处置单元的协调等。近年来覆盖层的单层结构正在向多层结构发展，单一材料正在向土、石、混凝土多种材料结合的方向发展。一个典型的多层结构覆盖层包括防侵蚀层(一般为表面植被或卵石层)、防生物侵扰层(一般为砾石层或混凝土层)和防渗层。这里只介绍美国西北太平洋实验室提出的一种多层防渗覆盖层设计的新思路[3]。

过去覆盖层的防渗主要是通过压实黏土层来实现的。当覆盖层中存在饱和流时，这种措施对减少入渗量是有效的。但近地表处置设施大多建在潜水面之上，覆盖层常处于非饱和状态，特别在干旱少雨地区更是如此。在非饱和状态下，压实的黏土层的防渗效应反而比不上粗粒的大孔隙的砂土层。这是因为非饱和渗透系数 $K(\theta)$是土壤含水量 θ_S的函数，如图 7 所示。当趋于不饱和时大孔隙首先被排空，导水率随之急剧降低；而小孔隙仍可能继续保持充水和导水。此外，在水饱和与非饱和状态交替出现的情况下，黏土龟裂是一个难以避免的问题。

于是提出了多层防渗结构，这种设计思想来源于对天然类比物的研究。在美国汉福特地区天然存在一个地质剖面，上层是细粒土，下层是粗砂土，降水停留在上层而下层保持干燥，两层交界面上部有一个滞水湿润带。在上述自然现象启发下，美国开始把非饱和土壤水动力学理论应用于覆盖层设计。在非饱和条件下，水分总是从土壤总水势高处向低处运移，而总水势中基质吸收势作用远大于重力势作用。因此，在两层相接介质中，水分的滞留和运动决定于各层在相应含水量下的基质吸收势。图 8 表明，在均匀介质覆盖层中，入渗水将不断下渗[图 8－(a)]；当覆盖层上层配置细黏土下层配置粗砂或砾石时，由于基质吸收势降低的方向是从粗粒介质向着细粒介质，非饱和流不能透过两层交界面，因此粗砂或砾石层起到了隔水层作用[图 8－(b)]。这种多层防渗结构特别适合于干旱地区废物处置设施的覆盖层设计，经过改良以后也可能在多雨地区找到用途。

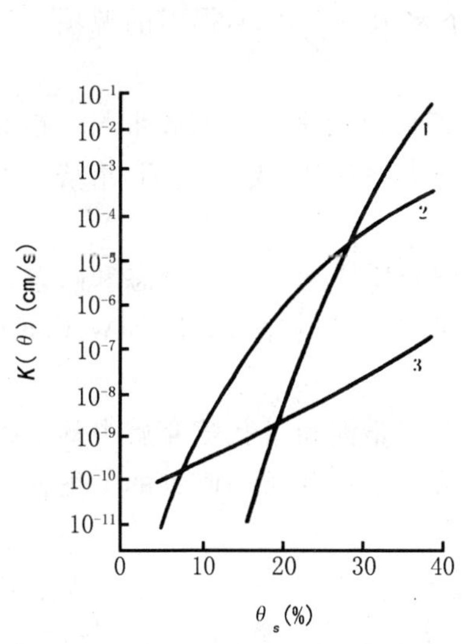

图 7　不同土壤类型的非饱和渗透系数与含水量的关系[3]

1—砂土；2—淤泥；3—黏土

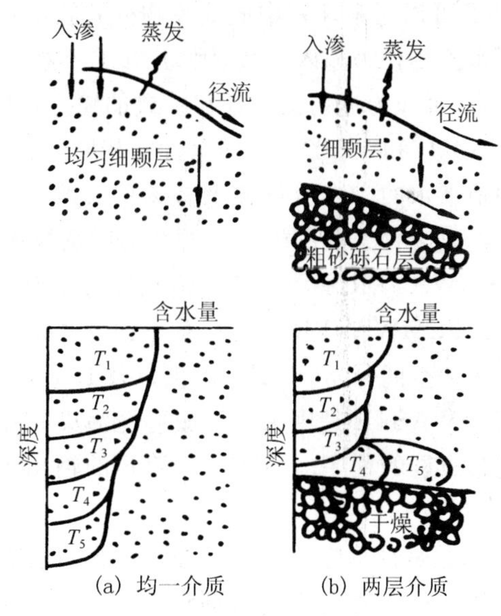

图 8　多层结构防渗效应[3]

5　安全评价模式和计算机程序选择

近年来，IAEA 致力于在世界范围内推广一套经过细心挑选的中低放废物处置安全评价模式和计算机程序。选择的标准是该程序比较成熟，已有广泛应用的经验，可以在微机上操作并具有详细的操作说明。显然这特别适应发展中国家的需要。IAEA 还多次组织了在假定的中低放废物处置场和特定的情景下估算释放后果的比对,同时正在建立有关参数的数据库。

IAEA 所推广的一套计算机程序包括 BLT、VAM2D 和 VS2DT、FEMWATER、FEMWASTE、GENⅡ及 PAGAN 等[3]。其中每个程序都可用来处理和解决特定的问题。按照对参数的不同要求,它们的不同组合可分别用于中低放废物处置的初步安全评价或详细安全评价。各评价程序的应用范围列于表 4。

表 4　各评价程序的应用范围[3]

应用范围	可选程序名称	应用范围	可选程序名称
降雨和渗入	VAM2D 或 VS2DT	饱和带核素迁移	VAM2D，VS2DT，FEMWASTE 或 PAGAN
源项	BLT 或 PAGAN	大气扩散	GENⅡ或 PAGAN
非饱和带流场	VAM2D,VS2DT 或 FEMWATER	地表水迁移	GENⅡ或 PAGAN
非饱和带核素迁移	VAM2D，VS2DT，FEMWASTE 或 PAGAN	食物链和剂量	GENⅡ或 PAGAN
饱和带流场	VAM2D,VS2DT 或 FEMWATER		

BLT 可以用来计算中低放废物处置设施的放射性释放源项。用 BLT 计算源项时,需要将地下水流场作为输入参数,因为 BLT 不能计算地下水流场。BLT 得出的源项与地下水流场相结合,可作为近场核素迁移模式的输入数据。

VAM2D 和 VS2DT 是两个性能相同的程序。它们可以用来计算饱和带与非饱和带孔隙介质中地下水的二维流场以及核素的二维迁移。BLT,VAM2D 或 VS2DT 相结合可以用来评价中低放废物处置设施的释放源项以及核素迁移。

FEMWATER 是用于计算饱和带与非饱和带孔隙介质中地下水的稳态和瞬态二维流场的程序。FEMWATER 的输出是下面要介绍的 FEMWASTE 的输入。FEMWATER 的输出包括水头的空间分布、土壤的湿度以及 Darcy 速度等。

FEMWASTE 是用来计算放射性污染物在饱和带与非饱和带孔隙介质中的二维稳态和瞬态迁移过程的程序。FEMWASTE 的输出为某一给定地点和某一时刻的放射性污染物的浓度。

GENⅡ是计算中低放废物处置设施的放射性释放经空气、地下水、地表水、食物以及土壤外照等途径对人造成的辐射剂量。GENⅡ正可以计算个人或人群的短期和长期受照剂量。GENⅡ必须借助于其他程序如 FEMWASTE 算出的核素浓度来作为其输入。需要指出的是,GENⅡ中的剂量换算是以 ICRP30 号出版物为依据的。

PAGAN 是一个兼有 BLT、FEMWASTE 和 GENⅡ性能的程序。它的概念模式和计算过程均比上述三个程序简单。对于中低放废物处置的初步安全评价,可用 PAGAN 来计算。

上面介绍的几个程序均是用 FORTRAN 语言编写的。大部分程序在一般的微机如 386 机甚至 286 机上就能运行,有些程序如 VAM2D、GENⅡ等则需要加协处理器才能运行。

上述评价模式和程序的引进缩短了我国同国外先进水平的差距,并为模式和程序的进一步改进和发展提供了基础。

随着评价模式和程序的引进和消化，人们注意到工程屏障系统的源项(即工程屏障效能的模式化)尚有很大改进余地。安全分析和环境影响评价的思路是有细微差别的，后者允许较多的保守性，一般只要偏安全就能通过。而安全分析由于与工程建造有更密切的联系，是不允许过分保守的。为了满足安全分析的要求，必须在必要的物理、化学甚至生物学试验的基础上，力求对工程屏障效能进行更加细致的、定量化的和模式化的描述。这对于降低工程造价，在确保安全的前提下删除一切多余和过高要求的东西具有现实意义。

目前引进的模式和程序仅适用于孔隙介质中的评价。国外有关裂隙介质的效能评价方法还在研究和开发中。

在废物处置安全评价中必须考虑不确定性分析问题。国外在高放废物处置安全评价中早就注意了不确定性分析，目前在中低放废物处置中也开始注意这个问题，但在国内尚属空白。国外的经验表明，存在物理模式的、数学模式的和参数的不确定性；其中物理模式的不确定性是主要的。因此长期过程的机制和核素行为研究具有重要意义。

在参数研究与数据库的建立方面，目标应是在引进国际通用数据库的同时尽可能多采用本国实测的参数值。在这方面也有大量的试验研究工作任务。

6 关于中低放废物处置场运行的质量保证

国外中低放废物处置场的运行经验表明，由废物产生单位负责处置场的运行或让废物产生单位和处置场各管一段彼此隔离都不利于废物安全处置。比较好的办法是保持处置场的相对独立性；同时使其与废物产生单位建立某种确定的联系。这是放射性废物管理原则所要求的系统化管理方法。

法国放射性废物管理公司在芒什处置场 20 余年运行经验的基础上创建的中低放废物包跟踪系统在确保废物处置安全方面发挥了很大作用[13]。该系统主要包括一个质量保证系统和一个数据库，跟踪范围从废物产生、处理、固化、包装、运输到接受处置，还包括处置场选址、设计和建造标准。该系统保证每个带编号的废物包在一切方面均符合特定处置场的废物接收准则，并能随时提供每个废物包安放在处置设施中的确切位置以及反映废物包特性的数据。法国把这个跟踪系统称作“废物管理工具”和“运行规则大全”。由于放射性固体废物的管理历来是我国放射性废物管理中薄弱的环节，因此应当考虑利用国际援助的机会[17]在我国建立一个类似系统的可能性。

法国的经验还有更深刻的思想依据。1985 年我国一批专业人员在分析我国核工业放射性固体废物管理落后的原因时曾经指出[18]：放射性废物管理的最终归宿是实现安全的和经济的废物处置；强调要把中低放废物处置搞上去绝不是一项孤立的政策，它与整个中低放废物管理工作有着密切联系，甚至规定和制约着中低放废物管理的其他政策。惟有抓住中低放废物的处置，才能够带动整个中低放废物的管理，就像当年抓住废液和废气的控制排放和环境保护曾经促进了废液和废气的净化处理那样。法国的经验使得中低放废物处置作为推行废物管理政策的工具的思想具体化了，这是值得借鉴的。

参考文献

1 国际放射防护委员会. 国际放射防护委员会1990年建议书. 李德平等译. 北京:原子能出版社,1993

2 陈式. 中低放废物处置安全性研究的若干问题. 辐射防护,1990, 10(6):401

3 Glendon W G, Panl D, Shaheed H. IAEA技术援助项目"中低放废物处置"(CPR/9/014). 两次专家咨询资料. 1991—1992

4 中华人民共和国标准. 放射性废物分类标准. GB 9133-88

5 中华人民共和国标准. 低中水平放射性固体废物的浅地层处置规定. GB 9132-88

6 IAEA Safety Guide. Classification of Radioactive Waste. IAEA Safety Series No. 111-G-1.1, 1993

7 French Ministry for Industry and Research. Surface Centres for Long-term Disposal of Radioactive Waste with Short or Medium Half Life and With Low or Medium Specific Activity. Basic Safety Regulations. Regulation No. 1.2. Paris: French Ministry for Industry and Research, 1984

8 吴春喜,袁良本. 国外浅地层废物处置的风险分析及废物中超铀核素含量限值的导出方法. 核科技情报研究所. 未发表,1993

9 放射性废物陆地处置的审批要求. 10CFR-61, 1991

10 王志明. 日本低放废物处置概况. 中国辐射防护研究院. 未发表,1992

11 黄钟,袁良本. 论浅地层处置废物中的超铀核素含量限值问题. 核科技情报研究所. 未发表,1992

12 赵明华. 中高放废物处置方针的研究. 浙江省环境放射性监测站. 未发表, 1990

13 Fernique C, Boucharel, J L. 法国奥布低放废物处置场:从场址选择到运行十年的经验. 1992年中国国际核工业展览会技术讲座资料. 1992

14 Dlouhy Z. Siting of Repositories for Disposal of Radioactive Wastes, IAEA Regional Training Course on Handling and Disposal of Nuclear Wastes. Beijing and Taiyuan, China, 1988

15 Dlouhy Z. Disposal of Low-and Intermediate-Level Wastes in Shallow Ground and Rock Cavities, IAEA Regional Training Course on Handling and Disposal of Nuclear Wastes. Beijing and Taiyuan, China, 1988

16 The Centre de l'Aube Disposal Facility. 1992年中国核工业总公司对法国放射性废物处置考察团资料. 1992

17 陈式等. 中国21世纪议程:放射性废物的安全和无害环境管理. 未发表,1993

18 陈式,杨立基,李学群等. 核工业固体废物现状和中低放射固体废物治理对策. 未发表,1985

【作者:陈式,郭择德,范智文,等. 载于《辐射防护》,1993,13(5):321】

核电厂中低放废物处置的全面技术准备

中低放废物处置是保证核电厂有序运行的必要条件。我国中低放废物处置的环境政策规定了“核电站产生的中低水平放射性废液固化体和中低水平放射性固体废物的暂存年限暂定为5年,今后有条件时再缩短。”目前广东中低放废物处置场的建设已进入初步设计阶段,浙江中低放废物处置场选址也即将恢复。在此时刻,各方面都应为核电厂中低放废物处置的实践做好准备。要做的工作还很多,绝不仅仅是处置场的建设问题。

本文在吸取国内外经验教训的基础上较全面地讨论了核电厂中低放废物处置的技术准备。内容包括核电厂运行中的准备工作,中低放废物处置场的建设,与中低放废物处置运营有关的问题及中低放废物运输问题等。本文将对上述方面作简要介绍及提出建议供有关方面参考。

1 核电厂运行中的准备工作

1.1 提供固体废物处置源项

核电厂放射源项可以区分为基本源项和释放源项两种含义。基本源项是指具有辐射防护意义的放射性核素在核电厂的基本物料如堆水、堆芯结构材料、乏燃料中的活度和活度浓度。所谓具有辐射防护意义的核素依任务的不同而有所不同,可以对核电厂运行、退役、放射性物质运输或废物处置分别加以考虑。不论在何种情况下,基本源项必须包括对职业人员和公众成员可能产生照射的所有核素。释放源项是指从基本源项出发并考虑了工程控制和三废治理措施的效能以后求得的放射性核素向环境释放的量或速率。核电厂运行工况下的放射性释放源项通常被理解为气态和液态流出物的释放源项。基本源项为安全分析和环境影响评价所必需,释放源项则为环境影响评价所必需。

上述对核电厂释放源项的理解忽视了核电厂固体废物的输出,也就是忽视了在废液和废气净化以及固体废物减容过程中被浓缩或浓集了的占三废所含核素总量颇大一部分的核素(这时暂不讨论核电厂乏燃料的输出)。应强调指出,核电厂的固体废物源项既是作为核电厂的输出源项,又是作为废物运输特别是废物处置的基本源项。如果不向废物处置场提供基本源项,并根据基本源项和处置系统的多重屏障效能计算出处置场向环境的释放源项,则废物处置的安全分析和环境影响评价均无法进行。

从公众照射源项的角度看,人们不仅关心核电厂通过气态和液态流出物直接向环境释放的源项,更关心核电厂通过中低放固体废物输出而在废物处置场间接向环境释放的源项。这是因为,对公众照射有长期意义的长寿命核素主要存在于低放固体废物中,只有少量存在于流出物中(这里同样不讨论乏燃料的输出)。美国联邦法规[1]列出了在中低放固体废物处置中对公众照射有意义的主要核素的清单如下:

(1)短寿命核素：^{3}H，^{60}Co，^{90}Sr，^{137}Cs。

(2)长寿命核素：^{14}C，^{59}Ni，^{94}Ni，^{99}Tc，^{129}I，发射 α 的超铀核素，^{241}Pu，^{242}Cm。

在过去几年中，我国核电厂为中低放废物处置提供的源项数据仅限于^{51}Cr，^{54}Mn，^{58}Co，^{60}Co，$^{110}Ag^{m}$，^{124}Sb，^{134}Cs，^{137}Cs 等。与中低放废物处置所考虑的核素清单对照，实际上只提供了^{60}Co，^{137}Cs 两种短寿命核素的源项数据。国外解决此问题的办法是：一方面利用核电厂废物中的短寿命核素和长寿命核素含量之间存在比例关系的事实，从短寿命核素含量推算长寿命核素含量(目前大亚湾核电厂向广东中低放废物处置场提供的源项数据就是这样来的)；另一方面则是在核电厂建立固体废物监测系统和在废物处置中建立废物包检测系统，以便通过核电厂运行积累固体废物实测数据，并核实计算所提供的数据。核实之所以必要是因为在每个特定核电厂的废物中所含短寿命核素和长寿命核素的比例可能与国外文献所载的不同。

1.2 建立完整的固体废物监测系统

目前国内正在运行的两个核电厂均设置了贯穿于废液和废气的收集、处理和排放全过程的监测系统，惟独固体废物监测系统不够完整。这种情况与不重视固体废物处置源项有关。

在核电厂运行中获取固体废物数据是核电厂运行经验反馈的重要内容之一。它的意义不仅是为了确保废物的安全处置，而且还可以为评价和改进核电厂本身的运行条件提供客观依据。固体废物的监测系统包括计量、取样和测量等几个部分，它们起自废物收集，中经废物处理直到完成废物整备。在设计固体废物监测系统时应考虑取样点的合理布置。

固体废物监测系统的主要任务如下：

(1)确定初始固体废物或浓缩物的体积和有关核素的活度浓度，以及初始废物的放射化学组成。

(2)确定废物在处理和整备过程中的体积和核素活度浓度的变化，并做物料衡算。

(3)确定废物包的特性并和中低放废物处置场的废物接收标准比较。

这些任务与后面将要提到的废物处置运营中的质量保证体系有交叉。

1.3 发展废物减容技术和确定包装容器系列

按照放射性废物管理的现代理论，放射性废物管理是以处置为核心来进行组织的[2]。固体废物处理和整备的目标就是保证废物处置的安全性和经济性，并在废物管理大系统内实现防护最优化。固体废物的减容技术和包装容器系列的选择与防护最优化有密切关系。在核电厂的设计阶段和运行阶段都应注意这个问题。目前我国核电厂使用的废物减容技术仅限于压实，还没有焚烧和高压压实技术；中低放废物包装容器正在发展钢桶系列和混凝土桶系列，还没有箱形容器系列。大亚湾核电厂采用老式的增容比很高的废树脂水泥固化技术招来了许多非议。所有这些问题的正确解决都要求开展有针对性的防护最优化研究。

除此以外，在核电厂范围内，凡是可能影响废物处置安全和防护最优化或可能影响废物处置实施的问题都应及早解决，例如废物容器尽可能装满的问题，厂内暂存和厂外运输的接口问题等。

2 中低放废物处置场的建设

2.1 广东中低放废物处置场选址工作进展

由于中国核工业总公司的重视和广东核电合营有限公司的全力支持，广东中低放废物处置场选址工作进展得比较顺利。从1991年6月开始，用了两年时间，进行了区域调查、场址初选和场址详查，完成了大量的现场勘察、现场试验和实验室试验工作。又用了一年半时间，完成了选址报告、处置工程可行性研究报告、安全分析报告和环境影响报告的编制和评审。1995年1月国家环保局环监[1995]018号文审批了场址。

2.2 对浙江中低放废物处置场前期工作的启发

我国中低放废物实行区域处置政策。已计划在核电厂相对集中的沿海地区建设广东中低放废物处置场和浙江中低放废物处置场。在人口稠密经济发达的沿海地区建设废物处置场，选址是一大难题。回顾起来，广东处置场选址有以下四条经验值得注意：

(1)从一开始就必须按照区域处置的要求进行选址。应考虑该区域内核电厂的建设规划和地理分布，尽可能靠近一个核电厂选择处置场场址，使其他核电厂废物比较容易通过以海运为主的途径进入处置场。处置容量应满足核电发展的需要。

(2)正确掌握选址标准。应综合考虑所有选址因素，例如地理位置、地质环境、交通、人口、土地利用、公众接受、水电供给等等。地质条件只是考虑的因素之一，地质条件好的不一定被选中。所选定的不必是地质意义上最佳的场址，但应是在各方面合格的场址。个别地质条件的缺陷可以通过加强工程措施来弥补。

(3)正确把握选址程序。选址的一般程序是区域调查、场址初选和场址确定。但当业主、废物产生单位或其他有关部门推荐一个在某方面具有特殊优越性而又不明显具有颠覆性意见的场址时，也可以跳越一般程序直接进行场址适宜性论证。所选定的不必是在该区域范围内最佳的场址，但应是适宜的场址。

(4)前期工作的重点应放在场址详查和安全评价上，扎扎实实地做好基础性技术工作。这在表面上是多花费了一些时间，实际上保证了场址比较顺利地通过审批，避免了在场址确定中出现大的反复甚至久拖不决的局面，从而加快了中低放废物处置场的建设速度。

3 与中低放废物处置运营有关的问题

3.1 建立废物包质量控制体系

根据国外的成熟经验，中低放废物包质量控制体系是在国家审管机构的审查监督下，由废物产生单位负责废物包质量的自控和自检，由中低放废物处置场运营单位负责废物包的登记和验收，由审管机构指定的独立的废物质量保证单位负责抽检和过程鉴定。这几个方面缺一不可。

3.2 废物包质量控制的技术准备

国外在中低放废物处置运营实践中，已经开发和应用了大量的废物包质控技术。从国外的经验出发，可以将以下各点纳入我们的准备工作计划。

(1)按照即将颁布的国家标准《放射性废物近地表处置的废物接收准则》[3]，制定每个处置场具体的废物接收标准。

(2)建立废物包的非破坏性和破坏性检验方法与设备。

(3)建立对废物处理和整备过程进行鉴定的制度与技术。

(4)建立中低放废物处置数据库和计算机网络系统。

4 中低放废物运输问题

核电厂中低放废物运输是一个比较复杂的问题,首先需要从管理体制上加以解决。有关核电厂中低放废物运输的技术准备工作,可参阅文献[4]。

参考文献

1 10CFR61. Licensing Requirements for Land Disposal of Radioactive Waste

2 中华人民共和国国家标准. 放射性废物管理规定. GB 14500-93

3 中华人民共和国国家标准. 放射性废物近地表处置的废物接收准则(报批稿)

4 陈式等. 核电厂中低放固体废物的厂外运输问题. 马明燮主编. 放射性废物管理(二). 北京:海洋出版社,1992

【载于《核电工程技术》,1996,9(2):11】

环境放射化学研究中几个问题的讨论

1 引言

环境放射化学在我国主要是伴随核设施环境影响评价和制定公众辐射防护目标的需要而发展起来的。核设施运行时通过气态和液态流出物有控制地向生态和人类环境排放少量放射性核素;运行中产生的固体废物在废物处置场也可能有控制地向地质环境释放少量放射性核素;加上核设施在事故状态下释放的核素,构成了公众照射的主要源项之一。但是,从源项到实际发生对公众的照射,还要经过环境途径这一个中间环节。利用环境放射化学学科知识和手段并与其他学科知识和手段结合,研究这些被排放和被释放的核素在环境中的行为,阐明其迁移、弥散和转移途径,浓集和稀释规律,估计其最后对公众可能产生的照射剂量,这在环境影响评价中是没有其他方法能够替代的。可惜目前这种方法还不总是在高水平上应用的。在环境影响评价中有时可以感觉到忽视化学因素的倾向,这可能导致预测的环境后果和实测的环境后果出现数量级的差别,降低了环境影响评价结论的可信度。

从公众的辐射防护看,在针对特定核设施和场址制定对公众照射的防护目标时,或者在对环境污染实施补救计划的情况下确定行动水平时,也都需要环境放射化学的支持。特别是在高放废物处置的情况下,由于直接采用剂量目标或风险目标涉及很大的不确定性,因此常常需要制定可操作性更强的次一级的防护目标,它们往往以核素经由地质介质迁移到生态环境中的量或速率来表示。这个迁移量或速率除与工程屏障效能有关外,显然与核素性状和地质环境条件有极密切的关系。当我们从环境放射化学的研究中得知在特定的环境中某些关键核素是属于易迁移核素时,则应评价场址有缺陷,或者应在工程屏障中特别设防以减少其释放量。

如果说发生在大气和江河海洋中的核素迁移在一定的条件下可以看成是以对流加弥散的物理过程为主,那么发生在岩土介质和地下水系统中的核素迁移则往往伴随强烈而复杂的化学过程。近年来我国在建设中低放废物处置场和处置设施的前期工作中,加强化学研究已经成为一种新的趋势。

怎样加强辐射环境保护中的化学研究?在文献调研和总结实际经验教训的基础上,我们提出了两个层次配置的设想。核素迁移是应用研究层次,核素与介质的相互作用和核素形态或种态(speciation)是应用基础研究层次。详细的论述见专著《中低水平放射性废物的安全处置》。本文仅对此做简要的介绍和讨论。

2 放射性核素在环境中的迁移

核素迁移系指核素在环境中随着时间推移发生空间位移的过程。对核素迁移的研究是环境保护关切的中心课题。同所有传质过程一样,核素迁移过程也是推动作用与阻滞作用这两个对立因素共同作用的结果。依环境保护任务的不同,对推动作用和阻滞作用的要求也不同。

举例来说，放射性废物处置的目的是使放射性核素尽可能多地禁锢在处置场的狭小范围内，直至其完全衰变为止。这就要求有尽可能小的推动作用和尽可能大的阻滞作用。处置场选址和处置工程设计都是为了保证这些要求的实现。又例如，在正常运行条件下核电站流出物的大气释放和海洋排放，目的是使总量和浓度均受到控制的放射性核素尽可能快地稀释到环境中去，直至其对环境和公众无害为止。这就要求有尽可能大的推动作用和尽可能小的阻滞作用，这正好与前一种情况的要求相反。核电站选址时应对大气和海洋环境做大量调研和试验工作，道理就在于此。

对放射性废物处置来说，核素迁移的主要推动作用是作为核素传输载体的地下水的流动和由核素浓度梯度引起的扩散。阻滞核素迁移则源于地质介质和工程屏障材料对核素的吸着。本文把吸着定义为吸附、离子交换、表面配合和矿化等多种阻滞作用的总和。换句话说，核素迁移研究包括输运过程与阻滞过程研究两个方面。并非所有化学过程都是对阻滞核素迁移有利的，可溶配合物或胶体形成就是例子。这样看来，为了获得对核素迁移的充分了解，必须全面地研究核素与环境介质之间的相互作用和核素在环境中存在形态的形成或转化过程。

3　放射性核素与环境介质的相互作用

仍以放射性废物处置为例。在地质介质(或工程屏障材料)、地下水和核素构成的整个体系中发生了多边相互作用。从阻滞核素迁移的角度看，可以把这相互作用的主要内容按实际发生的进程纵向分解成三个过程：水化学、核素形态转化和吸着过程。

水化学问题在近场过程研究中具有特别重要的意义。尽管地下水的性质取决于岩土介质的特性，但是人为放入的废物和工程屏障材料以及辐射场与温度场的存在，都将引起地下水成分的变化。水化学一方面决定着水中核素存在的形态，另一方面还会影响核素的吸着过程。

放射性核素从废物体进入地下水之后，它的存在形态可能因地下水中某些成分的作用而发生转化。这些作用包括水解、沉淀、形成胶体和配合物，以及氧化还原等。核素可能呈简单阳、阴离子，配合物阴离子或中性分子等溶解态，也可能以胶体粒子或微粒态存在。每种核素几乎都可以以多种形态共存于地下水中。地下水的 pH、Eh 值以及配位体与天然胶体粒子的存在都将对核素形态产生影响，而核素的存在形态对它的输运或阻滞行为又有着决定性的影响。值得注意的是，在做核素迁移模拟试验时，必须保证核素形态转化条件(例如核素的化学浓度、地下水的性状、完成形态转化的足够时间等)与真实的废物处置条件一致。否则有可能产生不同的形态转化机制，使试验结果变得毫无意义。

吸着过程不仅取决于地下水中核素的形态，还与岩土介质(或工程屏障材料)本身的特性有关。岩土介质是多种矿物成分的混合物或集合体。不同矿物有不同的吸着性能，同一种矿物也可能有不止一种吸着机制。此外，地下水成分也要参与一些固、液相反应。这就更增加了相互作用的复杂性。因此吸着过程实际上可能包含着许多平行的并可能相互竞争的反应。这些反应的总合决定了核素在两相间的分配。

吸着过程研究的最终目的是提供核素输运方程中需要的固、液相间核素分配的定量关系。表示这种关系的吸着模式，截至目前一直沿用的就是 K_d 常数模式，即用一个恒定的 K_d 值来表示固、液相间核素浓度之比。这种模式的优点是形式简单，输运方程易于求解；缺点是常常不能充分反映各种环境条件对核素吸着行为的影响。K_d 模式的基本假设是，过程可逆，平衡即时建立，吸附等温线呈线性。但实验结果表明，可逆的假定只在极个别的情况下成立，稳恒分配状态的到达通常需要几小时到几百小时不等。吸附等温线只有在极低浓度的范围内才呈线性。环境因素对吸着的影响更是多种多样，而核素迁移经由的地质环境在很大的时空范围内也绝不是恒定不变的；这些在 K_d 模式中则完全没有得到反映。

为了提高对核素迁移预测的可靠性，近年在对吸着过程实验研究继续深入和拓宽的同时，在改进的模式开发方面也取得了不少进展。例如，针对阳离子的竞争影响，按离子交换机制提出了质量作用模式；针对吸着的非线性，提出了几种吸附等温线模式；针对有限的吸着过程速率，提出了动力学模式等。这些模式的应用都曾取得部分的成功，但这些成功只限于对某一个方面的改进。

新近成为研究热点的是建立在表面配合理论基础上的表面配合模式，这被有些人认为有可能成为最全面、完善的模式。因为它所依据的是物理化学原理，而不是从实验中得到的经验参数，并且可以包容多种反应机制，以及从固相的化学和物理特征到液相的各种性质与成分等因素的作用。但在核素吸着领域中，它成功应用的实例还不多。原因之一是它需要的数据太多，特别是它要求对固体性质的详细表征，这在目前是很难做到的。另一方面，将这种复杂的模式引入输运方程，将给计算求解带来很大困难。所以，现在普遍应用的仍是 K_d 模式。一种有代表性的观点是，分段使用的 K_d 模式仍不失为一种较好的近似，但在选择 K_d 值时要十分谨慎，应能保证处置效能评价结果具有足够的安全裕度。

通过对以上废物处置中发生的相互作用过程的剖析，形成了对一般相互作用过程的新认识，即不仅核素与环境介质的相互作用可能影响核素迁移，而且各环境介质之间的相互作用也可能对核素迁移产生显著的影响。如果所考虑的环境介质包括水、固、气、水生生物和陆生生物，则上述两类相互作用可呈现更为复杂的景象，如图 1 所示。在核素与环境介质的相互作用方面，实线 1 表示核素向地下水释放，及随后可能发生的吸着和解吸过程；实线 2 表示核素向海洋释放，及随后可能发生的向水生生物、固体悬浮物或海底沉积物转移或局部富集的过程；

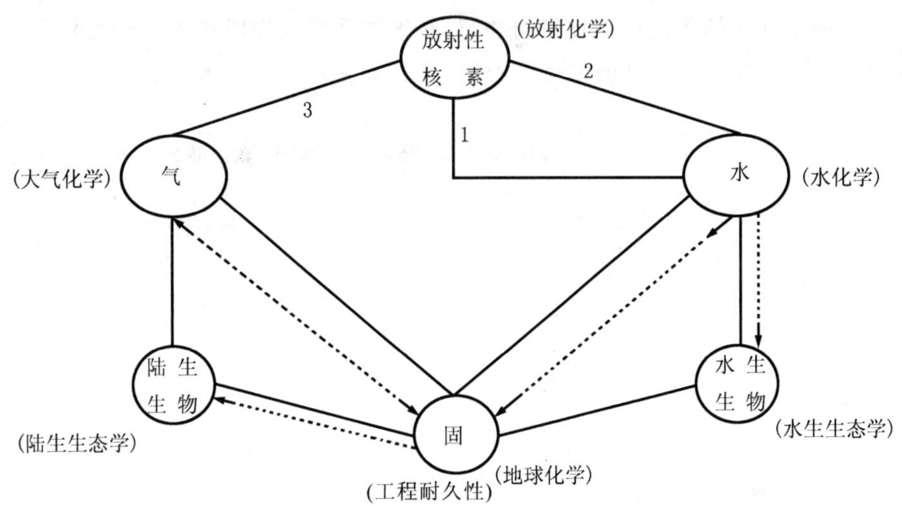

图 1　放射性核素及各环境介质间相互作用示意图

—— 一核素与环境介质的相互作用；……　各环境介质之间的相互作用；

1—与放射性废物处置有关的相互作用；2—与核电站正常运动条件下海洋排放有关的相互作用；

3—与核设施正常运行和事故条件下大气释放有关的相互作用

实线 3 表示核素向大气释放，及随后可能发生的向地面或植物叶面沉积、再悬浮或被植物吸收并转移至整个陆生生物的过程。在各环境介质之间的相互作用方面，虚线表示可能影响核素迁移的几种主要相互作用及研究这些相互作用的学科领域，它们分别是水化学、地球化学、大气化学、工程耐久性研究、水生生态学和陆生生态学等。

4　放射性核素在环境中的存在形态

为了更精确地阐明相互作用的机制，应开展放射性核素形态研究。它涉及形态定性分析、形态定量分析和形态转化研究。其中形态转化是相互作用的结果，已在前面讨论。

目前形态研究主要集中于超铀元素，这是因为超铀元素的化学行为非常复杂的缘故。从放射性废物处置的需要来看，除了超铀元素以外，其他长寿命核素在环境中的形态和行为也应是研究的重点。

从理论上讲，核素形态分析与水化学问题都可通过涉及众多反应的化学热力学计算得出结果。国外已经建立了这样的计算程序和数据库。但遗憾的是所需的热力学数据常常收集不全。因此核素形态分析主要依靠实验方法。微粒态的分析可通过超滤、渗析或超离心方法来分离或分级，然后通过放射性测量确定其分布。溶解态的核素形态的分析方法大致可分为两类。一类是把各种可能的形态分离开来，再确定放射性在各分离产物间的分布。另一类是不经分离，直接从水相中鉴别和测定。在这方面分光光度法有广泛的应用。为了适应特殊的需要，也开发了一些新的技术，如激光诱导光场光谱法等。

5　结语

与环境保护有关的核素迁移的实用研究在放射性废物处置和核设施流出物控制排放等需求的牵引下正在方兴未艾地向前发展。它需要应用基础研究的支持。为了克服目前在核素迁移研究中或多或少存在的忽视化学过程的缺憾，必须加强相互作用和核素形态的研究，使核素迁移研究走向深入。在核素迁移的模拟试验中，特别要注意从化学角度改善实验设计。

【作者:陈式，马明燮.　载于《辐射防护》,1997,17(2):109】

放射性废物管理的现代理论与中低放废物处置

1 辐射防护与安全原则是放射性废物管理的科学基础

电离辐射照射对人的健康危害涉及两类生物学效应，即确定性效应（器官或组织丧失功能）和随机性效应（致癌或遗传效应）。健康危害的发生通常经历辐射来源（以下简称“源”）——环境途径——辐射照射——生物学效应的过程。辐射照射可区分为职业照射、医疗照射、公众照射、潜在照射、应急照射和持续照射等不同类型。照射的多少可用剂量来度量。在随机性效应中，辐射致癌的概率大致正比于剂量，而确定性效应的发生则有一剂量阈值[1]。

辐射防护是保护人类免受或少受电离辐射危害的一门科学。在人类与辐射危害斗争的一百年间发展起来的辐射防护原则提供了保护人类的适当标准和控制手段，以防止辐射照射引起确定性效应的发生和减少随机性效应的诱发，同时又不过分限制有益的伴随照射的实践。

事情还有另外一个侧面，即“源”的安全。采用适当的安全原则可以使源始终保持在正常的可控制的状态，有把握地预防事故的发生，万一发生了事故也可以缓解事故的后果。这样看来，为避免辐射危害，必须全面掌握防护与安全两样武器，而保证源的安全最终仍是为了保护人类及其环境。

经过多年研究与经验的积累，由国际放射防护委员会（ICRP）和国际核安全咨询组（INSAG）分别制定的防护与安全基本原则[1,2]已被写进《国际电离辐射防护和辐射源安全的基本安全标准》中。简要地说，防护与安全的基本原则是[3]：

- 实践的正当性；
- 个人剂量与危险限值；
- 防护与安全最优化；
- 干预的正当性和干预措施最优化；
- 安全的主要责任；
- 安全文化素养；
- 纵深防御；
- 优质管理。

这些防护与安全原则同放射性废物治理有什么关系呢？放射性废物治理是一类伴随照射的实践。该实践的正当性是在整个核能和核技术应用的范围内被确认的。在正常的治理过程中，职业员工要接受职业照射，公众成员要接受公众照射，这些均应遵循个人剂量限值和防护与安全最优化原则。在放射性废物处置中，公众成员还面临潜在照射，应遵循个人危险限值原则。在废物治理设施发生严重事故的非常情况下（例如前苏联发生的高放废液贮存罐爆炸事故），职业员工和公众成员均遭受应急照射，由此引出干预的防护原则的应用。对以往事件的放射性残余物或核设施退役的终态，存在对公众的持续照射的防护问题有待解决。放射性废物治理设施本身也存在保证安全的问题，应遵循所有列出的安全原则。对放射性废物管理来说，除了上述八项防护与安全基本原则外，豁免原则也具有基本意义。

防护与安全原则在作为放射性废物治理“软件”的放射性废物管理中获得了广泛的应用，它深刻地改变了放射性废物管理的面貌，使之在管理目标和原则、政策和法律、组织系统和运行机制、控制手段和评价方法等方面更加科学化和定量化。可以说，防护与安全原则已经成为放射性废物管理的科学基础。

从防护与安全基本原则中派生出来的放射性废物管理原则对实际工作具有重要的指导作用。它表明在放射性废物管理中，必须把防护与安全问题摆在首位。由 IAEA 制定的放射性废物管理九项原则是[4]：

原则一　保护人类健康；

原则二　保护环境；

原则三　考虑境外影响；

原则四　保护后代；

原则五　不给后代留下不适当的负担；

原则六　建立国家法律框架；

原则七　放射性废物最少化；

原则八　废物产生与治理各步骤之间的相互依赖；

原则九　废物治理设施安全。

需要强调指出，本文对中低放废物处置问题的讨论不是孤立的和就事论事的，而是以防护与安全基本原则和放射性废物管理原则为依据的，是从整个中低放废物管理的实际需要出发的。

2　放射性废物管理的现代理论

2.1　对中低放废物处置地位和作用的思考

我国在多年实践过程中为丰富和发展放射性废物管理原则做出了独特的贡献。1993 年发布的国家标准《放射性废物管理规定》除遵循普遍适用的放射性废物管理原则外，还增添了我国特有的两项原则[5]：

(1)必须保证放射性废物治理设施与主体工程同时设计、同时施工、同时投产。这就是来源于我国环境保护法的著名的“三同时”原则。它可以看成是属于九项原则中原则六的内容。它的实施将使放射性废物治理获得可靠的物质基础。

(2)废物管理应以安全为目的，以处置为核心。这项原则可以看成是从原则八和原则九中引申出来的，通常把它视为对放射性废物管理现代理论的通俗表述。由于我国放射性废物治理的主要问题仍然是管理落后，因此在管理理论上的突破必将对改进放射性废物管理，特别是中低放废物管理产生重大影响。

早在 20 世纪 70 年代末和 80 年代初，我国就开始认真考虑中低放废物处置的必要性和迫切性问题。当时的情况是我国核工业已经建立了比较完善的放射性废气和废液净化系统，并实施了流出物的排放控制，使我国核工业得以保持良好的环境记录。但是放射性废物治理走到浓缩废液和固体废物的贮存这一步就停滞不前了，这明显地暴露了长期以来只重视废气和废液的处理与排放，不重视固体废物的整备和处置的弱点[6]。由此付出的代价包括某些中低放浓缩废液贮存罐出现泄漏和暂存的固体废物找不到出路，事实上多数固体废物已很难回取转运，暂存库变成了在长期安全上缺乏保证的永久贮存库，并造成了少量废物丢失流散，扩大了污染面。有关人士曾经不断地呼吁转变观念，“用以处置为中心，包括废物的产生、前处置和处置在内的全面放射性废物管理代替以临时贮存为终点仅包括收集、(处理)和贮存的废物管理”[7]。这一任务到20世纪90年代处置场陆续建成后才有可能完成。

1985年对核工业放射性固体废物现状的全面调查使人们的认识前进了一大步。调查报告[8,9]确认了固体废物管理是我国核工业放射性废物管理中的薄弱环节，指出固体废物管理落后的原因是缺少作为科学管理基础的法规标准和没有把中低放废物处置抓上去。关于中低放废物管理和中低放废物处置的关系问题，调查报告这样写道：“中低放固体废物管理的目标应该是实现安全和经济的废物处置。固体废物的全部管理活动都要围绕和服从这一目标。建立中低放废物区域处置场不是一项孤立的政策，它同中低放固体废物整个管理工作有着密切联系，甚至规定和制约着固体废物管理的其他政策。”调查报告把设置废物暂存期限作为废物处置发挥其规定和制约作用的一个实例，并指出：“正是由于没有实施废物处置，使中低放固体废物管理在某种意义上成了没有目标的活动。”关于中低放废物处置的地位和作用，调查报告指出：“现在看得很清楚，惟有抓住中低放废物的处置，才能够带动整个中低放固体废物的管理工作，就像当年抓住废液和废气的控制排放和环境保护曾经促进了废液和废气的净化系统的建设那样。”关于中低放废物处置同其他废物治理步骤之间的关系问题，调查报告提出了二十八字方针的建议，后来在编制国家标准时发展成为放射性废物管理的四十字方针，即：“减少产生，分类收集，净化浓缩，减容固化，严格包装，安全运输，就地暂存，集中处置，控制排放，加强监测[5]。”中低放废物治理各步骤如何以处置为核心？调查报告用图1来说明，调查报告进一步指出：“应当为中低放废物区域处置场制定一个废物接收标准，规定废物体和废物包装的性能要求，不符合要求者拒绝接收，规定废物分类计价和按体积收费。这些规定将大大促进各企业在控制废物产生量上和在废物分类、减容、去污、回收、固化和包装等方面下功夫。”

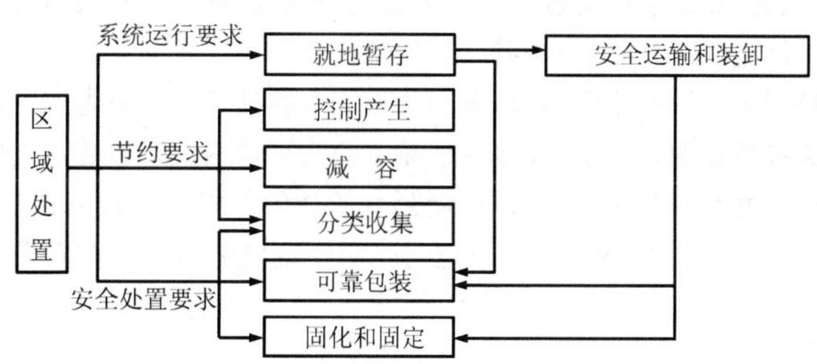

图1　中低放废物治理各步骤如何以处置为核心示意图

中低放废物处置的这种特殊地位和作用，在有丰富处置实践经验的国家中是普遍意识到了的。例如当法国人把他们在中低放废物处置中建立的废物包跟踪系统称为“管理工具”和“芒什处置场二十几年运行经验的结晶”[10]时，他们已经充分看到了废物处置与废物管理之间的特殊联系。

20 世纪 90 年代初，我们一方面吸收了国外的先进管理经验，另一方面又认真学习了 ICRP 第 60 号出版物以来有关辐射防护与安全的指导原则，逐步形成了完整的放射性废物管理理论。

2.2 放射性废物管理理论的形成

(1)释放源项控制论

核设施的辐射防护源项有基本源项和释放源项之分。基本源项通常是指在该核设施的基本物料中所包含的具有辐射防护意义的所有放射性核素的活度和活度浓度。所谓具有辐射防护意义的核素是指依据对该核素的源项、途径、剂量、效应的具体了解而断定在辐射防护中必须加以考虑的核素。基本源项包括可能产生职业照射和公众照射两种情况，而仅与公众照射有关的源项则被称为释放源项。核设施的释放源项通常是指从基本源项出发并考虑了工程控制和三废治理措施的效能以后求得的放射性核素向环境释放的量或速率。放射性废物管理的主要任务就是对释放源项施加控制[11]。

在核设施运行状态下，存在着气态和液态流出物向环境释放的源项。这一部分释放源项与中低放废气和废液处理系统的效能有密切的关系。除此以外，核设施还输出中低放固体废物，它提供了中低放废物处置场的基本源项。人们可以根据该基本源项和处置系统的多重屏障效能计算出处置场向环境释放的源项。这一部分释放源项显然与中低放废物整备系统的效能有关。值得注意的是，人们不仅关心核设施通过流出物直接向环境释放的源项，更关心核设施经由废物处置间接向环境释放的源项[11]，因为对公众照射具有长期意义的长寿命核素在中低放固体废物中存在的量远大于流出物。由此必然要求核设施的运营者必须同样重视废气、废液和固体废物的治理。

ICRP 第 60 号出版物指出："对公众的照射应当在源的地方控制，只是在这些控制不能有效时，才应对环境及个人施加控制。"[1]这里所说的"在源的地方控制"，包括了放射性废物管理对释放源项的控制在内。

ICRP 提出的对公众照射的控制原则对放射性废物管理具有重要的指导意义。大家知道，放射性废物处置（包括流出物排放）既是放射性废物治理过程的终点，又是一个环境过程即放射性核素向环境释放、迁移、生态转移、最终作用于人体这样一个长过程的起点。

在释放的源头进行控制，也就是在处置或排放作为所述两个过程连接点的地点进行控制，上可以带动整个放射性废物管理，下可以控制公众所受的照射。这样就构成了放射性废物管理理论的核心部分[11]。在废物处置的地方进行控制还直接引出了处置安全问题，形成了一系列处置安全准则。

(2)管理工具论

放射性废物处置具有两重性，既是技术作业，又是管理工具。处置作为技术作业时自然归属于放射性废物治理的硬件部分。处置作为国家的管理工具时便具有特殊的管理含义，它将对企业废物的产生、废物流的特性检测、废物的预处理、处理、整备、运输和贮存等所有前处置作业起到一种规定、制约和把关的作用。要做到这一点，就必须使废物处置场保持相对独立性。

关于处置的管理含义，前面已经讨论得很多，这里就不再重复了。

(3)桥梁论

处置在放射性废物管理中除作为国家的管理工具以外，还可以起到一种沟通放射性废物宏观管理和微观管理的桥梁作用。

国家对放射性废物的宏观管理主要是建立国家的法律框架体系，其中包括审管体系，在此基础上强制执法，并引导运营者的微观管理行为。一般来说，国家并不对"围墙内的"放射性废物微观管理直接进行干预。因此放射性废物的处置或排放场所就成了微观管理和宏观管理的直接碰撞点，在这个点上的执法行动体现了国家的利益。但是包括核设施在内的废物产生单位的运营者并不限于被动地接受国家的审管。微观管理和宏观管理的大目标本来就是一致的；废物处置本身也是废物产生单位的运营者的利益所在，因为如果不考虑废物处置，运营者是无法实现放射性废物的优化管理的。核电站产生了最大数量的中低放废物。一个精明的核电站运营者可能会想到把邻近的中低放废物处置场"当作"自己的"展览橱窗"，以展示核电站放射性废物治理的业绩。通过以上分析，处置场这个碰撞点又可以化为沟通与合作的桥梁。

在防护与安全基本原则的实施过程中，存在着三个有形的实施体系，即审管体系（主要对应于预防状态），现场防护与安全体系（对应于运行状态）和事故应急体系（对应于事故应急状态）[1,11]。它们之间的区别主要是内在动力不同。审管体系集中体现了国家的强制性要求；现场防护与安全体系反映了运营者自觉追求企业良好形象的努力；而事故应急体系的启动无论对谁来讲都只能是一种被迫的自卫行动。这三个体系从职责上讲要有明确的分工，避免不必要的重复；从作用上讲又要相互配合，特别是审管体系和现场防护与安全体系具有很强的互补性。两个积极性总比一个积极性好，尽管现场防护与安全体系是在审管体系的指导和约束下起作用的。本章所述"管理工具论"是属于审管体系范围内的东西，而"桥梁论"则是属于现场防护与安全体系范围内的东西。

废物产生单位的运营者通过处置这座桥梁所获得的信息反馈对于改进本企业的放射性废物管理是很有价值的。在没有处置时，企业的放射性废物管理只能是片面的。有了处置以后，企业将进入一个包含了废物处置在内的全面的放射性废物管理新阶段。新阶段的第一个特点是逐步实现放射性废物治理系统的整体优化，这包括优化本企业在放射性废物管理方面的安全环保目标，如流出物中放射性核素的排放量以及废物包的企业安全标准等。经过审管机构认可的企业管理目标通常都比国家标准要求更严，这也与企业树立自身安全环保形象的努力有关。整体优化还包括寻求降低废物治理总费用（即前处置费用加处置场收费）或降低每单位电能生产所需废物治理费用的最佳方案。此时企业将更加注意废物最少化。但废物包的产生量（体积）不可能无限制减少，这取决于整体优化的结果。实现整体优化一靠技术进步二靠改善微观管理，这是法律强制解决不了的问题。废物管理新阶段的第二个特点是建立和完善企业内部和外部相结合的涉及放射性废物管理全过程的质量保证体系[12]。该体系是在审管机构的监督下，由废物产生单位负责从废物产生到整备过程的自控和自检，由中低放废物处置场运营单位负责废物包的登记和验收以及处置过程的质量控制，由审管机构指定的独立的质量保证单位负责废物包和废物流的抽检，由一个综合的质量保证小组负责废物产生单位和中低放废物处置场全过程的现场检查。在这里，处置的桥梁作用也得到了充分的体现。

2.3 新的中低放废物管理模式的实施

国家对中低放废物处置环境政策[13]的颁布，使得建立在放射性废物管理现代理论基础上的新的中低放废物管理模式开始进入实施阶段。该政策明确规定了“尽快固化暂存的放射性废液”,“原则上不批准核电站设置废液长期暂存罐”,“限制中、低水平放射性废液固化体和中、低水平放射性固体废物的暂存年限,核电站产生的中、低水平放射性废液固化体和中、低水平放射性固体废物的暂存年限暂定为五年,今后有条件时再缩短”。这些规定正式宣告了废物治理“以贮存为终点”的那一段历史的结束,暂存年限成了实施中低放废物处置的强有力的政策杠杆。该文件还要求组建专门管理机构“负责中、低水平放射性废物区域性处置场的选址、建造和运营”,“处置场的管理机构应相对独立,财务上独立核算”,“国务院和各省、自治区直辖市人民政府的环境保护行政主管部门,负责监督中、低水平放射性废物的处置活动”。现在处置场的管理机构已经成立并开始工作,运行机制也在建立之中。这项国家政策声明在促进我国中低放废物管理走上现代化和法制化的轨道方面起了关键性的作用,今后还应以立法形式巩固这方面的成果。

参考文献

1 国际放射防护委员会. 国际放射防护委员会 1990 年建议书. ICRP 第 60 号出版物. 李德平等译. 北京:原子能出版社,1993

2 INSAG. 核动力厂的基本安全原则. IAEA 安全丛书 No. 75-INSAG-3. Vienna:IAEA, 1991

3 FAO,IAEA,ILO,et al. 国际电离辐射防护和辐射源安全的基本安全标准. 安全丛书 No. 115. 维也纳:国际原子能机构

4 IAEA. The Principles of Radioactive Waste Management. Safety Series No. 111-F. Vienna:IAEA, 1995

5 中华人民共和国国家标准. 放射性废物管理规定. GB 14500-93, 1993

6 陈式. 我国放射性废物治理的历史回顾和展望. 环保通讯,1986, (4):42

7 潘自强. 在辐射防护和安全中一些概念的转变. 辐射防护,1994, 14(1):1

8 陈式,杨立基,李学群等. 核工业放射性固体废物现状和中低放固体废物治理对策. 核工业部安防局放射性固体废物调查组调研报告. 1985

9 陈式,杨立基,李学群等. 中低放固体废物管理和处置政策探讨. 见:潘自强主编. 放射性废物管理. 北京:原子能出版社,1987

10 Ermique J C, Boucharel J L. The new Low-Level Waste Disposal Site in France “Center De L' AUBE” from Site Selection to Operation: A Ten-Year New Experiment. Beijing: NIC92-Nuclear Industry. China 92, March 19～23

11 陈式. 辐射防护新概念对放射性废物管理的启发意义. 辐射防护,1996, 16(4):258

12 陈式,郭择德,范智文等. 中低放废物的安全处置与评价. 辐射防护,1993, 13(5):321

13 国务院批转国家环保局. 关于我国中、低水平放射性废物处置的环境政策. 国发[1992]45 号, 1992

【载于陈式,马明燮等著. 中低水平放射性废物的安全处置(第二章). 北京: 原子能出版社,1998】

中低放废物处置的技术发展和技术安全准则

1 中低放废物处置的基本概念

本书所指的中低放废物是短寿命中低放废物的简称。它所包含的短寿命核素的半衰期一般都小于 30 a,^{90}Sr 和^{137}Cs 被包括在短寿命核素范围内。短寿命中低放废物也可能含有不超过规定活度浓度限值的长寿命核素。

废物处置的基本含义是:(1)被处置的对象为符合处置要求的废物包;(2)需要按审管要求在选定的场址上建设一个符合安全要求的处置设施;(3)废物处置活动必须经过审管部门批准;(4)处置意味着不打算回取废物;(5)处置系统的功能是保持废物与人类环境长期有效的隔离。这里所说的隔离包括限制废物中的放射性核素向环境释放和保护废物不受环境过程的影响两重含义在内。所要求的隔离期限决定于废物中主要核素及其子体的半衰期。

对中低放废物处置来说,一般要求其有效隔离期限为 300～500 a,即相当于主要的短寿命核素 10 个以上半衰期的期限。实际上由于地质屏障的作用,有效隔离期限会更长一些。中低放废物处置所要求的隔离程度并不是零释放,而是指不会导致不可接受的剂量和危险水平。中低放废物处置对公众成员的剂量和危险约束值,构成了中低放废物处置的定量化安全目标。

在世界各国,中低放废物处置技术经历了长期探索,积累了丰富的经验。至 1981 年,IAEA 安全丛书 216 号推荐了放射性废物类别与其处置技术之间的经验关系。它指明短寿命中低放废物适宜浅埋处置和岩洞处置,也可考虑水力压裂、深并注入和深地质处置[1]。近年来普遍的做法是短寿命中低放废物采取近地表处置。近地表处置是在具有几米厚的覆盖层的地表上或地表下,或者在地表下几十米的岩洞中,带工程屏障或不带工程屏障的废物处置[2]。

2 中低放废物处置技术的发展概况和经验教训

2.1 中低放废物处置技术发展概况

放射性废物填埋活动开始于 20 世纪初。当时,放射性物质加工产生的放射性废物大多就地填埋,并未考虑这些废物可能造成的健康和环境危害。到 1979 年 6 月,仅在美国已发现 30 余处 1920 年之前的放射性废物填埋场、点。1920 年之前,人类对放射性的认识只基于对镭放射性的认识,那就是:放射性镭有益于健康治疗。因而,很大程度地忽略了放射性危害。直到后来,人类才逐渐认识放射性造成的危害;而认识到放射性废物需要与环境隔离则是更晚的事情[3]。

大规模的、现代意义的放射性废物处置开始于 20 世纪 40 年代的美国。主要处置方式有陆地简单浅埋处置和海洋处置两种方式。

所谓放射性废物海洋处置,通常指低水平放射性废物的海洋倾倒,即将科研、医疗、核燃料循环中产生的各种低水平放射性废物的水泥固化体或沥青固化体,装在特制的金属桶中倾倒入海洋。1946 年美国在离加利福尼亚海岸 80 km 的东北太平洋中，进行了世界上的第一次放射性废物海洋倾倒。1946～1969 年，美国在太平洋 5 个地区共倾倒了55 389桶放射性废物；1949～1967 年，在大西洋 5 个地区倾倒了34 083桶放射性废物。英国从 1949 年开始至 1982 年，共倾倒73 530 t放射性废物。前苏联在彼得堡以北的海域也倾倒了大量放射性废物；法国曾在海洋中倾倒过放射性废物，并于 1979 年停止倾倒。英国、荷兰、比利时、瑞士等西欧国家，在欧洲共同体机构的监督下，主要将放射性废物倾倒在离欧洲大陆架 500 多公里的大西洋中，其面积约4 000 km^2，平均深度约4 400 m。日本在 1965～1968 年、韩国在 1968～1972 年也都不同程度地进行了放射性废物的海洋倾倒。目前已知的最后一次倾倒是 1982 年发生在离欧洲大陆架 550 km 的大西洋中。在 1946～1982 年的 36 年中，估计约有相当于 63 PBq 的放射性废物倾倒入太平洋和大西洋的 50 多个地区。1983 年，伦敦倾废公约第七次缔约国协商会议通过决议实行自愿停止放射性废物的海洋倾倒。然而，这次会议对是否终止放射性废物的海洋处置仍然悬而未决。目前，对放射性废物海洋处置的环境影响仍然是一个未知数，一方面目前还没有发现过去的低放废物海洋倾倒对环境造成危害；另一方面，也没有能证明放射性废物的海洋倾倒确实是无害的证据[4]。

陆地浅埋也即浅沟埋藏。最早的浅埋处置场是由美国联邦政府建造的，用于核武器研制和与之相配套的核燃料生产过程中所产生的放射性废物的处置，我们称其为军用放射性废物处置场。这些早期处置场在建造时并未预料到会发生核素迁移，也很少去关注废物的包装方式、浅埋场的水文和地质特征、浅埋沟的回填和覆盖。

当发现许多早期处置场有放射性核素泄漏和增加了对放射性废物危害的认识后，人们开始重视放射性废物的处置方式。1962～1971 年，美国有 6 个商用放射性废物处置场相继投入运行。尽管当时选址要求并不很严格，但已采取了一些措施以提高处置场的隔离能力，如在潮湿地区选择细粒级、低渗透性的介质中建造处置场，用壤土和黏土等细粒级土进行回填和覆盖。通行的做法是用能够阻止水入渗的材料做覆盖层和将废物埋在能阻滞水流和放射性核素迁移的介质中。其后出现了一些新的问题，如顶盖塌陷和浴盆效应等。目前，6 个商用放射性废物处置场中 4 个已相继关闭和停止接收废物，而其中有 3 个处置场是由于运行和安全原因不得不提前关闭的。

不难看出，早期的处置场的主要处置方式是陆地简单浅埋，没有严格的废物包装要求，也没有对回填和覆盖层给予重视，处置的效果决定于处置场址本身的自然条件，所以可称其为“场址决定型处置”。

1969 年法国芒什处置场开始运行。初期，在浅沟中放置塑料和沥青衬垫，后又发展成混凝土构筑物和水泥浇注回填的一体化工程设施，有严格的回填、覆盖和排水要求。这标志着中低放废物处置进入一个新的发展时期，成为一种新的处置方式。这种处置不仅依赖于场址本身，也依赖于一系列工程措施，称其为“多重屏障处置”。这时的多重屏障由天然屏障和工程屏障两种构成。随后，加入了管理控制，从而成为现在的放射性废物多重屏障概念。

此外，一些国家还根据本国具体情况，对中低放废物实行岩洞处置。岩洞处置可分为两种类型，一是为废物处置专门开挖的岩洞，如瑞典的 Forsmark，芬兰的 Olkiluoto 和 Lnviisa，及挪威的 Himdalen；二是利用废矿井，如德国的 Konrad 和 Morsleben，捷克的 Richard 等[5]。

随着处置经验的积累和处置技术的发展，在 20 世纪 80 年代，中低放废物处置技术进入优化发展的阶段。在充分考虑场址自然条件的基础上，以安全处置为目标，从系统的角度设计和评价中低放废物处置方案，优化处置结构，提出了适宜于不同自然条件的各种近地表处置工程方案。在保证安全目标的前提下，实现废物处置的经济性。

2.2 美国的中低放废物处置

美国是进行中低放废物处置最早的国家。从放射性活度浓度看，本书所说的中低放废物在美国均划归为低放废物。美国的低放废物来源于两大方面，一是军事核工业，包括用于核武器试验的浓缩铀的生产，反应堆运行，乏燃料后处理，钚提取和武器制造过程，以及有关设施的退役；二是民用核工业，包括核电站运行，核燃料生产和乏燃料后处理的核燃料循环过程以及放射性同位素生产和应用。军工放射性废物由美国能源部负责管理，美国核管理委员会负责非军工放射性废物的管理[6]。

美国能源部所属主要的核科研和生产基地几乎都建有低放固体废物浅埋处置场，其中规模较大的有以下六个：汉福特、橡树岭、萨凡纳河、洛斯阿拉莫斯、内华达和爱达荷处置场。

早期美国核军工，如在汉福特基地，为了节省费用，曾将低放废液直接倾倒入土壤中。庆幸的是这种处置方法很快就停止了[7]。

在 1959～1960 年间，美国在橡树岭进行了低放废液的第一次水力压裂试验。利用此方法，在 1966～1979 年间，共试验性地向地下 200～300 m 的页岩层中注入了8 800 m^3的低放废液水泥浆，放射性总活度为 2.37×10^{17} Bq[8]。这种方法在 1982～1984 年运行期间发生过井下事故和发现地下水污染[9]。现已停止处置作业。

在 1970 年之前，美国并没有明确的超铀废物定义，因此对这类废物未加限制，与低放废物不加区别地采用浅埋方式进行处置。据 1993 年统计数据，与低放废物一起处置掉的这类废物共计 1.27×10^5 m^3，构成了较大的潜在危险。以致现在不得不对这些场址采取非常昂贵的补救行动。1970 年，美国原子能委员会对超铀废物给出明确的定义，并决定从 1970 年开始对这类废物采取严格的管理措施，从此这类废物被单独暂存以待处置[10]。

1962 年，美国的第一个商用低放固体废物处置场投入运行，到 1971 年共建成六个商用放射性废物处置场。它们是贝蒂处置场(1962～1992)、里奇兰处置场(1965～至今)、巴威尔处置场(1971～至今)、西谷处置场(1963～1975)、迈克西洼地处置场(1963～1977)、谢菲尔德处置场(1967～1978)。这些处置场基本上是简单浅埋处置场，尽管已做了部分改进。

美国早期的处置场在选址、设计、建造和运行管理方面并不十分严格，处置标准偏低。从总结经验教训的角度出发，本文归纳了美国早期简单浅埋处置场存在的以下问题。

①一些低放废物包装简陋，采用木箱、硬纸板箱包装；有的废物未压实；填埋操作有时采用倾倒式；废物包之间无回填；顶部覆盖土未夯实。这是造成处置设施顶盖塌陷的主要原因，并使废物中的放射性核素易于被入渗水浸出。

②在美国的 6 个商用低放废物处置场中，除巴威尔和贝蒂处置场以外，其余 4 个处置场均建于低渗透性沉积层中，在选址和设计上均未能保证沟底的下渗量大于地面的入渗量；有的处置场覆土太薄，且无表面植被；有的缺少良好的排水设施；有的地处干旱地区，由于覆盖的黏土层龟裂而造成降水入渗。这些都是形成浴盆效应的主要原因，并使污染了的入渗水直接从地表排出，而未能充分利用地质介质对核素的滞留作用。

③简单浅埋处置场缺乏抗侵扰能力。美国曾发生多起由于埋藏的废物被挖掘而暂时中止运行许可证的事件就是明证。

④1963 年以后，美国的商用中低放废物处置场改由私营公司经营。废物处置的商业化造

成了公众的不信任。某些处置场发现少量的^{3}H、^{90}Sr等核素的迁移加剧了这种不信任。

1982年美国核管会颁布了"放射性废物陆地处置的审批要求(10CFR61)"[11]。并在1990年发布了修订版。该法规比较具体地规定了放射性废物陆地浅埋处置的效能目标、处置场场址适宜性要求、处置场设计、建造、运行和关闭、处置场环境监测、废物的分类和废物特性等技术要求。该法规的颁布是美国放射性废物陆地浅埋处置的里程碑。对于陆地浅埋处置设施的运行准则和效能目标,在美国能源部条例5820.2A中也有了明确规定。

由于6个商用处置场中有4个相继关闭,使得处置场址从地理上分布不合理;同时也由于公众增强了对放射性废物处置安全的关注,造成放射性废物处置费用的提高。因此在1980年美国国会通过了低放废物政策法,并于1985年通过低放废物政策修正案,该法规定各州自己或联合其他州解决所辖区内产生的商用低放废物处置问题[12]。美国中低放废物处置的发展表明,对于一个国土面积较大的国家,宜采用相对集中的区域性中低放废物处置政策。

1993年9月16日,美国加利福尼亚州卫生厅批准了美国生态学有限公司在该州沃德谷(Ward Valley)建造和运行一座低放废物处置场的申请。这是美国从1971年以来批准的第一座低放废物处置设施[13]。以此为起点,美国走上了加强处置设施工程屏障的道路。

2.3 法国的中低放废物处置[14]

在法国,放射性废物处置场与核电厂完全一样,被看成是一个基础设施,这就导致了各种官方机构的参与。主要有中央核设施安全局(SCSIN)、核安全与辐射防护研究所(IPSN)、中央电离辐射防护局(SCPRI)和国家放射性废物管理局(ANDRA)。

国家放射性废物管理局是根据法国经济部、预算部在1979年11月7日联合发布的命令成立的。它是法国原子能委员会内的一个公务部门,是法国管理放射性废物的国家机构。1991年12月,法国议会通过了有关放射性废物管理的法令,该法令改变了国家放射性废物管理局的地位,使其成为法国政府拥有的公益性公司。

法国对低放废物实行集中处置的方针。1969年芒什处置场投入运行,全国的低放废物都运到该地处置。由于该处置场即将填满,法国的第二个处置场——奥布处置场已于1992年开始接收废物。预计在今后30年内,法国的所有低放废物将运往该地处置。

芒什处置场是法国的第一个低放废物处置场,它位于巴黎西北400 km的瑟堡附近,与法国阿格后处理厂为邻。

芒什处置场从1969年开始接收废物,最初由私有的Infratoome公司根据与原子能委员会签订的合同运营。1979年,国家放射性废物管理局成立,芒什处置场从此由这一新成立的国家废物管理局负责运营。

芒什处置场占地12公顷。最初用处置沟处置废物,即将废物放入内衬塑料、表层浇注沥青的沟里。国家放射性废物管理局接管处置场后,逐步修改了芒什处置场的处置方案。它发展了坟冢(或土丘)和混凝土构筑物与水泥灌浆浇注的一体化工程屏障概念。放射性活度浓度比较高的短寿命废物,或其包装本身不能提供适当包容的废物,都放置在地表下混凝土构筑的处置室里。每一层都浇灌水泥浆,最上一层为钢筋混凝土盖板。这种一体化处置工程设施成对建造,并有2 m的间隔,以存放任何放热的废物包。整个构筑物建在水泥底板上,在底板设有侵入水收集和排放系统。

放射性活度浓度较低的和已适当整备的废物堆放在上部混凝土盖板上。经水泥固化的废物体容器沿盖板边堆放并构成围墙,这样又构成可存放抵抗力差一些的桶的隔室。放置废物后，用回填材料填充形成坟冢状堆积物，然后在堆积物上盖一层黏土，此外，这里也设有收集雨水或可能渗入的任何水的排放系统。这样，这种堆积物便形成坟冢或土丘，最后在其上面覆盖一土层并加以植被。整个处置设施为半地下处置工程结构。

芒什处置场可处置废物容量535 000 m^3，到1991年底，已处置废物484 345 m^3。

在关闭作业中，除了拆除处置场供运行使用的设施外，还要整修雨水和渗水的收集系统，特别要铺设覆盖层以阻止雨水在规定的监测时期内进入处置室。对于顶部覆盖层，已选用多层设计，从下至上分别是：水平底层和一系列形如屋面的斜面、排水层、沥青层、沥青涂层、另一排水层、一层片岩(用于防止植物根部深入和动物打洞)和植被层。

奥布处置场位于巴黎东南200 km，奥布省和上马思省交界处的苏莱纳斯，因此又称苏莱纳斯处置场。

这个新处置场建在树木丛生的丘陵地，地表覆盖着一层厚厚的不透水的黏土，下面是一层透水的砂土，径流水和地下水都流向附近惟一的一条小溪。该处置场为地上结构。

处置场占地约95公顷，其中真正用于处置废物的约为30公顷，预计可容纳低放废物1 000 000 m^3。

该处置场于1991年底建成，经授权于1992年1月处置场接收了第一批放射性废物。

废物包就处置在混凝土构筑物中，由它及其最终的覆盖层和水收集系统构成了废物隔离系统的第二道屏障。

处置单元的长和宽都是20 m，高为8 m，平均说来，一个处置单元可处置约2 200 m^3废物。处置单元分行排布，一行有多个处置单元，行与行之间，间隔约25 m。

在处置作业期间，由活动建筑物来为废物包防雨。当废物从卡车上卸下时，活动建筑物将覆盖正在装入废物包的整个处置单元和与它相邻的处置单元的一半。装卸设备是活动建筑物整体的一部分。

作为附加的安全措施，一个独立的水收集网络用于收集可能渗入处置单元的水。水被引入各监测站，以检查其放射性，如有必要，则进行处理。该网络还有另外一个用途，即探测、定位和纠正覆盖层可能出现的任何缺陷。

为了保证满足安全要求，ANDRA开发了一个废物综合管理系统，并为废物管理的每一个步骤(如废物固化、废物验收、抽查和处置)制定了质量保证体系，该系统是用以协调废物处理、运输和处置活动的管理工具，也是一套可供接收操作的技术指南。

2.4 德国和瑞典的中低放废物处置[15,16]

德国对放射性废物处置的政策是将所有放射性废物进行深地质岩洞处置。规定放射性废物处置是联邦政府的责任。1976年，授权联邦物理技术研究院(PTB)负责放射性废物长期贮存和处置设施的建设和运行。1989年，这一任务转移给新成立的国家辐射防护局[Bundesamt fur Strhlenschutz(BfS)]。

德国是较早进行中低放废物岩洞处置技术研究和试验的国家。1967～1978年间，在Asse盐矿中试验性地处置了相当数量的中低放废物，1979年1月停止接收废物。

德国正在运行中的处置场是原为废弃盐矿的Morsleben处置场，位于400～600 m深的盐层中，其上为黏土沉积层。该处置场从20世纪50年代开始运行，至1991年共处置放射性废物14 000 m^3，根据现有许可证，将运行到2000年6月，在此之后可能关闭。在这个处置场中，曾用过三种不同的处置方法：①将200 L桶堆放在处置单元中；②将未包装的放射性固体废物或未整备过的放射性固体废物直接放在洞穴中；③在处置洞穴中对液态放射性废物用混凝土进行现场固化。

正处于研究阶段的处置场有 Konrad 处置场和 Gorleben 处置场。Konrad 处置场原为一铁矿，计划用于处置非发热的放射性废物。该处置场位于约 800～1 300 m深的新开挖巷道中，拟采用堆垛方式处置废物。场址特征调查工作开始于 1976 年，计划于 2001 年开始运行。Gorleben 处置场将用于处置发热(高放或中放)和其他类型的放射性废物。

瑞典有 4 个核电站共计 12 台核电机组。瑞典法律规定核电站业主负责乏燃料和放射性废物的处理和处置工作，为此四个核电站联合成立了瑞典核燃料和废物管理公司(SKB)。1983 年 6 月，瑞典政府批准 SKB 在 Forsmark 核电站附近建造瑞典中低放废物最终处置场(SFR)的申请，用于处置瑞典各核电站产生的所有中低放废物。该处置场从 1988 年 4 月开始接收废物。瑞典中低放废物处置可以称得上是废物岩洞处置的一个典范，表现在：①由各个核电站联合组成的瑞典核燃料和废物管理公司(SKB)负责其开发、建造和运行，利于经费筹措；②处置场位于其中一个核电站附近，便于管理并节省运行费用；③处置场设施居于海底下 50 m，加强了与生物圈的隔离；④不同的废物采取不同的处置工程措施，既利于安全又符合优化原则。

2.5 其他国家的发展情况

《国际原子能机构通报》1997 年第 1 期提供的最新统计表明[17]，截至 1996 年底，有 53 个国家的 135 个中低放废物处置场被记录在案。在有核电站运行或建造的 32 个国家中，除荷兰外均有中低放废物处置场在运行或计划建造(荷兰也于 1997 年宣布了处置场的建造计划)。还有 22 个无核电计划的国家也在运行或计划建造中低放废物处置场，以满足其他方面的需要。

中低放废物处置技术的选择情况如表 1 所示。20 世纪 40 年代美国开始采用的简单浅埋处置技术已逐渐被带工程屏障的浅埋处置技术所代替。目前在世界范围内简单浅埋处置技术越来越局限于低活度浓度放射性废物的处置。浅埋处置和岩洞处置技术已被公认为安全的和比较成熟的中低放废物处置技术。虽然采用浅埋处置技术的处置场占大多数，但是近年来采用岩洞处置技术的处置场比例呈明显上升的趋势。

表 1 中低放废物处置技术选择情况(1996 年统计)

	简单浅埋	浅埋	岩洞	(技术未定)	合计
正在选址调查的		12	2	11	25
已定址的和在建的	1	12	4		17
运行中的	18	48	6		72
停止运行的	6	13	2		21
合计	25	85	14	11	135

我国中低放废物处置技术的研究和开发工作始于 1980 年对水力压裂技术的开发，不久又开始了大体积水泥浇注就地固化处置技术的研究。以上工作都是针对中放废液专用处置设施进行的。1988 年才真正开始区域性的中低放废物处置场的选址调查，调查范围集中在浙江、

四川、甘肃、广东等省。1992 年开始在广东大亚湾候选场址进行深入的场址特性评价研究。不久又开始在甘肃候选场址进行同样的场址特性评价研究。这两个处置场都采用近地表处置技术。其中一个在多雨潮湿地区，另一个在干旱少雨地区，具有很好的代表性。为配合上述处置工程项目，开展了一系列预研活动。其中特别值得提出的是 1988～1993 年在山西榆次中国辐射防护研究院野外试验基地，由中国辐射防护研究院和日本原子能研究所合作进行的包气带水分运移和核素迁移现场试验，以及 1991～1993 年国际原子能机构对华技术援助项目"中低放废物处置"，对提高我国中低放废物处置安全性研究水平起到了重要作用。

3　中低放废物处置的技术安全准则

3.1　多重屏障原则的形成

IAEA 总结了各国中低放废物处置的经验教训，同时吸收了高放废物处置研究中发展起来的多重屏障概念，从 20 世纪 80 年代初开始逐渐形成了中低放废物处置的多重屏障原则[1,8,18～27]，它对中低放废物处置的安全提供了有力的保证。此外，国际核安全咨询组在 1991 年报告中针对核电站安全问题系统地提出了纵深防御原则[28]，它对进一步丰富和完善废物处置的多重屏障原则起了重要的推动作用。本文在上述原则基础上力图对中低放废物处置的技术安全准则做出比较系统的表述。

3.2　中低放废物处置的多重屏障系统

以浅埋处置为例，整个中低放废物处置系统应由以下几个相对独立的部分组合而成：

①废物体；

②废物包装容器；

③处置单元构筑物；

④覆盖层；

⑤处置场地质和水文地质单元。

这样一个系统就是我们所说的多重屏障系统。其中，废物体、废物包装容器、处置单元构筑物和覆盖层构成工程屏障；相对封闭的地质体构成天然屏障。一般来说，废物体和废物包装容器的屏障能力是由废物产生单位提供的；而处置单元构筑物和覆盖层以及地质体的屏障能力则是由处置场选址、设计、建造和运行单位提供的。后来人们发现，在处置场关闭后对处置场施行有组织的控制(institutional control)能提供补充的屏障能力，如建立围墙、控制出入、检查维护、环境监测等。我们把这种屏障叫做管理屏障。天然屏障在处置场工程寿期结束后仍然起作用，工程屏障作为一个整体可在整个工程寿期内起作用，管理屏障主要在工程寿期内的前期起作用。

3.3　多重屏障系统的特性和效能

中低放废物处置的多重屏障系统不是各个屏障的堆积，它的总体效能也不等于各个屏障的叠加。多重屏障系统具有整体性，它的内部结构存在层次性和互补性，它的效能具有动态性和可预测性。

系统的整体性要求来源于系统的安全目标。中低放废物处置系统的安全目标是达到国家规定的总体效能指标，包括总屏障能力指标(可用剂量标准和危险标准表示)和耐久性要求(可用寿期表示)。为了使一个特定的处置系统达到其总体效能要求，应在各子系统之间合理分配效能指标。IAEA 建议的可应用于地质环境、处置库和废物等各子系统的效能评价准则[18]（见表 2），为进一步的考虑提供了基础。应当指出，为了实现整个系统的总体效能指标，没有必要过分地扩展某些子系统或单个屏障的阻隔能力，否则会造成不必要的浪费。此外，为了增进系统的广泛适应性，甚至可以适当放宽对某些子系统的效能要求，而以加强另外一些子系统的效能作为补偿。

表 2　应用于放射性废物地下处置的效能评价准则大纲[18]

编号		效能评价准则名称
G		地质环境
	G.1	场址地形
	G.2	地质
	G.3	水文地质
	G.4	放射性核素迁移特性
	G.5	构造和地震
	G.6	工程和自然遗存
	G.7	潜在资源
	G.8	地表条件
R		处置库
	R.1	对天然屏障的影响
	R.2	安全系统的可靠性
	R.3	临界控制
	R.4	回填
	R.5	封闭
	R.6	监护
W		废物
	W.1	废物体中放射性核素的含量
	W.2	废物体的化学组成
	W.3	废物体的化学持久性
	W.4	废物体的热和辐射稳定性
	W.5	废物体的力学稳定性
	W.6	在事故条件下的防护
	W.7	包装材料的价值（对闯入者的吸引力）
C		共同特性
	C.1	质量保证

如前所述，在许多情况下处置系统失效而产生辐射照射的途径是由于水的渗入所引起的放射性核素的释放和迁移。因此可以将各个屏障按其功能划分为隔水屏障和放射性核素滞留屏障两个基本层次。隔水屏障有顶部覆盖层、混凝土构筑物、某些回填材料、废物包装容器以

及其他防排水措施;滞留屏障有废物体、回填材料、包气带岩土介质和含水层岩土介质等。从多重屏障系统发挥其功能的实际过程来说,隔水屏障好比第一道防线,滞留屏障好比第二道防线,它们的位置相互交错,功能相互补充,构成了一个纵深防御体系。在同一功能的屏障之间也分层次,也有互补性。多重屏障系统的设计是按分层互补原则进行选择和配置的。

各子系统并非同步失效,使多重屏障显出动态性。但这并不妨碍系统总体效能的预测。多重屏障系统总体效能的可预测性是建立在安全评价方法学的基础之上的。安全评价方法学是对废物处置系统的总体效能进行定量分析的手段。它的出现标志着多重屏障的理论与技术水平发展到了一个新的高度。安全评价不完全是对现成设计的被动式评价,更不局限于在处置场建成以后的事后评价,它更多的是主动的和事前的评价。它是完善废物处置安全系统工程的有力工具。

3.4 高放和中低放废物处置系统的比较

废物处置多重屏障原理首先是在高放废物处置研究中发展起来的。与高放废物处置比较,中低放废物处置的多重屏障系统尽管在原理上基本相同,但也具有某些不同的特点。短寿命中低放废物所要求的总体屏障效能和工程寿期远低于高放废物,因此中低放废物处置可以离人类环境较近,从而节省大量投资。但这样一来又出现了容易遭受自然侵蚀和人为破坏的问题。解决的办法是调整各类屏障的相对重要性。高放废物处置往往要求耗费巨大代价选择一个最佳的场址以确保地质屏障的绝对可靠性。中低放废物处置虽然仍把地质屏障视为第一位的安全因素,但只要求选择一个适宜的场址。中低放废物处置对工程屏障和管理屏障的依赖程度明显地增加了。

3.5 中低放废物处置的技术安全准则框架

中低放废物处置的多重屏障原则必须进一步具体化为各项技术安全准则,以增加其可操作性。这些技术安全准则在有关的技术标准中都有明确规定并做了详尽的发挥。主要的技术安全准则如下:

(1)选址准则;

(2)工程屏障和地质屏障互补性准则;

(3)处置工程与邻近的其他工程相互影响评价;

(4)废物包接收准则;

(5)混凝土构筑物设计准则与工程寿期;

(6)废物包堆置的安全要求;

(7)多重覆盖层设计准则;

(8)多重防排水系统设计准则;

(9)回填和覆盖材料的选择;

(10)功能的可检查性准则;

(11)监护期的设置及可维修性准则。

由以上技术安全准则的内容可知,中低放废物处置的多重屏障原则同防护与安全基本原则中的纵深防御原则是一致的。多重屏障可视为纵深防御原则在废物处置中的具体应用,在应用中也就显露了多重屏障的特点,即更长的时间尺度,并因此而增加了问题的复杂性[29]。

已有近五十年历史的现代意义的中低放废物处置的实践经验与教训,和在总结这些经验与教训基础上建立起来的多重屏障原则与技术安全准则，都为中低放废物处置的安全性提供了保证。

参考文献

1 IAEA. Site Investigations for Repositories for Solid Radioactive Waste in Shallow Ground. Technical Report Series No. 216. Vienna:IAEA,1982

2 IAEA. Radioactive Waste Management Glossary. Vienna:IAEA,1993

3 Bedinger M S. Geohydrologic Aspects for Sitting and Design of Low-Level Radioactive Waste Disposal. U. S. Geological Survey Circular 1034. September,1988

4 王志雄. 放射性废物海洋处置及有关问题. 第二届放射性废物管理讨论会. 桂林,1990 年 11 月 20～25 日

5 孙庆红等. 国外低中放废物岩洞处置调研报告. 太原:中国辐射防护研究院,1997

6 罗上庚,于承泽,张英杰. 美国低放废物处置活动及可供借鉴的经验和教训. 第二届放射性废物管理讨论会论文集. 桂林,1990 年 11 月 20～25 日

7 Westinghouse Hanford Company Legend and Legacy: Fifty Years of Defense Production at the Hanford Site. WHC-MR-0293 Revision 2. September, 1992. 45

8 IAEA. Disposal of Radioactive Grouts into Hydraulically Fractured Shale. IAEA Technical Report Series No. 1232. Vienna:IAEA,1983

9 耿耀东. 试谈水力压裂地层注浆法处置中放废液的安全性. 第二届放射性废物管理讨论会论文集. 桂林，1990 年 11 月 20～25 日

10 OAK Ridge National Laboratory. Integrated Data Base Report-1993U. S. Spent Nuclear Fuel and Radioactive Waste Inventories, Projections and Characterizations. DOE/RW-0006, REV. 10. December, 1994

11 US Nuclear Regulatory Commission. Licensing Requirements for Land Disposal of Radioactive Waste. 10CFR61

12 Nuclear Regulatory commission. Information Digest 1993 Edition

13 核工业总公司八二一厂,核科学技术情报所. 美国加州低放废物处置场获准建造. 放射性废物管理及核设施退役,1994,(1)(总第 31 期)

14 黄钟,袁良本. 低放固体废物浅地层处置场管理. 乏燃料管理及后处理,1993 年 8 月

15 Kelli Jo Temoketibm Sue J. Mitchell, Peter M. Molton. Low-Level Radioactive Disposal Technologies Used Outside the United States. Proceedings of Nuclear and Hazardous Waste Management International Topical Meeting. August 14-18,1994, Atlana, Georgia, USA. Vol. 2. 1994. 1327

16 徐国庆. 核废物地质处置研究现状. 国外铀金地质,(增刊), 1992, ISSN 1001-3636

17 Kyong Won Han, Joma Heinonen , Amold Bonne. Radioactive Waste Disposal: Global Experience and Challenges. IAEA Bulletin, Vol. 39, No. 1. Vienna: IAEA, 1997

18 IAEA. Criteria for Underground Disposal of Solid Radioactive Wastes. IAEA Satety Series No. 60. Vienna: IAEA,1983

19 IAEA. Shallow Ground Disposal of Radioactive Wastes, A Guidebook. IAEA Satety Series No. 53. Vienna: IAEA, 1981

20 IAEA. Disposal of Low-and Intermediate-Level Radioactive Wastes in Rock Cavities, A Guidebook. IAEA Safety Series No. 59

21 IAEA. Site Investigation. , Construction, Operation, Shutdown and Surveillance of Repositories for Low-and Intermediate-level Radioactive Wastes in Rock Cavities. IAEA Safety Series No. 62. Vienna: IAEA,

1984
22 IAEA. Design, Construction, Operation, Shutdown and Surveillance of Repositories for Solid Radioactive Wastes in Shallow Ground. IAEA Safety Series No. 63. Vienna: IAEA,1984
23 IAEA. Safety Analysis Methodologies for Radioactive Waste Repositories in Shallow Ground. IAEA Safety Series No. 64. Vienna: IAEA,1984
24 IAEA. Performance Assesment for Underground Radioactive Waste Disposal System. Vienna: IAEA, 1985. IAEA Safety Series No. 68
25 IAEA. Acceptance Criteria for Disposal of Radioactive Waste in Shallow Ground and Cavities. IAEA Safety Series No. 71. Vienna: IAEA,1985
26 陈式,马明燮等.中低放废物处置场选址和环境影响评价技术.核电站放射性废物处置专题讨论会论文集. 1984
27 陈式.关于中低放废物处置安全性研究的若干问题.辐射防护,1990,10(6):401
28 国际核安全咨询组. 核动力厂的基本安全原则. 安全丛书 No. 75-INSAG-3. 维也纳,IAEA,1991
29 ICRP. Protection from Potential Exposure: A Conceptual Framework. ICRP Publication 64. 1993

【作者:范智文,陈式. 载于陈式,马明燮等著.
中低水平放射性废物的安全处置(第三章). 北京:原子能出版社,1998】

放射性废物如何处置

在有关能源政策的讨论中，有不少关心环境保护的人士注意到放射性废物处置问题。废物产生量的最少化，何时处置废物的政策考虑，以及高放和超铀废物处置技术的开发现状等问题一直是人们关注的焦点。

1 中低水平放射性废物的处置

核能生产过程中产生的放射性废物的数量相对来说是很少的，再加上实施废物产生量最少化政策的各项措施使废物的数量和放射性活度进一步减少，这从根本上有利于废物的安全管理和环境保护。中低水平放射性废物主要来自核电站。以大亚湾核电站产生的废物为例，在经过净化、浓缩、减容、固化和包装以后，每百万千瓦机组每年的废物产量近年来一直保持在 100 m^3 以下，而且还存在继续减少的潜力。这类废物所含放射性核素基本上是短寿命的，可以在 300～500 年内衰变到无害水平，因此适宜于近地表处置。我国已建成两座符合国际标准的区域性的中低放废物处置场，即西北处置场和广东北龙处置场，并开始了浙江处置场的选址工作。近地表处置技术是比较成熟的技术，其特点是采用工程屏障与地质屏障相结合的方式，使废物与人类环境长期隔离，以保护环境和居民健康。目前世界各国正在运行的中低放废物处置场有 100 多座，处于选址或建设阶段的还有 42 座，其中绝大多数为近地表处置场。

2 高水平放射性废物和长寿命超铀废物的处置

目前更受关注的高水平放射性废物和长寿命超铀废物的产生量更少，它们主要来自核燃料后处理工厂。世界上正在运行的核电机组有 434 座，平均每机组每年卸出 30 t 乏燃料，在后处理中可产生 10 m^3 高放废液。假定全世界所有乏燃料都进行后处理，合计每年产生的高放废液也不过 4 340 m^3。以法国为代表的一些国家又把这类高放废液转化为稳定的玻璃固化体，并配以非常耐久的贮存容器，以实施废物最终处置前的中间贮存。玻璃固化的结果又使高放废液的体积减少约一个数量级。我国正在进行高放废液玻璃固化的冷台架试验，积极推进这方面的工作。玻璃固化体不仅具有物理、化学和生物学意义上的稳定性，而且万一遇水后浸出的放射性核素也很少。国外有人说“经过玻璃固化处理的核废料一旦泄漏，受到核辐射直接污染的人在不到一分钟的时间内就会死去”是毫无科学依据的。

从技术上讲，固化后的高放和超铀废物在几十年内的长期贮存是完全可以确保安全的。正是考虑到中间贮存具有安全性和有利于减少衰变热，加上废物产生量少的事实，多数拥有核电的国家并不急于实施高放和超铀废物的最终处置，而希望充分利用废物中间贮存赢得的几十年宝贵时间，开展高放和超铀废物最终处置技术路线的优化选择。这主要是因为高放和超铀废物的最终处置是一项关系国土清洁和人民健康的复杂的安全系统工程，必须慎之又慎。

我国核工业部门从20世纪80年代后期开始就认定高放和超铀废物处置是当前一项重大的科研项目，而不是一项紧迫的工程建设项目。我们的任务一方面是追踪国外的进展，吸取他们的经验教训，尽可能少走弯路；另一方面是开展技术创新研究与开发，进行包括场址选择、核素迁移试验、工程屏障技术研究、安全分析与环境影响评价研究在内的各项准备活动。

3 未来展望

纵观国内外的动向，高放和超铀废物的处置有两条可能的技术路线。一条是地质处置，即是将废物封隔在位于几百米深地下岩层的处置库中。在这方面的研究较为深入，经历时间很长，广泛开展了国际合作，地质学、化学、工程学、环境科学、辐射防护与安全科学等都为此做出了重要贡献。目前取得的重大进展是美国废物隔离中间工厂(WIPP)已在1999年3月正式接收超铀废物。这是世界上第一座经批准的地质处置库，被国际原子能机构评为具有里程碑意义。此外，美国拟用于高放废物处置的尤卡山场址的可行性研究报告也已进入审批程序。

另一条技术路线是将高放废物中的长寿命核素分离出来，再通过中子嬗变将长寿命核素转化为短寿命核素。这方面的工作虽然开展较晚，但颇具吸引力。我国在长寿命核素的萃取分离方面获得了具有世界先进水平的研究成果。中子嬗变有几种技术方案，有一种已初步进行了研究和论证的方案是加速器驱动的次临界裂变堆方案，它既可以"烧掉"高放和超铀废物中的长寿命超铀核素和裂变产物，又可以获得电能。

总之，高放和超铀废物的安全处置还有很长的路要走。但比之于整个20世纪在核能开发方面所经历的令人眼花缭乱的巨大进展，终究不存在难以克服的困难。我们相信在21世纪中叶必将圆满地解决高放和超铀废物处置问题。

【载于《科学时报》，2000年9月28日】

对高放废物地质处置安全评价研究的讨论

1 地质处置安全评价的作用和研发思路

高放废物地质处置系统是由多重屏障构成的。按实体可以将其划分为地质屏障和工程屏障。地质屏障含主岩和外围地质介质，工程屏障含废物体、包装容器和缓冲、回填、密封材料。按性能则可划分为隔水屏障(使废物与地下水隔离)、滞留屏障(减缓核素的释放和迁移)和抗侵扰屏障(处置库深度、工程硬件和管理控制措施)。为了实现高放废物与生态环境及人类社会的长期有效隔离，根据核科技界多年的研究结果，该地质处置系统应具备如下的主要特征：

整体性：要求处置系统具有规定的总体安全目标，包括总屏障能力和长期保持屏障能力的时间。

多重性和互补性：要求从实体到性能都采用多重屏障，各子系统优化搭配，性能指标合理分配；当某些子系统性能不足时，可通过增强其他子系统性能来补偿。

动态性：放射性衰变、系统性能随时间衰减和各子系统失效不同步，使性能指标的分配具有动态性特征。

可预测性：各子系统的技术性能和处置系统总体的安全性能均可预测。

可监控性：各子系统的技术性能和处置系统总体的安全性能均可验证、检查和监控。

可逆转性和可回取性：正在探讨的系统特征。

地质处置的安全要求不是外部随意强加的，而是从地质处置系统的本质特征中自然引申出来的客观要求。对地质处置系统设定的上述特征，不仅决定了地质处置安全评价所应起的作用，而且决定了安全评价的研究和开发思路。

安全评价是高放废物地质处置不可分割的组成部分。安全评价对于高放废物地质处置的作用可以概括为：国家审批的先决条件，公众接受的说理基础，与核电安全媲美的废物安全系统工程的形象标志，科技攻关中多学科内在连接的韧带，实现复杂的多重屏障系统整体优化的手段，确定系统各组成部分性能要求的依据。前三个作用是外部看得见的，因而也是最重要的；后三个作用尽管只在专业圈内表现出来，但其意义不可忽视。因此在高放废物地质处置的长期研究和开发规划中，必须重视安全评价的研究。

地质处置系统的整体性和多重性特征决定了地质处置安全评价的框架性内容。即通过测试和预测，对处置系统各个组成部分如场址和工程构件的技术性能进行评价，包括与技术性能标准做比较；还通过预测，对处置系统总体的和长期的安全性能进行评价，包括与安全目标或指标标准做比较。前者简称为性能评价，后者简称为安全评价。我们现在讲的安全评价是将两者都包括在内的。本文从多个侧面阐述了地质处置系统的所有特征对于安全评价的研究均具有导向意义。在地质处置系统特征和安全评价之间存在的这种内在联系，有助于我们思考应当怎样进行地质处置安全评价研究，应当怎样将安全评价研究与选址、工程设计和处置化学等方面的研究交叉进行并有机地结合起来，一句话就是应当怎样发挥安全评价在高放废物地质处置中的作用。

对于本文所讨论的研究内容而言，一个比较现实的、需要强调的问题是：不能只讲系统总体的安全评价，不讲子系统的性能评价。从专业的角度看，安全评价研究主要属于辐射防护领域，性能评价研究则属于地质、工程或化学领域。在一定的意义上，安全评价研究与性能评价研究的沟通决定成败。这种沟通首先应从相互了解开始，进而互提要求，并发展到信息反馈和联合试验。事实上任何安全分析或环境影响报告书的开头几章都是讲性能评价的，后面几章则是讲安全评价的，只不过有一些安全评价人员往往忽视对前者的直接参与，使照抄可研报告和初步设计成为惯例，以至于一想到安全评价就只有模式和参数一类东西，把安全评价的范围大大缩小了，也把安全评价的反馈作用大大降低了。为了高放废物地质处置安全评价研究的健全发展，有必要纠正这种偏向。

安全评价研究和开发的长期规划，实际上只是高放废物地质处置研究和开发的长期规划的一个组成部分。在做地质处置规划的研究时，起码应具备30年的眼光。纵使如此，也还会有许多未来发展的情况看不准，这当然会给安全评价的研发思路带来不确定性。在科学技术发展日新月异的今天，凝固的观点是有害的。例如，我们可以根据当前看好的废物固化和处置技术来规划安全评价研究。但是随着规划覆盖期内的技术进步，可能会要求重新评价。安全评价研究是贯穿规划覆盖期始终的，地质处置规划本身也因此而获得必要的应变能力。做安全评价研究的人员不仅要想到废物安全，还要想到废物的优化管理和废物最少化。特别是因为废液的玻璃固化工艺和在深地质主岩中处置废物都是很花钱的，这就要求安全评价人员经常思考一个问题：有没有既能保证安全又可省钱的替代方案？要在这方面主动协助总体设计人员进行论证。例如，分离－嬗变方案虽然不可能完全改变对地质处置的需求，但是它可能为高放和α废物最少化开辟一条新路，应密切关注它的进展。

2 地质处置安全评价研究进展述评

高放废物地质处置安全评价研究在近十几年来有了很大的发展。其研究进程可以概括为：国际放射防护委员会（ICRP）提出高放废物地质处置的基本安全要求；国际原子能机构（IAEA）和其他一些国际组织如经济合作发展组织核能机构（NEA/OECD）建立地质处置的国际安全标准和完善安全评价方法学；各有关国家分别建立国家标准和开展安全评价的研究与实践活动。这三个方面既是相互衔接的，又是互动的。

ICRP已出版了《固体放射性废物处置的辐射防护原则》[1]、《潜在照射的防护：概念框架》[2]、《放射性废物处置的放射防护政策》[3]、《用于长寿命固体放射性废物处置的辐射防护建议》[4]等文件，对高放废物地质处置的安全目标和安全评价方法学提出了建议。

在地质处置的安全目标方面，ICRP提出的建议主要包括以下内容：(1)通过实行有约束的防护最优化对公众受到的来自废物处置的照射进行控制。[3]由于地质处置同时存在现实照射和潜在照射，因此对地质屏障和工程屏障中的天然过程来说，要考虑发生概率和照射大小，并与剂量约束或危险约束进行比较。推荐的剂量约束值为每年0.3 mSv，与之等效的危险约束值为每年10^{-5}量级。[4](2)为了使安全目标更具可操作性，需要采用可通过环境监测加以查验的导出约束[3]，即放射性核素从处置库释放后经地质介质迁移到生态环境中的通量或累积浓度值等辅助安全指标，来弥补剂量约束或危险约束之不足。(3)定量的约束只在有限的时间范围内才有意义，有些国家把这一时间上限定在10 000年；对遥远的未来时期来说，剂量和危险约束更多的应视为是一种参考水平，此时安全评价可能还需要借助于天然类比或人工类似物的研究。[4]（4）有约束的防护最优化不适用于人员入侵的控制，控制人员入侵的最有效办法是减少这类事件的发生概率，并在必要时实施干预。[4]因此，对人员入侵的控制是作为天然过程以外的另一类安全问题单独对待的。

在地质处置的安全评价方法学方面，ICRP 提出的建议主要包括以下内容：（1）定量的安全评价（又称关键性评价[4]）要求最终采用尽可能具有真实代表性的模式和参数，避免过分偏保守，以防止资源的严重浪费。[3]这就要求最终采用特定场址和特定工程设计的评价模式，而不是完全照抄照搬国外现有模式。特定评价模式的开发，是在借鉴国外现有模式的基础上，经过长期试验研究（尤其是地下实验室的试验），反复验证和不断改进的结果。（2）在定量的安全评价中，要特别注意不确定性分析的研究，这包括处置系统参数的不确定性、未来地质环境状况的不确定性和安全评价模式的不确定性。[4]（3）要加强潜在照射和与之相关的概率安全分析方法学的研究。在长寿命放射性核素危险评价中，潜在照射的作用现在还不清楚。[4]（4）长期安全分析与环境影响评价可以采用某些简化和标准化的方法，如建立虚拟的关键居民组和虚拟的生物圈，统一设定人员入侵的情景等。[4]这将大大减少安全评价方法学上的困难和避免许多无谓的争论。

IAEA 为建立高放废物地质处置国际安全标准做了许多工作。但是到目前为止，已经发布的标准只有安全导则《地质处置库选址》[5]；还有早期发布的《高放废物地下处置的安全原则与技术准则》[6]可供参考。IAEA 正在编制的地质处置标准有：属于安全要求级别的《放射性废物的地质处置》[7]，属于安全导则级别的《放射性废物地质处置库的设计与运行》[8]和《放射性废物处置设施的安全管理系统》[9]；惟独针对地质处置安全评价的导则尚待起草（IAEA 已在地质处置安全标准计划中，将此项导则列为标准研制项目）；而中低放废物近地表处置的安全要求[10]和安全评价导则[11~12]早就有完备的标准。

IAEA 为完善高放废物地质处置安全和安全评价方法学的研究也取得进展。已发表了《不同时间范围内放射性废物地下处置库安全评价的安全指标》[13]、《放射性废物处置问题》[14]、《长寿命放射性废物处置中存在不确定性时的审管决策》[15]、《放射性废物处置中的关键组和生物圈》[16]、《高放废物地质处置库的监测》[17]、《有关放射性废物地质处置的安全标准问题》[18]、《放射性废物处置安全评价的安全指标》[19]、《放射性废物地质处置的科学和技术基础》[20]等文件，对高放废物地质处置的安全和安全评价方法学提供了若干研究总结。

有关国家建立高放废物处置国家标准的情况是：迄今已有美、英、法、德、加拿大和瑞士等国制定了高放废物处置的安全目标和安全准则。例如美国环保局和核管会已分别发布了《尤卡山公众健康和辐射环境保护标准》[21]和《尤卡山地质处置库的高放废物处置》[22]。随着我国《放射性污染防治法》的颁布实施，全面制定我国高放废物处置序列的法规标准即将提上议事日程。

对各国地质处置安全和安全评价的研究和实践经验做出较好总结的文献，除上文提到的 ICRP 和 IAEA 出版物外，至少还应列出核工业北京地质研究院翻译出版的《高放废物处置的若干基本准则》[23]、《世界放射性废物地质处置》[24]和《国际放射性废物地质处置十年进展》[25]等书目，以及《为深部地质处置库长期安全建立信任》[26]、《高放废物和乏燃料的可回取性》[27]、《放射性废物地质处置的可逆转性和可回取性》[28]等其他文献。此外《中国高放废物地质处置十年进展》[29]也反映了我国在地质处置安全和安全评价方面所做的工作。

我国高放废物地质处置研究开始于1985年。安全评价方面的工作停留在跟踪国外研究进展，缺少深入的文献调研和有计划的试验研究；标准方面只发布了《放射性废物地质处置库选址》导则[30]，甚至连急需的高放废物固化体性能标准也未制定出来。因此国内的安全评价研究基础是相当薄弱的，需加强多学科协调发展。但是现有的一些安全评价研究成果还是有价值的，如国外评价模式与计算机程序的大量引进和少量消化，超铀元素与地质介质相互作用研究，天然类比研究，花岗岩单裂隙核素迁移试验，特别是在缓冲、回填材料及其热、湿、力耦合模式方面所做的较系统的研究，都将成为进一步工作的起点。

经过国际社会的共同努力，高放废物地质处置安全评价研究已经取得突破性进展，安全评价的框架已经确立，但在实际应用中还需要解决许多难题。不应凭借局部资料而应依据所能获得的全部资料汇总来估计高放废物地质处置安全评价研究的进展；只有正确估计了当前的进展，才能够清醒地认识加强地质处置安全评价研究的必要性和更好地把握研究重点。

在这里打算回顾一下我国中低放废物近地表处置安全评价研究的历程和经验[31~33]，可能会对高放废物地质处置安全评价研究有所启发。

我国中低放废物近地表处置安全评价研究可粗略地划分为三个阶段。20世纪80年代前期为非计划的技术准备阶段。主要工作为初步的文献调研，中低放废物固化体浸出试验及其比对，起始于中放废液水力压裂处置的实验室规模核素迁移研究，在现场进行的水文地质示踪试验等。20世纪80年代后期为有计划的全面准备阶段。主要工作为系统的文献调研和全国规模的学术交流与讨论，中低放废物处置的政策法规标准研究，在甘肃、浙江、广东、四川等省进行中低放废物处置场场址筛选，国际合作渠道的打通等。20世纪90年代为野外试验、模式开发和在中低放废物处置场选址及工程设计中实施安全评价的阶段。主要工作包括中低放废物处置安全评价方法学研究的第一期中日合作项目，含核素迁移小试与中试、野外包气带核素迁移试验、野外水文地质试验、模式开发与试验验证等；IAEA有关中低放废物处置技术的国际援助项目，含处置安全评价所需全套通用模式的引进与消化等；国家中低放废物处置政策的确立和相关标准的制定；广东北龙处置场和西北处置场建设工程的安全分析和环境影响报告书的编制；中低放废物处置安全评价方法学研究的第二期中日合作项目，含野外包气带和地下30 m饱水层中的超铀核素迁移试验等。

我国近地表处置安全评价的研究与实践活动，积累了通过讨论取得广泛共识、尽早制定政策法规标准、开展多渠道国际合作、重视水文地质试验与核素释放和迁移试验的紧密结合及其模式化等方面的经验；此外在安全评价技术层面上，从《中低水平放射性废物的安全处置》[31]一书中还可以看到，在近地表处置安全评价的研究与实践过程中，从通用评价模式与参数体系转换到特定场址评价模式与参数体系所积累的丰富经验。

3 对地质处置安全评价的某些研发要点的讨论

(1)有关地质处置安全目标的防护最优化研究

一般来说，地质处置的剂量和危险目标应与国际标准接轨，需要进一步研究的是防护最优化。在场址选择和处置工程设计的过程中，应从系统的整体性、多重性、互补性和动态性特征的要求出发，加强防护最优化方法学研究，通过方案比较，寻求一种可合理达到的剂量、危险水平为最低的方案，以满足ICRP有约束的防护最优化的要求。

(2)辅助安全指标的研究和制定

辅助安全指标(导出约束值)直接服务于处置系统总体的安全评价,同时辅助安全指标又使各子系统的性能评价成为可能。只有使用辅助安全指标才能够通过核素的释放和迁移研究来评估和证实各子系统的性能,也只有使用辅助安全指标才能够使处置系统真正具有可检查性和可监控性的特征。目前 IAEA 尚未完成辅助安全指标国际标准的制订,国内应先行开展此项研究和与之相关的环境影响评价方法学研究,并尽早制订国家标准。此为安全评价研发过程的第一个关节控制点。

此项工作应注意吸取美国的经验教训。[24]

(3)地质处置的技术性能标准研制

应当为各子系统制定完备的技术性能标准,以满足性能评价的需要。例如法国基本安全条例规定:地质处置库场址应符合稳定性标准、水文地质标准、力学特性与热特性、地球化学特征、最小深度、地下资源匮乏和定位标准[24]。除场址标准外,还应有工程屏障的系列标准。技术性能标准的制订和修订不能脱离系统优化研究的进程,其中包括经济上的考虑。

长期评价标准的发展趋势之一是今后将更多地使用风险标准。[25]

(4)天然类比和人工类似物研究

目前天然类比和人工类似物的研究似乎很少提供许多人希望的那种过得硬的证据。[25]建议寻找新的机会和改进研究方法,为地质屏障和工程屏障的长期有效性提供更有说服力的历史证据。

(5)选址过程中对场址基本性能的调查研究要求

应通过不断深入的选址工作,积累地质、水文地质和地球化学的完整资料,以便为场址特性评价提供坚实的基础。

美国尤卡山场址^{36}Cl测量结果曾显示存在着迄今为止尚未被模拟出来的更快速的水径流通道。[24]这表明需要加强对导水断层特征及其中的地下水流特征的研究。

比利时在对黏土层做区域性水文研究时,曾因下伏含水层数据不够而给特性评价带来极大障碍。[24]

不均匀性是一个很普遍的特征,需要用数字模拟技术来描述。[25]

(6)设计过程中对工程屏障基本性能的研究要求

要通过对工程构件的材料和工艺进行比较与筛选的过程,来统筹并完善废物固化体、废物包装容器和缓冲、回填、密封材料的性能研究,以便为相应的性能评价打好基础。

(7)热、辐射、力、地表和地下水流、化学反应、天然地质事件和过程对系统性能的交互作用研究

热、辐射、力、地表和地下水流、化学反应、天然地质事件和过程是地质处置系统中不稳定的因素,它们可能显著改变废物体、工程材料、岩土介质和地下水的长期性能,使系统呈现动态性特征。这是性能评价研究的难题。[24]热和辐射来自废物;力来自挖掘引起的应力变化,更主要来自断裂带的不稳定性;化学因素来自废物体、工程材料、岩土介质和地下水本身的相互作用及热解、辐解产物;天然地质事件和过程来自大自然。

(8)处置工程概念设计的优化评价研究

人们对那些与处置库设计优化有关的问题关注不足。[25]因此在对场址性状和地质屏障与工程屏障的相互作用有了初步了解后，应按照系统的多重性和互补性特征的要求完成处置工程概念设计，对地质处置系统的全局布置和性能分配做出考虑，并对包括场址特性在内的处置工程概念设计性能进行初步评价及反馈，以初步实现技术经济学意义上和防护与安全意义上的设计优化。这一研究步骤是不能省略的，它是废物处置安全系统工程的体现，是下一步更详细的性能评价、安全评价和其他一切工作的基础。此为安全评价研发过程的第二个关节控制点。

应注意美国和加拿大在这方面的经验教训。[24]

(9)核素释放和迁移的研究

核素的释放和迁移是地质处置系统的整体性和多重性特征的集中体现，它与地质、工程、化学等都有关系。对核素释放和迁移的研究是性能评价和安全评价研究的难题。[24]

多重隔水屏障的失效时间需要实验的和类比的研究。

废物固化体中核素的长期浸出机制和浸出率受多种因素的影响，需要进行实验研究和现场验证。

气体的生成、释放和迁移需要研究。

核素在地质介质中的迁移主要是推动力和阻滞力或水的流动和化学作用叠加的结果。因此对孔隙介质和特别对裂隙介质中核素迁移的定量模拟，需要在水文地质、岩石力学和核素迁移试验基础上进行模式化。核素迁移试验从厘米级、米级扩展到大规模原地试验，也是模式化的要求。核素迁移研究还需要获得处置化学(包括相互作用机制和核素形态研究[32])的有力支持；在地质介质中核素的迁移受多种外在因素的影响，也需要进行实验研究和现场验证。

关键核素的识别研究不仅与其易迁移性有关，还要考虑生态转移和剂量到人。

(10)安全评价模式的研究及验证

建立安全评价模式和参数体系，对地质处置系统的长期安全进行定量预测，这是安全评价水平发展到一个高级阶段的表现，是安全评价研究的难题。

通过情景分析和后果分析，在试验研究基础上建立物理、化学模式和数学模式是系统安全可预测性的必然要求。在情景分析中以使用概率论模式为主；在后果分析中以使用确定论模式为主。前者是模式研究的薄弱环节。[25]

需要开发多种类型的安全评价模式，如筛选模式、校核模式，但最核心的是开发分阶段迭代的针对特定场址和工程设计的评价模式。

在模式研究中，应注意多因素耦合作用的研究。应通过自然历史和实验研究，尤其是地下实验室的试验对模式进行验证。

(11)参数获取技术的研究

这是难度和工作量都很大的一类研究。应事先制定一个计划，即在性能评价和安全评价对参数的需求分析基础上，建立参数获取技术项目总表，以避免重要的缺项；同时对相应的测试技术进行筛选。参数获取无缺漏和数据真实可靠是处置安全可定量预测的必然要求。

(12)灵敏度分析和不确定性分析的研究

通过灵敏度分析和不确定性分析的研究及反馈，不断地降低安全评价结果的不确定性，这也是处置安全可定量预测的必然要求。在多种不确定性中,模式不确定性始终是一个棘手的问题,但近年来有所进展。[25]

总之,性能评价中的交互作用研究,性能评价和安全评价中的核素释放和迁移研究,安全评价中的模式和参数体系研究,这三大难题都要求打破专业壁垒,实行多学科联合攻关,才能获得高水平的科研成果。

(13)抗侵扰屏障的性能评价与应急准备研究

核事业产生的高水平和长寿命放射性,最终几乎都集中在地质处置库内。因此抗侵扰屏障的性能评价是反恐的需要。在这里不仅有技术安全问题,还涉及保安和应急准备问题。能够产生重大环境影响的天然事件和过程尽管概率很低,也需要应急准备。

(14)保持可逆转和可回取能力的安全评价研究

在有限时期内保持处置系统可逆转和可回取的能力,是应公众的可能要求而开展的有待决策的研究项目[25],其中包括可逆转和可回取设计的安全评价在内。由于保持可逆转和可回取状态容易损害地质处置系统的屏障能力,因此这是一个需要慎重决策的问题。

(15)地下实验室的试验和地质处置安全评价技术的集成

对安全评价而言,地下实验室试验的重点可能仍然是场址详查、交互作用、核素释放与迁移、模式与参数验证和不确定性分析等方面的进一步深入研究[25],同时吸收国外有用的技术和经验,并在此基础上完成对安全评价技术的集成,以满足地质处置系统总体的和长期的安全性能预测的需要。此为安全评价研发过程的第三个关节控制点。

(16)数据库的建立和运行

在整个研发工作及处置工程建设与处置库运行中,必须收集、分析和保存巨量的可靠数据,以供各阶段的安全评价使用;并在处置库关闭后,将这些数据作为国家档案继续长期妥善保存。数据的有效保存和在处置库现场设置具有耐久性的标志物,将大大降低人员入侵的概率。

(17)直接服务于地质处置工程建设的安全评价要求

将遵照审管部门的有关规定,分别完成地质处置设施在选址、初步设计、运营和关闭及关闭后监护等各阶段的安全分析与环境影响报告书的编制。

根据以上对17个研发要点的初步分析可知,高放废物地质处置的安全评价研发工作,在安全目标方面,有防护最优化研究,辅助安全指标的研制,技术性能标准研制,天然类比和人工类似物研究;在系统优化设计评价方面,有处置工程概念设计的优化评价研究,抗侵扰屏障的性能评价与应急准备研究,保持可逆转和可回取能力的安全评价研究;在性能评价技术方面,有场址基本性能的调查研究要求,工程屏障基本性能的研究要求,热、辐射、力、地表和地下水流、化学反应、天然地质事件和过程对系统性能的交互作用研究,核素释放和迁移研究;在安全评价技术方面,有模式研究与验证,参数获取技术研究,灵敏度与不确定性分析研究,地下实验室试验中安全评价技术的集成;在研发成果的实际应用方面,有数据库的建立和运行,直接服务于地质处置工程建设的安全评价。高放废物地质处置安全评价研发工作的难题是性能的动态变化研究,核素的释放与迁移研究和长期后果的定量预测研究;安全评价研发过程的关节控制点包括辅助安全指标的研制,处置工程概念设计的优化评价研究和安全评价技术的集成。

参考文献

1 ICRP, Radiation Protection Principles for the Disposal of Solid Radioactive Waste , ICRP Publication No. 46 , 1985

2 ICRP,潜在照射的防护:概念框架,ICRP 第 64 号出版物(1993), 陈竹舟译,北京:原子能出版社,1997

3 ICRP,放射性废物处置的辐射防护政策,ICRP 第 77 号出版物(1997),赵亚民译,北京:原子能出版社,1999

4 ICRP,用于长寿命固体放射性废物处置的辐射防护建议,ICRP 第 81 号出版物(1997),赵亚民译,辐射防护,2001,20(增刊):1~18

5 IAEA, Sitting of Geological Disposal Facilities , IAEA Safety Standards Series No. 111-G-4. 1,1994

6 IAEA, Safety Principles and Technical Criteria for the Underground Disposal of High Level Radioactive Wastes , IAEA Safety series No. 99 , 1989

7 IAEA, Geological Disposal of Radioactive Waste , IAEA Safety Standards under Development , DS 154

8 IAEA, Design and Operation of Facilities for Geological Disposal of Radioactive Waste , IAEA Safety Standards under Development , DS 334

9 IAEA, Management Systems for the Safety of Radioactive Waste Disposal Facilities and Activities , IAEA Safety Standards under Development , DS 337

10 IAEA, Near Surface Disposal of Radioactive Waste , IAEA Safety Standards Series No. WS-R-1 , 1999

11 IAEA, Safety Assessment for Near Surface Disposal of Radioactive Waste , IAEA Safety Standards Series No. WS-G-1. 1,1999

12 IAEA, Safety Analysis Methodologies for Radioactive Waste Repositories in Shallow Ground , IAEA Safety series No. 64 , 1984

13 IAEA,Safety Indicators in Different Time Frames for the Safety Assessment of Underground Radioactive Waste Repositories , First report of the INWAC Subgroup on Principles and Criteria for Radioactive Waste Disposal , IAEA-TECDOC-767 , 1994

14 IAEA,Issues in Radioactive Waste Disposal,Second report of the INWAC Subgroup on Principles and Criteria for Radioactive Waste Disposal , IAEA-TECDOC-909, 1996

15 IAEA,Regulatory Decision Making in the Presence of Uncertainty in the Context of the Disposal of Long Lived Radioactive Waste, Third report of the Working Group on Principles and Criteria for Radioactive Waste Disposal , IAEA-TECDOC-975 , 1997

16 IAEA , Critical Groups and Biospheres in the Context of Radioactive Waste Disposal , Fourth Report of the Working Group on Principles and Criteria for Radioactive Waste Disposal , IAEA-TECDOC-1077 , 1999

17 IAEA , Monitories of Geological Repositories for High Level Radioactive Waste, IAEA-TECDOC-1208 2001

18 IAEA, Issues relating to Safety Standards on the Geological Disposal of Radioactive Waste , IAEA-TECDOC-1282 , 2002

19 IAEA, Safety Indicators for the Safety Assessment of Radioactive Waste Disposal , Sixth report of the Working Group on Principles and Criteria for Radioactive Waste Disposal , IAEA-TECDOC-1372 , 2003

20 IAEA, Scientific and Technical Basis for the Geological Disposal of Radioactive Wastes , Technical Reports Series No. 413 , 2003

21 U. S. EPA, Public Health and Environmental Radiation Protection Standards for Yucca Mountain, Nevada, 40 CFR Part 197-Final Rule (2001)

22 U. S. NRC, Disposal of High-Level Radioactive Wastes in a Geologic Repository at Yucca Mountain, Nevada, 10 CFR Part 63 (2001)

23 丹麦、芬兰、冰岛、挪威和瑞典辐射防护与核安全机构,高放废物处置的若干基本准则(1993),徐国庆等译,1996

24 P. A. 威瑟斯庞,世界放射性废物地质处置.(1996),王驹等译,北京:原子能出版社,1999

25 NEA/OECD,国际放射性废物地质处置十年进展.(1996),王驹等译,北京:原子能出版社,2001

26 NEA/OECD , Confidence in the Long Term Safety of Deep Geological Repositories : Its Communication and Development , NEA/OECD, 1999

27 IAEA , Retrievability of High Level Waste and Spent Nuclear Fuel , IAEA-TECDOC-1187,2000

28 NEA/OECD , Reversibility and Retrievability in Geological Disposal of Radioactive Waste , NEA/OECD, 2001

29 王驹,范显华,徐国庆,郑华铃等著.中国高放废物地质处置十年进展.北京:原子能出版社,2004

30 国家核安全局,放射性废物地质处置库选址,核安全导则 HAD401/06

31 陈式,马明燮等著,中低水平放射性废物的安全处置,北京:原子能出版社,1998

32 李书绅、王志明等著,核素在非饱和黄土中迁移研究,北京:原子能出版社,2003

33 李书绅、王志明等著,^{237}Np,^{238}Pu,^{241}Am 和 ^{90}Sr 在包气带黄土、含水层和工程屏障材料中迁移规律研究,北京:原子能出版社,2005

34 陈式,马明燮,环境放射化学研究中几个问题的讨论,辐射防护,1997,17(2):109

【为国防科学技术工业委员会准备的规划研究报告,2005 年 3 月】

第三部分

退役与环境整治安全

对铀矿冶设施退役工程辐射防护标准问题的讨论

铀矿山和水冶厂的退役整治是近年来我国核工业面临的任务之一，它对于解决历史遗留问题和促进核电事业的发展均具有重要意义。铀矿冶设施退役工程的辐射防护和环境保护标准是各方面普遍关心的事。由于经验不足，也由于问题本身的复杂性和多种制约因素，加之对ICRP辐射防护体系中的一些重要概念存在误解误用的情况，因此在标准的制定和执行中出现一些问题，值得引起注意。

随着ICRP第60号出版物[1]和其他配套文件的出版，辐射防护体系显出了比过去更强的生命力。它既有可能适应军工和民用两种不同情况，也有可能满足特定退役工程中不同部分的需要。为了充分利用上述可能性，应当支持专业技术人员通过具体的工作并结合退役工程实践，参与退役工程实际标准的制定、执行和完善过程，预期达到确保安全和节约投资的目的。

本文根据近几年来我国铀矿冶设施退役整治的初步经验，力求从总的框架上对退役工程及其辐射防护标准做出科学的分析和表达。由本文引起的讨论，可能将有助于鼓励专业技术人员为完成退役工程做更多、更深入的工作。

1 铀矿冶设施退役工程概述

我国大部分铀矿山和水冶厂位于人口稠密、多雨潮湿地区，且铀矿品位偏低，遗存大量废石和尾矿。由于历史原因，在厂矿区域内不同程度地受到污染，废石场和尾矿库的选址、设计、建造和运行也遗留了不少问题，因此在厂矿停产后如不及时合理地组织和实施退役工程，可能会对周围环境产生有害的影响。

铀矿冶设施“退役工程”只是一个总的提法，实际工作内容包括设施退役和废物处置两部分。退役工程的辐射防护标准要按实施过程、退役终态和废石尾矿处置三个方面分别进行考虑。不可笼统地说“退役标准”，也不可滥用“终态”和“处置”等字样。

设施退役和废物处置是性质不同的两种工作。实际上尾矿库和废石场是“在役”的废物处置设施，只不过借退役工程之机进行必要的整治。可能因为铀矿冶固体废物都实行就地处置，所以容易混淆设施退役和废物处置的界限。

退役工程的实施过程主要包含以下整治操作：(1)铀矿井的永久性封闭；(2)受污染设备、材料和建筑物的表面去污；(3)受严重污染的工艺系统和建筑物的解体拆除；(4)三废的净化、减容和固化处理及流出物的控制排放；(5)地表土壤、路面、农田以及池塘内污染物的清除；(6)露天矿区和塌陷区的土地恢复；(7)固体废物处置(包括回填)；(8)尾矿库和废石场的稳定化。

退役工程的实施是铀矿冶设施运行的必然延续。它的正当性是在整个核燃料循环范围内决定的，无论对退役本身还是对废物处置均是如此。为了评价退役工程实施的结果，需要将设施退役与废物处置分别对待。其中设施退役的结果可用“退役终态”来描述。

退役终态是与退役目标的选择即退役级别的确定密切相关的[2]。对整个设施来说，如果选定三级退役目标，则退役终态应满足不受限制开放的要求；如果选定二级退役目标，则应满足有控制开放的要求。同样地对材料的去污来说，也要区别不受限制使用和有控制使用等不同标准。一方面，各企业单位应根据辐射防护标准进行退役工程；另一方面，各企业单位可根据实际情况选择退役目标，选择三级退役还是二级退役。除了完全撤离的单位，对三级退役要慎重考虑，量力而行。

2 ICRP 辐射防护体系对铀矿冶设施退役工程的适应性

ICRP 第 60 号出版物明确区分了“实践”和“干预”两类防护体系，这对于解决铀矿冶企业的历史遗留问题具有重要意义。为了某种有益目的而增加(产生或伴随)照射的人类活动称为“实践”，减少业已存在的照射的人类活动称为“干预”[参见 ICRP 60 号出版物(以下简称 60 号)第 S15 段]。对于拟议的或继续进行着的实践，其防护体系简称为辐射防护三原则，即实践的正当性、防护的最优化和个人剂量(或个人危险)限值。对于干预，讲限值是没有意义的[3]。但仍要满足正当性要求和谋求对干预的方法、规模和持续时间选择的最优化要求。为了施行干预，事先基于一些可测的量(如空气、水或食物中某种核素的浓度)与用剂量表示的干预水平的定量关系，大致定出一些以这类可测量表示的导出干预水平是有用的。针对特定的一个干预措施制定的干预水平通常有一范围，以利于根据实际情况进行调整。如果低于范围的下界，可不考虑采取该项干预措施，高于上界则常应施行该项干预[3](参见 ICRP 40 号，第 36、33 和 34 段)。对潜在照射(例如放射性废物处置时可能发生的低概率事件及其后果)，在发生前的阶段是作为实践防护体系的一部分来处理的；一旦发生后，通常要导致干预(参见 60 号，第 195 段)。

ICRP 第 60 号出版物特别指出，在考虑进行干预的许多情况中有不少是长期存在的，不要求紧迫行动，如居室中的氡及以往事件的放射性残余物(参见 60 号第 6.2 节)。最常见的留存残余物的原因是早期采矿和使用镭化合物发光材料留下的长寿命放射性物质的埋藏，用采矿废石填垫土地而后建造住房，操作镭的建筑物改作他用以及在事故中有长寿命放射性物质散布到居住区和农业区等。对这类情况的干预，ICRP 称之为补救行动。与之对应的干预水平，通常称为行动水平。在补救行动中还可能引出职业照射和废物处置问题。补救行动实施过程本身应依照实践的防护体系办理(参见 60 号第 219 段)。

除实践和干预的防护体系外，豁免原则的应用也是与退役工程的辐射防护标准有关的。ICRP 第 60 号出版物“注意到”国际原子能机构和经济合作与发展组织核能局(NEA/OECD)对源的豁免所提出的建议，并指出其与辐射防护体系的相容性。它还以新的方式阐述了“排除和豁免法规控制”的原则。其中讲源或环境情况的豁免有两种根据，即微小的个人剂量和集体剂量，或没有合理的控制方法能使个人剂量和集体剂量明显地减少(参见 60 号，第 287 段)。关于前者，ICRP 第 46 号出版物曾给出定量化的建议(个人剂量$<10\ \mu Sv/a$，集体剂量$<$ 1 人·Sv)；关于后者，显然要求一个类似于防护最优化中所需的研究。

综上所述，有两种主要方法可以适应铀矿冶设施退役工程对辐射防护标准的不同需求：第一是区分实践和干预；第二是防护最优化，包括有关实践、干预和豁免的最优化。除了在实践的防护体系中个人剂量(及个人危险)限值必须遵守外，从来没有硬性规定必须达到某个防护水平，只规定可合理达到的尽可能低的水平。各种适用于不同具体情况的日常控制值、干预水平或豁免值，都是最优化的结果。

铀矿冶设施退役工程的辐射防护标准如何按实施过程、退役终态和废物处置分别予以考虑呢？本文提出了以下一般性意见。尽管存在历史遗留问题，不应把铀矿冶设施退役工程都纳入干预的防护体系。根据 ICRP 第 60 号出版物的建议，无论退役工程是否施行干预，实施过程本身一般应遵循实践的防护原则。而对已经存在于环境中的污染则应按干预的防护原则采取或不采取补救行动。对于去污后可供不受限制使用的废金属，则应符合豁免要求。关于尾矿和废石处置的长期环境影响，由于历史原因在某些情况下可能不得不按干预防护原则采取补救措施以减少这种影响。这与核燃料循环后端新建中低放废物处置场必须遵循实践防护原则的情况是不完全相同的。

3 铀矿冶设施退役工程的实用标准

正如前文所述，铀矿冶设施退役工程涉及一系列整治操作，需要用一系列标准来衡量这些整治过程及完成整治的结果（这结果包括退役终态和废物处置设施稳定化两部分）。除了基本的剂量（及危险）标准如源相关个人剂量（及危险）约束值外，还需要一些可直接在现场使用的实用标准。铀矿冶设施退役工程最重要的实用标准名录可列举如下[4]：(1)污染土壤清除标准（主要对^{226}Ra）；(2)可居住建筑物氡子体浓度和 γ 辐射空气吸收剂量率标准；(3)污染设备、器材、建筑物的表面去污标准；(4)污染废旧钢铁回收标准；(5)尾矿库和废石场氡析出率标准；(6)尾矿库和废石场保护地下水不受污染的标准；(7)尾矿库和废石场稳定化工程寿期标准。

关于尾矿库和废石场稳定化工程寿期问题还应补充以下说明[4]：建造铀矿冶废物处置设施有两种政策选择，以工程控制为主或以长期管理控制为主。实际方案的选择往往介乎两者之间。目前我国正在考虑符合国情的选择。这一工程决策将对标准的选用产生很大的影响。显然企业单位也有一定的主动权。

怎样确定使用标准呢？在目前情况下比较现实的做法是参照国外标准（国内铀矿冶设施退役工程的辐射防护标准均来源于此）。但同时应支持专业技术人员结合特定现场条件在可行性研究阶段进行防护最优化工作，并将结果报告管理部门或审管当局审批。在这些工作的基础上国家可能制定出相对统一的更符合国情的标准。

以某厂铀污染土壤清除标准的制定过程为例，我们进行防护最优化工作的经验是：进行代价效能分析（一般不做代价利益分析以避开 α 值的选择问题）并首先考虑其结果，同时参考当地土壤中天然铀本底水平及其波动范围，非核活动中公众接受天然放射性核素照射的情况，当地的社会因素，以及国外同类工厂中相应的标准等。在完成以上工作的基础上提出了特定清除水平的建议。

在完善退役工程的执行标准的过程中，除加强防护最优化工作外，还应全面推动对干预的防护体系的深入研究，并在干预水平的选择和应用中积累宝贵的实际经验。

参 考 文 献

1 ICRP. 1990 Recommendations of the International Commission on Radiological Protection. ICRP Pub. 60, 1990

2 IAEA. Safety in Decommissioning of Research Reactors. Safety Series No. 74. IAEA, 1986

3 李德平．区分不同类别的活动及其防护和对潜在照射的防护——对ICRP新建议书中一些问题的讨论．辐射防护，1991，11(6)：401

4 IAEA. Safe Management of Wastes from the Mining and Milling of Uranium and Thorium Ores. Safety Series No. 85. IAEA，1987

【载于《辐射防护》，1993，13(16)：414】

持续照射的防护原则及其在核设施退役中的应用

1 持续照射的由来和特性

持续照射是新近发展起来的一个概念。它是相对于应急照射而提出的一种对公众的持续性照射。国际放射防护委员会(ICRP)1990年建议书[1]指出:“在考虑进行干预的许多情况中有不少是长期存在的,不要求紧迫行动。其他由事故引起的情况,如果不采取即时措施就可能造成严重照射”(ICRP-60第215段)。持续照射和应急照射的共同点是照射源业已存在,但在照射的严重程度和持续时间上有显著的不同,因此在防护原则和可能采用的防护措施上也有某些不同的考虑。

目前已经确认了的几种典型的持续照射情况如下:

(1)住房和工作场所中氡的天然照射,不包括某些工作场所中已被审管机构宣布为职业照射的氡的照射。

(2)早期采矿和地质勘探中产生的长寿命放射性物质分散式的埋藏或堆放。

(3)早期使用镭化合物发光材料的操作中产生的废物就地埋藏或堆放;操作镭的建筑物后来用于其他用途。

(4)用采矿废石填垫土地而后建造的住房。

(5)早期中低放废物的浅埋处置由于混杂了超铀废物可能导致超长期后果。

(6)早期非地下核武器试验所引起的局部环境污染。

(7)严重事故中释放的长半衰期放射性核素散布到广大居民区或农业区造成的污染。

(8)多次事故或无组织释放造成的环境中放射性核素积累。

(9)不规范和不彻底的核设施和场址退役余留的污染。

(10)未受通知和受证制度约束的实践和源所产生的放射性残留物。

以上列举的不完全的持续照射情况,大体上可以区分为天然照射(第1种)、历史遗留问题(第2～6种)、已经发生和将来仍有可能发生的不良实践的后果(第7～9种)和尚未进入审管体系的情况(第10种)等四类。它们的共同特点是对公众的照射源业已存在,有的甚至是长期存在;而照射途径和受照个人在多数情况下也是既成事实,但也有以潜在照射情况出现的。在上述情况中,除第7种和第5种以外,其他在我国均已出现或可能有类似情况存在。也就是,持续照射或潜在的持续照射情况是一个相当普遍的问题,值得引起注意。

2 持续照射的防护原则

业已存在的照射,包括应急照射和持续照射,从提出之日起就是在干预的防护体系内考虑的问题。干预的目的是通过某种人类活动降低总的照射。ICRP阐述了持续照射所应遵循的防护原则,即根据“干预应当利多于害”和“干预的形式、规模及持续时间应当谋求最优化”的原则(ICRP-60 第 113 段),推导出定量化的行动水平,来帮助决定是否需要采取补救行动(ICRP-60 第 217 段)。

由国际原子能机构(IAEA)等 6 个国际组织联合颁布的“国际电离辐射防护和辐射源安全的基本安全标准”(BSS)[2]针对持续照射情况强调了审管机构、干预组织和许可证持有者或注册者各自的职责,阐述了依据行动水平来制定和实施补救行动计划的程序,给出了住房和工作场所中氡的持续照射的行动水平(年平均氡浓度分别为 200～600 $Bq \cdot m^{-3}$和 1000 $Bq \cdot m^{-3}$),并规定了如果持续照射对生殖腺、眼晶体或骨髓的剂量水平各自接近 0.2、0.1 或0.4 $Sv \cdot a^{-1}$时,补救行动在任何情况下都是正当的。

最近一个时期,一些国家和国际组织的工作显示了一种新的趋势,即在不同的情况下持续照射问题可能分别纳入干预的防护体系和实践的防护体系[3]。这一新的发展有利于对公众照射提供更好的防护。为了阐明这一发展的必要性,需要对前述几种典型的持续照射情况做出进一步的分析。

从照射的严重程度和所涉及的地域或公众人口数看,排在最前头的自然是第 7 种持续照射情况,因此必须采取措施确保不发生严重的核事故。万一发生了这种事故,对事故的严重后果无疑只能按照干预的防护原则进行处理(但应注意区分事故的早期和中、后期)。其次是第 1 种情况,住房与工作场所中氡的天然照射涉及千家万户,对人体所产生的剂量占人体所受天然辐射总剂量的颇大一个份额。在一些发达国家,室内氡的防护已成为热门话题。对这种持续照射情况是采取强制性的或忠告性的补救行动应由审管机构或干预组织在考虑了实施的社会和法律状况后决定[2]。再次是第 6 种情况,在空中和地面进行的核武器试验对局部环境所造成的长期的相当严重的污染。尽管这些试验可能发生在荒无人烟的地区,仍留下了一个大面积的潜在的持续照射源,应按干预的防护原则进行处理。

但是在我国当前迫切需要解决的持续照射问题应是与核设施退役和废物清理有关的问题,亦即类似前述第 2,3,4,8,9 种情况的问题。对这些问题的处理要比人们想像的复杂得多。与上述第 1,6,7 种情况对照,这里所涉及的污染面积相对较小,污染的严重程度相对较弱,补救行动的费用相对较低。因此究竟是宜于采用干预原则还是实践原则进行处理,似应做更多的具体分析,根据已有的经验,这两类情况都是存在的。

下面一节介绍了主要按实践原则处理的有关核设施退役终态中残留放射性的限制标准已取得的进展,并以此为例进一步讨论持续照射的防护原则及其应用。

3　美国制订核设施退役放射防护准则的进展

在讨论主要问题以前,需要明确几个概念。退役是把已经退出运行的核设施和场址及场址周围环境中存在的放射性污染物清除干净,包括对废物的清除在内。废物处置是将整备了的放射性废物收集在一个处置设施内通过多重屏障系统使之与人类环境长期隔离。废物处置不应包括在退役范畴内。废物处置场关闭以后,或者类似地在铀矿冶设施中的废石场、尾矿库、堆浸场、地浸场和铀矿井停闭以后,所执行的辐射防护标准仍属于核设施运行标准范畴,这与本文讨论的核设施退役以后对退役终态所执行的辐射防护标准有原则性的区别。

核设施退役实质上是对可能存在和业已存在的一种持续照射源的消除或控制。当核设施运行时,在场址边界处一般是限制公众进入的。场区范围内的污染一般不构成对公众的持续照射源。但当核设施退役后场址对外开放时,如果放射性污染物的清除不彻底,则可能产生对公众的持续照射。在这个意义上退役所要消除的是对公众的潜在照射源项。而潜在照射首先是在实践的防护体系范围内处理的[1]。另一种情况是当核设施运行时,对场区周围环境已产生了局部污染。这些污染通常是随时清除的,但也有延迟到退役时才进行彻底清除的情况。如果是业已存在的照射,一般应在干预的防护体系范围内处理[1]。但这取决于许多因素,如污染范围和污染程度等。笔者的看法是,除极少数例外,均须按实践的防护原则办理,以利于核设施正常退役防护标准的统一,并最终有利于对公众的防护。

这里很有必要看一下美国核管会(NRC)是如何进行民用核设施退役放射防护准则(Radiological Criteria for Decommissioning)的研究和制订的[4]。他们的主要工作历程如下:

(1)1990～1992 年 NRC 委托有关单位进行土壤中残留放射性对公众照射途径和剂量估算的方法学研究,并对全国土壤本底放射性所致公众剂量进行估算。

(2)NRC 与美国环保局(EPA)协调了对核设施退役放射防护准则的立场,于 1992 年 3 月签订了理解备忘录,制定了该准则的基本框架。

(3)在以上工作基础上制定了该准则的征求意见稿。

(4)从 1993 年 1 月至 1994 年 3 月,NRC 在全国范围内广泛征求意见,其中包括在 7 个城市举办专题讨论会和大量的信访工作。在此期间共收到各种评议意见 7 000 多件,在集思广益的基础上对准则进行了修改和完善。

(5)NRC 原定于 1995 年或 1996 年正式颁布该准则,目前碰到的问题之一是该准则生效后可能使正在退役的 50 个场址产生经费上的困难。因此,NRC 建议加速这 50 个场址的退役。NRC 打算在颁布准则的同时发布一个防护最优化导则和一个管理导则。NRC 还要会同 EPA 和美国能源部(DOE)共同编辑一本有关检测方法和程序的联邦政府手册。

NRC 至今仍未能颁布其核设施退役放射防护准则,这本身就说明了问题的复杂性。尽管如此,NRC 解决问题的思路是值得研究和借鉴的。与此同时,EPA 在与 NRC 协调一致的情况下也在着手制定适用于军用核设施退役的辐射防护标准。

NRC 核设施退役放射防护准则的主要内容介绍如下[4]:

(1)规定 150 $\mu Sv \cdot a^{-1}$ 为场址无限制开放的剂量限值。达到此限值时可终止运行许可证。该限值是指扣除本底水平后在场址的土地、地下水、地表水、建筑物和设备中残留的放射性通过各种照射途径所致关键居民组成员的总有效剂量当量。该限值的科学含义应为源相关个人剂量约束值。

(2)由于清除费用高等原因而不宜降低到 150 $\mu Sv \cdot a^{-1}$ 以下时,规定 1 $mSv \cdot a^{-1}$ 为场址有限制开放的剂量限值,其科学含义亦应为源相关个人剂量约束值。同时规定在采取了预定的限制措施后应满足上述 150 $\mu Sv \cdot a^{-1}$ 的控制要求。符合以上规定者可在有限制的条件下终止运行许可证。

(3)对那些污染严重的核设施,如果要使场址残留放射性降到低于有限制开放的剂量限值,在目前技术状况下不能实现,或所需大量经费目前难于筹措,或者进一步降低残留污染可能直接对环境或公众造成危害时,可以暂时不进行退役,只需无限期地延长该设施的运行许可证,直到条件成熟时再申请退役。在这种情况下,许可证持有者仍处在审管控制之下。

(4)NRC 要求许可证持有者在核设施退役时进行防护最优化分析,使退役后的场址对公众产生的照射剂量降到可合理达到的尽量低的水平。对那些只使用封闭源和短寿命放射性物质的设施的退役，一般退役计划均可满足防护最优化要求，可不提交专门的防护最优化文件。

(5)退役的目标应是把场址残留的放射性降到与本底水平不能区别的某一个水平上。NRC 原来考虑，如果通过清除使对残留放射性有贡献的所有核素对关键居民组成员所致总有效剂量当量不超过 30 μSv・a^{-1}，就符合了防护最优化要求，而不必进行防护最优化分析。后来虽然根据评议意见删去了 30 μSv・a^{-1}这一具体目标值，但仍保留其精神。

(6)对于设施运行期间填埋在场址范围内的放射性废物必须进行清除，这是退役活动的一个重要组成部分。原填埋废物的地点必须清除到符合本准则的规定。

(7)退役时将产生大量放射性废物。在实施废物处置以前，允许把废物暂时贮存在已经退役的场址上。但只要场址存有放射性废物就不能终止运行许可证，直至废物运出场址为止。

笔者认为，极低放废物(其概念详见本文第 4 节)在符合有关的安全和技术标准时，应允许就地埋藏处置，但需经审管机构认可。

从以上对 NRC 核设施退役放射防护准则的简要介绍中可以看出，NRC 基本上是按照实践的防护原则来对待退役终态的辐射防护标准问题的，但在不同的实际情况面前也表现了相当大的灵活性。就一般情况来说，希望退役后场址无限制开放，此时的辐射防护标准比核设施运行时更严，这是合理的和普遍容易接受的。在某些情况下则要求退役后场址有限制开放，此时的辐射防护标准较宽，表现为实践的防护原则和干预的防护原则在应用上的某种交叉。对防护最优化的要求也是如此，按照不同情况规定了必须进行防护最优化分析和不必进行专门的分析，并提出了防护最优化的理想目标是把场址清除到不能与本底相区别的水平，这实际上表现为实践的防护原则和豁免原则在应用上的某种交叉。对放射性废物的清除也不排除其灵活性，如允许废物在退役后的场址暂时贮存，但此时不能吊销运行许可证。总之，NRC 对核设施退役放射防护准则问题的决策，可能为某些种类的持续照射的控制提供了一个范例。

在我国已经实施的核设施退役中，按照国内专家的意见，大体上是在 10～100 μSv・a^{-1}范围内寻求防护最优化的。现在看来，这在数量级上是不错的(优化范围的上、下界值或许偏低)，但没有形成完整的防护原则和法规体系。现在有了对持续照射及其防护原则的更深刻的认识，又有 NRC 的经验可资对照参考，相信在我国核设施退役中无明确标准的状况不久即将结束。

4　退役与补救行动中产生的废物的分类和处置

这是在讨论持续照射的控制中派生出来的一个问题。这个问题对一切补救行动都是重要的，对核设施退役尤其重要，因为多数退役废物放射性水平不高，数量却很大。这些废物如何分类和如何处置一直是人们关心的问题。

目前极低放废物是国际上讨论的一个热点。在对地表、地下和水下污染物的清除行动以及污染建筑物的拆除中产生了大量极低放废物。这些废物的放射性水平很难准确测量，在分类上难于定位和难于识别，是长期困扰放射性废物管理工作者的一个问题。近年来由于将辐射防护新概念引入放射性废物管理，逐渐找到了解决问题的思路。

放射性废物新近被定义为“含有放射性核素或被放射性核素污染，其浓度或总活度大于审管机构确定的清洁解控水平(Clearance levels)且预期无用的物质”。[5]在这里清洁解控水平被视为放射性废物和非放射性废物的分界线。核素的清洁解控水平是由豁免原则导出的一个概念，它是在满足相应的放射性浓度或活度水平后对原来在审管控制下的源解除控制。最近几年来，对固体材料的解控过程进行了深入研究，区分了无条件解控和有条件解控两种情况。无条件解控适用于那些不管其如何利用，也不管其解控后目的地的材料；有条件解控则需要限制照射途径[6]。一种可能的倾向性意见是把无条件清洁解控水平视为非放废物（解控废物）与极低放废物的分界线，而把有条件清洁解控水平视为极低放废物与低放废物的分界线。当然这种分类方式在实施中不可避免地会碰到很大困难。但它的必要性和在安全上、经济上的意义是显而易见的。

ICRP 第 60 号出版物指出：补救措施（有些其自身也引起废物处置问题）应该按委员会对实践的建议来对待（ICRP-60 第 219 段）。目前中低放废物处置的安全和技术标准已经在国际范围内确立，还需要制定极低放废物处置的安全和技术标准，以满足退役和各类补救行动中产生的极低放废物处置的需要。而对无条件清洁解控水平以下的免管废物则不施加审管控制。

我国在制定国家标准"放射性废物管理规定"（GB 14500-93）[7]的过程中曾经慎重地考虑过退役产生的极低放废物问题。当时已经强烈地意识到把 7.4×10^{4} $Bq\cdot kg^{-1}$ 作为放射性废物的下限[8]是不够安全的，因此建议在低放废物与免管废物之间增设一类废物。由于当时国际上通用的极低放废物与免管废物是同义词，为了避免混淆，在 GB 14500 中没有采用极低放废物这一名称，而用了"低于低放的废物"这个费解的名称，定位于低放废物与免管废物之间。随着国际上对极低放废物的重新定义，我国放射性废物的分类标准将有更科学的表达。

参考文献

1 ICRP 编，李德平等译．国际放射防护委员会 1990 年建议书．ICRP 第 60 号出版物．北京：原子能出版社，1993

2 FAO，IAEA，ILO，OECD/NEA，PAHO，WHO. International Basic Safety Standards for Protection against Ionizing Radiation and for Safety of Radiation Sources. IAEA Safety Series No. 115. IAEA：Vienna，1996

3 潘自强．修订我国辐射防护标准的必要性及有关问题的讨论．辐射防护，1996，16(4)：241

4 任宪文．美国核管会核设施退役放射标准及对相关问题的处理．中国辐射防护研究院，未发表，1996

5 IAEA. The Principle of Radioactive Waste Management. IAEA Safety Series No. 111-F. IAEA：Vienna，1995

6 IAEA. Clearance Levels for Radionuclides in Solid Materials：Application of Exemption Principles (Interim Report for Comment). IAEA-TECDOC-855. 1996

7 中华人民共和国国家标准．放射性废物管理规定．GB 14500-93. 1993

8 中华人民共和国国家标准．放射性废物分类标准．GB 9133-88. 1988

【载于《辐射防护》，1997，17(5)：349】

关于核设施退役与废物管理的环境标准问题

1 核军工遗留问题的环境对策

创建于20世纪60年代的我国核军工生产曾经为“两弹一艇”的成功研制做出了巨大的贡献，但其防护与安全方面却受到历史条件的限制。在当时激烈的国际政治斗争形势下，由于时间紧、任务重、经费有限、技术和管理经验缺乏等原因，在场址选择、工程设计、设施运行、废物管理和环境保护中不可避免地存在许多问题。正是基于对这些客观情况的估计，当时的国家领导人和核军工负责同志对防护与安全是高度重视的，一再强调安全第一，要摸着石子过河。国务院还在1960年批准发布了我国第一批辐射防护法规文件，保证了我国核军工生产的防护与安全工作处在比较高的起点上。特别是对废气和废液排放实施严格控制，避免了苏美早期出现的严重污染环境的后果。然而上述历史条件限制的长期效应终究会显露出来。这就是核军工遗留问题产生的背景。

进入20世纪90年代，国家启动了军工核设施退役与废物管理专项计划。几年来的实践经验已经证实了解决核军工遗留问题的复杂性。许多退役工程的技术难度、所需经费和时间周期超出了原来的预计。加之浓缩的放射性废液过去长期停留在贮存这一步，未经整备的固体废物的贮存变得难以回取，场址范围内的环境污染也不容忽视。一切情况表明，核军工遗留问题不仅是正常的核设施退役和放射性废物管理所遇到的问题，而且包括由于历史原因而增加的更大的困难。由此可见，它的存在只是一定历史阶段的产物(在我国大致可界定为60至70年代上马的那些核设施)，这并不妨碍当前我国发展核能的政策选择。

为了解决核军工遗留问题，有必要注意辐射防护与安全科学的发展趋势。自从《国际放射防护委员会1990年建议书》和《国际电离辐射防护和辐射源安全的基本安全标准》发表以来，防护与安全原则发展得更加科学和更加完备了。它的应用已经深入到放射性废物管理和核设施退役领域。为解决“以往事件的放射性残余物”的防护问题，提出了持续照射的概念和与之相应的防护原则。这些原则适用于一般核设施退役，尤其适用于处理核军工遗留问题。

我国核军工遗留问题的环境对策，应是将普遍的防护与安全原则同我国核军工的实际情况紧密结合起来，在确保安全的前提下，权衡利弊，包括算经济账，采取区别对待和因地制宜的方针，实施防护最优化。这就提出了进一步完善核设施退役与废物管理环境标准的任务。

必须指出，对新建的核设施(无论是民用的还是军工的)，应采用适度从严的防护与安全标准，这正是为了吸取早期核军工的教训，避免将来退役时再次出现不应有的技术难题和过高的花费。这是顺利发展核能的重要保证。

2 现行核设施退役与废物管理标准存在的问题及改进建议

解决核军工遗留问题包括以下几个方面的任务：积存废物的管理，核设施退役与环境整治，退役废物管理等。为完成上述任务，需要标准化工作的配合。其中积存废物的管理完全可以依据现行标准；而核设施退役与环境整治以及退役废物的管理则对标准化工作提出了新的要求，现行标准还不能满足这些要求。

目前我国已发布的核设施退役与环境整治标准共计 6 种，正在编制的还有 2 种；已发布的铀地勘与矿冶设施退役与环境整治标准共计 4 种，正在编制的还有 2 种。现行退役与环境整治标准存在的主要问题是：(a)与目前国际公认的防护与安全原则和放射性废物管理原则没有紧密挂钩，造成指导思想上的混乱；(b)缺少一个总的核设施退役安全管理规定，这就使退役与环境整治标准显得很零散，缺乏系统性，甚至相互抵触。经常可以听到一种抱怨，说国家的退役与环境整治标准太严了，使工作没法进行。实际上随着近年来辐射防护与安全原则研究的进展，已经大大扩展了退役与环境整治的安全空间，使退役与环境整治标准获得了很大的回旋余地，只是这方面的进展还没有在现行国家标准体系中反映出来。目前我国正在做出很大的努力来改进标准与退役工作不相适应的状况。以下是标准改进的要点：

首先，随着放射性残存物持续照射的防护原则的确立，在不同的退役与环境整治情况下，分别采用实践的防护原则或干预的防护原则，是对不同安全需求的最大限度适应。其中对干预活动的控制将全部采取“一事一议”的方式，具有特设和专用的性质。

其次，当采用实践的防护原则时，将对持续照射的剂量约束值设置一段较宽的选择范围，而不是给定惟一的值。这有利于在制定退役终态标准时贯彻区别对待和因地制宜的环境对策。

第三，当退役与环境整治采用实践的防护原则时，对于从剂量约束值导出的，并经防护最优化最终确立的执行标准，既可以是通用的控制值，也可以是专用的控制值。采用专用的控制值将更好地体现区别对待、因地制宜和实施防护最优化的方针。

第四，需要明确豁免原则在放射性废物管理和核设施退役中的适用范围。豁免原则可用于废物和污染物料的解控，从中将派生出无条件的通用解控标准和有条件的专用解控标准。但是对退役场址终态的控制则不宜采用豁免原则。一些人所说的标准太严了，在这里其实是对标准的误解和误用。

在我国进一步完善核设施退役与废物管理环境标准的重要任务，就是把上述原则和指导思想落实在标准的研制工作中去。

综合上述几种情况，如果说通用的环境标准提出了保护环境和公众的一般要求，那么专用的环境标准则更具体地考虑了核设施类型、放射性污染源项、场址环境条件、经济承受能力以及当时当地的社会和政治制约因素。专用标准实质上是去掉了过多偏保守性的企业标准或者是按设施类型与作业类型整合了的行业标准，它并不违背基础性的通用标准。从制定的程序看，专用标准或专用控制值一般由企业或企业联合体提出，并经国家审管机构认可。启动专用标准研制的条件之一是要有相当的资金投入，因为这需要获取大量现场环境数据和工程设计数据，需要进行防护最优化分析和辐射环境影响预测，在许多情况下还需要完成实验室和现场试验。对大型核设施来说，专用标准的实施所带来的大量经费节省将证明在研制时的有限投入是值得的。

核设施退役与废物管理专用环境标准的研制大大滞后是当前的一个大问题。早在 20 世纪 80 年代某大型核设施退役的策划时期，国家环保局曾经根据该厂位于少数民族聚居地区的特殊情况，要求在花费合理的条件下采用偏严的环境标准，这个要求是正确的。当时有关各方一致同意,这些标准只适用于该厂,其他厂矿退役要根据各自的情况制定不同的专用标准。可惜后来并没有抓住实施军工核设施退役与废物管理专项计划的有利时机,启动专用标准的研制。结果出现了两种情况,一种是不适当地搬用了偏严的标准,另一种是在没有适用标准的情况下进入审管程序。这两种情况对于正确解决核军工遗留问题都是不利的。

普遍缺乏现场污染源项的可靠数据也是一个问题。在专用标准研制中需要污染源项调查数据。例如某核设施退役时,由于及时掌握了土壤中铀的分布数据,经过防护最优化分析,选择了合理的污染清除执行标准,避免了大面积的清除行动,就是一个成功的实例。污染源项调查也需要有相当的资金投入。本报告的重要目的就是推动现场污染源项调查和促进专用标准研制的落实。

【为国防科学技术工业委员会准备的咨询报告,1998 年 11 月】

退役与环境整治标准问题的某些经验教训

1 退役与环境整治标准的框架体系

国际原子能机构(IAEA)从20世纪90年代初开始研制放射性废物安全标准系列,该序列已把退役与环境整治纳入放射性废物管理中。整个标准系列包含安全基础、安全要求和安全导则三个层次,并按适用范围区分为通用、排放、前处置(含退役)、处置和环境整治五个板块。在IAEA已出版的标准中,作为退役安全基础的标准是《放射性废物管理原则》,作为退役安全要求的标准是《放射性废物的前处置管理》,有关退役的安全导则,包括《核动力厂和研究堆退役》、《医疗、工业和研究设施退役》、《核燃料循环设施退役》和《核燃料后处理设施退役》等标准。而环境整治的标准则还没有出版。

关于我国退役标准的框架,已商定要吸取IAEA的有益经验,即在各个分散的退役标准之上设置一个总括的安全要求标准。目前正在编制的国家标准《核设施退役安全要求》,是从上述IAEA《放射性废物的前处置管理》中分离出来的,它将作为一项独立的安全要求标准发布。初步商定该项国家标准包括以下章节:范围、引用标准、定义、核设施退役安全目标、核设施退役安全管理原则、核设施退役的辐射安全、工业安全、废物安全、辐射监测、实物保护和核保障、应急计划、质量保证等。我国的退役标准除将等效采用IAEA的主要导则外,还可能把国内已发布的相关标准包括在内(参见表1)。关于我国环境整治标准的框架,需待IAEA工作取得进展后再定。

表1 我国已发布的退役与环境整治标准(截至2000年)

标准编号	标准名称
GB 11850-89	核电厂和大型反应堆退役辐射防护规定
GB 14586-93	铀矿冶设施退役环境管理技术规定
GB 14588-93	反应堆退役环境管理技术规定
GB 17569-1998	核设施的钢铁和铝再循环再利用的清洁解控水平
EJ 588-91	核燃料后处理退役辐射防护规定
EJ 913-94	铀矿地质设施退役辐射环境安全规定
EJ/T 941-95	生产堆退役的去污技术准则
EJ/T 1037-1996	铀加工及燃料制造设施退役环境影响报告的标准格式与内容
EJ 1107-1999	铀矿冶设施退役整治工程设计规定
NEPA-RG 2-91	铀矿退役环境影响报告编制格式和内容
HJ 53-2000	拟开放场址土壤中剩余放射性可接受水平规定(暂行)

用发展的眼光看待标准的框架体系是一个需要反复强调的观点。退役与环境整治标准将随着辐射防护与辐射源安全基本标准的发展而发展，也将随着退役与环境整治实际经验的积累而不断完善。这是合乎规律的现象。我国现行辐射防护标准有《辐射防护规定》(GB8703-88)和《放射卫生防护基本标准》(GB4792-84)。目前正在编制新的国家标准《电离辐射防护与辐射源安全基本标准》，拟用来替代两个现行标准。在新标准的送审稿中，退役与环境整治是作为残留放射性所引发的持续照射问题来处理的，这是一种比较科学和比较准确的定位。在其规定性的内容上，区分了补救行动和剂量约束两类安全环保要求，并且剂量约束还允许有一个较宽的可供选择的范围，充分体现了区别对待因地制宜实施辐射防护与安全最优化的思想，这为正确解决特定历史时期军工和军事部门遗留的问题奠定了基础。现行退役与环境整治标准中有少数标准已经是按新基本标准的精神编制的，但也有相当多的标准仍基于过去的辐射防护标准。在这新旧转换时期，不难理解本文的实例分析中使用不同标准会得出不同的结果。因此对新标准的确立而言，要求在颁布新标准的同时废止旧标准，并要求凡下层旧标准与上层新标准冲突时及时修订下层旧标准，以保持标准体系的统一性。此外在标准的使用上，应考虑的一般规律是晚出标准比早出标准更适用，有针对性的标准比普适性标准更适用。

2 正确制定和使用退役与环境整治标准的经验教训

2.1 拆卸解体前的初步去污标准

这是退役作业中碰到的第一个标准问题，国内曾走过较大的弯路。拆卸解体前去污的标准，过去一般引用《辐射防护规定》表2关于控制区、监督区和非限制区设备类表面放射性物质污染控制水平所做的规定。但该规定只适用于运行中设备的外表面。如果照搬到退役中来，对退役设备管线系统的内表面也提出同样的要求，那是很难实现的。这是因为内表面有很多死角，在拆卸和解体之前很难去污干净。于是出现了一种现象，一次又一次重复清洗去污循环仍难以达标，而且后期去污系数仅略高于1，效率很差从而造成很大浪费。其原因是未搞清楚拆卸解体前初步去污的目标是控制拆卸解体时的职业照射。为了控制这类职业照射，中国辐射防护研究院在为某退役工程编制环境影响报告书时，提出应对设备管线系统的内外表面污染采用不同的控制方法。对外表面污染的控制仍沿用上述标准的规定，但在高辐射场下表面污染水平的控制值仅限定用于非固定污染。而对内表面的清洗去污则直接控制其外照射，并给出了高放、中放、低放等不同类型设备或设备室所应达到的剂量率水平上限。这一做法尽管还不够成熟，但比较合理。

2.2 拆卸解体后的深度去污标准

深度去污是为了实现有用物料的无条件解控，其标准要求是达到清洁解控水平，故一般只能在拆卸和解体后进行。由于标准体系的不完善和宣贯不力，目前深度去污仍习惯采用《辐射防护规定》第3.1.5条的规定：“工作场所的某些设备与用品，经去污使其污染水平降低到由表2中所列设备类的控制区数值的五十分之一以下时，经辐射防护部门测量许可后，可当作普通物件使用(但不得用于炊具)。”这项规定是在没有建立清洁解控水平概念之前做出的。有一退役项目为了达到此规定的目标，不得不在可研报告中设计了一套重复多次的去污方案，其结果是使退役费用增加到难以接受的程度。实际上已经有了新的国家标准《核设施的钢铁和铝再循环再利用的清洁解控水平》(GB17569-1998)，该标准规定的清洁解控水平更加科学合理，而且有利于放射性活度的准确测量。

2.3 某些污染设备材料内部回用的去污标准

由于解控后的物料流向社会时，存在一定的社会风险，故政策上应鼓励物料的内部回用。此时可不以清洁解控水平为去污目标。为此中国核工业集团公司正在考虑制定某些有特定用途物料的专用去污控制值。某矿下辖两个分矿，其中一个分矿退役后，大量设备材料可以执行内控标准经去污后在另一个分矿回用，而不必采用解控标准。

2.4 某些严重α污染物料的非α废物化标准

当某些严重α污染物料在去污后达不到深度去污标准时，可以考虑改变去污目标，使其实现非α废物化。由于α废物的处理、整备、贮存和处置费用很高，尽量减少α废物产生量是退役和环境整治中值得注意的问题。在国家标准《放射性废物的分类》(GB9133-1996)中已经规定了α废物的下限值。在α污染物料去污时正确使用该下限值标准可产生重要的经济利益，但如何实施非α废物化还缺乏实际经验。

2.5 拆卸和解体时的安全标准

退役工程作业将面临许多新的安全问题。特别是在系统和设备的拆卸解体时，原来运行状态下保持完整的包容系统将被破坏，外照射和吸入性内照射的危险都将显著增加。在强辐射场下要求遥控操作或使用机器人，在切割时要防止新产生的气溶胶的危害，在停工或拆卸解体状态下α污染区的α气溶胶不仅将造成二次污染，还会使污染向邻区扩散。对上述诸方面应准备好采取新的安全措施，重建纵深防御安全系统。经验的缺乏，技术准备的不足和没有具体的标准规定都将威胁工作人员的健康。在退役工程作业中可能碰到的其他安全问题还有临界安全、工业安全。堆芯监护封存时将提出工程长期稳定性要求。此外，拆除现有的安全系统应经过审评，使用旧的废物管理设施应经过检验，建立新的废物管理设施应注意安全分析。在这些方面近年来也有不少经验教训，应经过总结使其吸收到有关的退役安全标准中去。

2.6 地表污染土壤清除标准

地表污染土壤的清除应以达到清除水平为目标，在国内常称之为土壤中残留放射性可接受水平。中辐院对清除水平的研究始于20世纪80年代末。经验表明，清除水平只能是专用的管理控制值，它与核设施类型、环境污染状况、场址的自然和社会条件、整治工程方案和整治后场址的用途等均有密切关系。可见清除水平是不宜照抄照搬的。制定清除水平的方法是：第一步选定剂量约束值；第二步根据退役后场址的可能用途和环境条件确定照射情景和途径，从剂量约束值导出土壤中相应核素的活度浓度值；第三步在估算清除工程费用后采用代价效能分析法做防护最优化分析；第四步参考当地放射性本底数据和国内外有关标准，综合形成一个可合理达到的尽可能低的管理控制值。这一方法已多次在退役工程中获得应用。上述制定污染土壤清除标准的经验适用于无限制开放的场址。而对于有限制开放的场址或退役后仍置于核审管控制之下的场址，其照射情景和途径是不同的，此时如何制定污染土壤清除标准还有待积累新的经验。

值得注意的是，目前普遍对国家环保总局新近发布的导则《拟开放场址土壤中剩余放射性可接受水平规定(暂行)》(HJ53-2000)产生误解，以为该导则已经提供了可以应用的土壤中剩余放射性可接受水平。实际上该导则只是完成了上文的第二步工作。它不可能替代我们自己应做的剂量约束值的选择、在选定的约束值基础上进行防护最优化分析和综合确定可合理达到的尽量低的水平。此外,由于该导则是针对全国一般情况而不是针对特定场址制定的,不可避免地在导出值中存在过分偏保守的假设。根据我们在实用中的检验,该导则对铀、^{239}Pu、^{90}Sr等核素的导出值明显偏严。因此我们建议该导则的使用限于对第二步提供方法学指导。

对易迁移核素的清除控制值,不同深度的土壤可能有不同要求。例如国家标准《铀矿冶设施退役环境管理规定》(GB14586-93)规定了“土壤去污整治后对^{226}Ra 的最高比活度要求:任何平均 100 m^{2}范围内,上层 15 cm 厚度土层中平均值为 0.18 Bq/g,15 cm 厚度土层以下的平均值为 0.56 Bq/g”。

污染土壤清除水平的制定是立足于退役源项调查基础上的。但目前往往有一种不正常的情况,在退役源项调查时只做厂房内部的污染调查,厂房外部的场址环境污染数据很少,总想把场址环境的问题留待退役后期解决。已有的退役经验表明,大型核设施的退役策略是分区分片退役,不只考虑工号内部,而是划出一片地区,包括工号和工号周围环境。因此污染土壤调查要作为源项调查的一部分来安排,着重在典型地段对污染的平面分布和垂直分布进行调查。

2.7 建筑物表面污染清除标准

在核设施退役时依据不同情况,有的建(构)筑物要拆毁,有的要留作他用。如果留用建筑物继续作为核厂房使用,则可按照《辐射防护规定》表 2 规定的标准对建筑物表面污染进行清除;如果改为非核民用,其清除标准却是一个新问题。目前已经明确不宜搬用污染物料的清洁解控标准,倾向于按照建筑物特有的照射途径制定清除标准。如果建筑物被镭污染,则除了镭的清除标准外,还需要执行氡子体 α 潜能浓度标准,见于国家标准《铀矿冶设施退役环境管理规定》。如果建筑物需要拆毁,其污染清除水平应能保证建筑垃圾可作为极低放废物填埋处置。

2.8 退役与环境整治废物的分类标准

退役与环境整治过程中产生的废物除按一般放射性废物分类外,还存在一类放射性水平仅略高于清洁解控水平但数量很大的废物,例如拆毁建(构)筑物产生的垃圾和清除污染土壤产生的污染程度较轻的废物。国内对这一类废物尚未正式命名,通常称为极低放废物。目前国内对极低放废物中核素活度浓度上限值的标准缺乏研究,按照国外的经验,它是通过对极低放废物填埋的辐射环境影响评价制定的。

退役与环境整治将比核设施运行产生多得多的解控废物和经过去污后可解控的物料。它们的上限值均为清洁解控水平,但废物的清洁解控水平和物料的清洁解控水平在数值上是不同的,主要是由于其照射途径不同。国家标准《辐射源和实践的豁免管理原则》(GB 13367-92)附录 A 表 A1 低水平固态废弃物的豁免比活度指的是废物的清洁解控水平,附录 B 表 B1 可回炉再利用的污染钢材的豁免值和表 B2 可回收再利用的钢材和设备的表面污染豁免值则是指物料的清洁解控水平。此标准的可操作性较差。上文已提到物料的清洁解控水平有一个新标准,但也还不够完善;而废物的清洁解控水平标准则有待进一步研制。值得注意的是《国际电离辐射防护与辐射源安全的基本安全标准》发布以来,对其附件中的《表 1-1“豁免水平:放射性核素的豁免活度浓度和豁免活度”》引起了很大的误解。尽管豁免水平和清洁解控水平都是从豁免原则导出的,但适用的对象不同(前者适用于小源和固有安全源,后者适用于批量废物和污染物料),照射途径不同,因而在数值上有很大差异。在实际工作中错用豁免水平、废物的清洁解控水平和物料的清洁解控水平标准的事时有发生。

退役与环境整治将产生较多的α废物。α废物的处置安全要求和费用同高放废物处置接近而比中低放废物处置高得多。目前标准中虽已明确了α废物的活度浓度下限值，但由于我国过去的废物管理未严格区分α废物与中低放废物，两者混杂贮存，在退役中要解决分拣问题，在测量上有相当的难度。

2.9 α废物管理技术标准

我国尚未建立α废物管理标准系列，该系列包括减少α废物的产生，α废物的处理、整备、贮存和处置等技术安全标准。目前减少α废物产生的技术如α污染物料的深度去污和非α废物化技术的研究成果尚未经过现场验证，因此在退役可行性研究报告中经常看到不得已的方案是将拆卸下来的α污染物件整体装桶密封暂存，这表明我国的α废物管理技术不能满足退役工程的需要，应加强技术开发的力度。α废物的贮存属于几十年长周期的贮存，安全要求较高。我国尚未有α废物包装容器和α废物库标准。

2.10 极低放废物填埋标准

我国已有退役产生的含微量铀的废物就地填埋的实践经验，在谨慎选择填埋地点、覆盖材料种类与厚度和夯实措施等方面均取得一定经验，还公开展示填埋物中不含可用之物以减少挖掘风险。现在需要制定极低放废物填埋的标准或工程规范。

2.11 补救行动的安全标准

对于残留放射性引起的持续照射，首选的作业是清除，不得已时才采取补救行动。这两者是有区别的，前者着眼于减少放射性污染的量，后者着眼于减少现实的和潜在的危险。其决策取决于污染现状和退役与环境整治后场址的用途及技术、经济、环境、社会等多种因素。由于某些对象的复杂性，实际工作中也存在清除加补救的混合方案。

我国尚缺乏补救行动的经验，在铀矿冶设施退役和环境整治中碰到过一些，如对某些不合规范的尾矿库、废石场采取补救措施等。有些环境污染究竟应该清除还是补救需要研究，不能随意决策，如某矿准备对污染的工业场地采取覆盖措施，但并没有对污染源项进行详细调查，也没有将清除方案与覆盖方案进行比较。国外有较丰富的补救行动经验，值得我们学习。从国外的经验中可以知道，受污染的环境介质和废物是两个不同的概念，只有在清除作业中受污染的环境介质可转化为废物，而补救行动作业并不一定产生废物。这样才能理解，补救行动中的封隔工程表面看起来与废物处置颇为类似，其实安全标准不同。废物处置采用实践的防护标准；而补救行动的标准是基于干预原则的补救行动水平。

2.12 退役与环境整治终态的环境影响评价标准

由于目前缺少退役与环境整治终态的环评标准，有些人就想借用设施运行的环评标准，结果引出了许多教训。因此有必要区分设施运行的环境影响评价和无限制开放场址终态的环境影响评价。前者存在场址边界，照射情景以流出物引起的照射为主，评价性质是预评价，评价指标为剂量的管理目标值；后者不存在场址边界，照射情景主要为非流出物引起的照射，评价性质是实际评价，评价指标为终态活度浓度的管理控制值。一句话，前者是通过计算来评价的，后者是通过测量来评价的。当然，在矿冶设施的退役与环境整治终态中，除了严格意义的退役与环境整治外，还存在尾矿库和废石场等与废物处置类似的设施，此时应采用混合型的环境影响评价方法。

3 建议

退役与环境整治标准的研制和使用均存在较多的问题，建议在进一步总结经验教训的基础上采取有力的改进措施，使标准能够满足退役与环境整治工程设计和施工的需要，而不是拖设计和施工的后腿。

在退役与环境整治标准中，既有国家和行业通用的标准，也有仅适用于特定企业或场址的专用管理控制值。建议专用管理控制值的研制在工程前期给予安排，与污染源项调查几乎同时进行。对专用管理控制值的认识可能不尽一致，建议通过典型示范加以解决。

【载于《辐射防护与废物管理专家研讨会论文集》，山西太原，2001 年 5 月】

对改进退役标准研制和使用的讨论

在《退役与环境整治标准问题的某些经验教训》一文中，我们介绍了标准的框架体系，初步总结了标准的研制和使用中积累的某些经验教训。在此基础上，本文将对退役的指导思想在近年来的演变做出简要的说明，并结合退役工程的急需，进一步讨论如何改进退役标准的研制和使用。

1 修订国家标准《放射性废物管理规定》的有关进展

在我国放射性废物管理标准系列中，《放射性废物管理规定》(GB14500)是属于“安全基础”层次的标准。此标准的修订情况对退役标准的研制有较大影响。

在该标准修订版报批稿的第3章中明确地区分了退役(decommissioning)和环境整治(environmental remediation)两个概念，后者过去曾不准确地译为环境恢复，引出一些误解。本文讨论的范围虽限于退役标准，但退役本身也有可能包含核设施内部环境和外部环境污染的整治，在这种情况下环境整治只是作为核设施退役的组成部分对待的；本文的讨论不涉及重大核事故后果和核试验场等大面积环境污染的整治。

报批稿的第5章规定了废物管理的基本原则。这些原则的适用范围覆盖了退役与环境整治。该规定除继续强调健康、环保、安全等项原则外，最明显的变化是提出了优化和最少化原则。优化的完整表述是：“放射性废物管理应遵循减少产生、分类收集、净化浓缩、减容固化、严格包装、安全运输、就地暂存、集中处置、控制排放、加强监测的方针，实行系统管理。废物管理应以安全为目的，以处置为核心，充分发挥废物处置和排放对整个废物管理系统的制约作用。废物管理应实施对所有废气、废液和固体废物流的整体控制方案的优化和对废物从产生到处置的全过程的优化，力求获得最佳的技术、经济、环境和社会效益，并有利于可持续发展”。最少化的表述是：“在一切核活动中，应控制废物的产生量，使其在放射性活度和体积两方面都保持在实际可达到的最少量”。以上原则对退役也有重要意义。

报批稿的第20章是直接对退役与环境整治的规定。以下几点值得注意：①退役的目标规定了两种情况——无限制或有限制的开放和使用，而不像过去只规定无限制的开放和使用一种情况；相应的定量化目标是残留放射性物质与其他有害物质的量减少到可以接受的水平，或危险减少到可以接受的水平。②退役的基本步骤规定为去污、拆卸、解体、拆除、清除、补救行动、退役废物管理等。应准确把握它们的含义，区分初步去污与深度去污，去污与清除，拆卸与拆除，拆卸与解体，拆除与清除，清除与补救行动，废物与受污染的环境介质等概念。③在设备和材料的再利用、建(构)筑物的留用和场址的使用等规定中体现了退役是国家资产管理的延续的思想。④强调了应在核设施的设计和运行阶段就考虑如何有利于设施的退役，如同核设施的设计和运行中考虑减少废物产生一样。⑤对退役的准备、设计和施工以及终态验收做了规定。⑥规定了退役废物管理应作为退役工程的组成部分给予规划和实施。⑦规定了在退役计划中应包括环境整治的内容。⑧对极低放废物管理的表述是:"在退役和环境整治中产生的放射性水平很低,但略高于清洁解控水平的大量废物(又称极低放废物),应按审管部门批准的管理限值和实施方案进行处置,而不必送往低、中放废物处置场处置。"

2　研制国家标准《核设施退役安全要求》的进展

此标准被设定为"安全要求"层次的标准。它对以后一系列具体的退役标准的研制有较大影响。此标准文件的目录如下:范围,引用标准,定义,核设施退役安全目标,核设施退役安全管理原则,核设施退役的辐射安全,核设施退役的工业安全,核设施退役的废物安全,核设施退役的辐射监测,应急计划,实物保护,质量保证。

关于退役安全目标,文件指出退役的最终目的是实现场址无限制或有限制的开放或使用,为达到此目的,经审管机构批准,可以实施不同的退役策略。这样就避免了统一规定退役的阶段或级别。

关于退役安全管理原则,文件根据国内外退役经验给出以下规定:①退役应在整体规划的基础上有计划、分步骤地实施。②核设施的设计、建造和运行应为退役提供便利。③退役的营运单位应对退役安全负最终责任。④在退役准备阶段应进行退役源项调查;必要时在退役实施阶段还应补充进行更详细的源项调查。⑤退役的营运单位应遵守国家有关退役的法规标准,并在退役准备阶段制定或选用残留放射性水平管理控制值和获得审管机构的认可。⑥应通过多方案的比较来选择退役方案。⑦应按审管机构的规定提交退役工程安全分析报告书和环境影响报告书并获得通过。⑧退役终态需经主(审)管机构的现场验收。

关于退役的安全要求,文件给出了比较全面系统的规定,其要点如下:①强调了退役辐射安全有别于运行辐射安全的一些特点,因此应加强对危险因素的预测和事先准备好防范措施。②提高了对退役中工业安全的重视程度。③退役废物的安全管理任务繁重,复杂性增加,因此在没有明确各类废物出路的情况下不宜开始实施退役。④退役过程自始至终离不开辐射监测,且工作量大,技术上有难度,因此宜统一组织,细致安排,逐日检查,及时反馈。⑤对应急计划、实物保护、质量保证等涉及安全的其他方面也提出了要求。

3　对退役标准主要内容的探讨

根据我们过去的研究,放射性废物管理标准的内容,可包括不同核设施和不同废物管理对象所致公众照射的辐射防护标准,不同废物管理设施和作业的安全标准,废物的优化与最少化管理实施标准,以及废物管理的技术标准等,即主要是围绕防护、安全、管理和技术展开的。对于退役标准也不例外。而目前最急需的退役标准则是退役的防护与安全标准。

具体的退役标准可按以下方式构成:①为不同类型的核与辐射设施的退役制定各自的标准。例如IAEA已考虑了四种类型:核动力厂和研究堆退役,医疗、工业和研究设施退役,核燃料循环设施退役和核燃料后处理设施退役。在核燃料循环设施退役中,又可进一步划分为铀矿冶设施退役,核燃料加工设施退役,军用堆和核燃料后处理设施退役等。②在每一类设施退役的标准中,可按退役基本作业的需求具体规定各自的防护与安全标准和管理与技术要求,这些作业有:去污,拆卸解体,污染土壤清除,留用建(构)筑物表面污染清除,建(构)筑物拆除,退役废物分类,α 废物管理,极低放废物填埋,补救行动工程或措施等。③为研制专用管理控制值提供所需的方法学推荐。特别对于大型核设施退役来说，采用专用管理控制值更符合优化原则。可以考虑的专用管理控制值有：污染土壤清除水平，留用建（构）筑物表面污染清除水平，内部回用的污染设备材料的有条件清洁解控水平，极低放废物活度浓度上限值，补救行动水平等。

4　退役标准研制和使用的改进意见

退役标准研制应吸收国内外在退役指导思想和退役标准框架的研究中已经取得的成果，在较高的起点上进行。退役标准的研制应以IAEA已经发布的标准为主要参考文件。退役标准的规定性内容应符合国内正在制定的《电离辐射防护和辐射源安全基本标准》和正在修订的《放射性废物管理规定》的精神。

退役标准研制应结合我国的实际情况。我国核军工遗留问题的环境对策，应是将普遍的防护与安全原则同我国核军工的实际状况和退役的需求紧密结合起来，在确保防护与安全的前提下，权衡利弊，包括算经济账，采取区别对待和因地制宜的方针，实施防护最优化。大型军工核设施采用某些经批准的专用管理控制值就是结合实际的重要体现之一。

退役标准滞后已开始影响退役设计和施工。为加速标准研制，可否组建若干个精干的“三结合”的专题组，由专题研讨入手，尽快进入编制阶段，并希望尽快落实经费支持。

使用退役标准中值得注意的问题，一是正确把握概念，特别是对一些体现辐射防护目标的物理量要准确区分，不可误用；二是区分通用控制值和专用控制值，它们代表着两种不同程度的防护最优化的结果，不要以为专用控制值可以乱来，它们都要经过审批，因此都是合法的。三是注意潜在照射。退役的特点是现实照射和潜在照射并存。某些潜在照射并不是很容易预计的，而且由潜在照射转化为现实照射往往是突发的，转化的条件在标准中不可能一一列举，有时要靠操作者的经验和“举一反三”才能防止。在清理和继续使用旧系统时，在清理环境污染时，特别是在拆卸解体时，都可能发生一些意想不到的事情，需要加强预测和防范。因此使用退役标准不完全是照章办事，需要用退役实施细则加以具体化和进行补充，需要更强的监测手段以利于发现问题，更需要责任心和质量保证。

为实现以上设想，信息交流具有特别重要的意义。既要宣传退役标准研制已经取得的进展，又要总结和交流使用标准的经验教训。这次化工学会关注退役学术交流是一个良好的开端。我们还建议改进标准的宣贯方式，建议一些大型核企业在现场组织退役标准学习和研讨会，并邀请少数外来人员参加讨论。这样既有利于标准的正确使用，也有利于改进标准的研制。

【载于《核化工学会退役与废物管理专题研讨会论文集》，新疆乌鲁木齐，2001 年 9 月】

对核设施退役环境安全问题的讨论

1 引言

根据放射性废物管理关于保护后代和不给后代留下不适当负担的原则[1]，在核设施退役中应当十分重视存在于场址和环境中的长寿命放射性残存物的整治[2]。如果这件事情做不好，就意味着对人类和环境的长期危险；如果残存物整治不及时，污染还可能随时间扩散，留下的负担也会越来越重。子孙后代未享受当前核的利益，却要承担留给他们的不适当的危险和负担，这显然不符合公平原则。

长寿命放射性残存物的整治涉及持续照射问题(在某些情况下也是潜在照射的问题)。持续照射是一种附加的、持久的和非正常的公众照射[3]。典型的持续照射可以由"天然"源引起，例如室内的氡，其中有许多是可控制的；也可以由"人工"源引起，例如来自人类活动的、含天然和人工长寿命放射性核素的残存物，后者几乎都是可控制的。

本文将讨论这些残存物所致可控持续照射的防护原则及其对核设施退役环境安全的意义，并讨论所述防护原则的具体应用。

2 不同来源的残存物整治的防护原则

来自人类活动的长寿命放射性残存物有三个主要来源。其一是从受审管实践中产生的残存物，包括流出物排放所致长寿命核素的非预期积累，以及在实践中止和设施退役后场址和环境中的遗留物。其二是来自未受审管的过去活动和事件的残存物，包括早期核燃料循环设施和核技术利用活动中不合理的废气、废液排放和固体废物填埋，早期受污染设施和场址改作它用引起的污染扩散，未受审管的伴生放射性矿开发利用产生的残存物，以及核武器试验的沉降物等。其三是有重大环境影响的核事故的后果。

国际放射防护委员会(ICRP)第 82 号出版物提出了不同来源的残存物整治原则的建议：对来自受审管实践的残存物按实践的防护原则对待；而对来自未受审管的过去活动和事件的残存物，以及来自核事故的残存物则按干预的防护原则对待[2]。这一建议对核设施退役有重要指导意义。它同时还澄清了对区分实践与干预的某些误解，强调实践所增加的年剂量是有计划选择的结果，干预则是在减少既成事实的照射方面没有选择余地；为减少实践所增加的年剂量而采取的步骤是实践的改进，而不一定是干预[2]。由此可以推断，在一般情况下，为减少实践所致年剂量而实施的退役，应当是实践的延续与改进或实践的一部分，而不一定是干预。

在实际工作中最忌讳不做具体分析套用原则。退役所面对的长寿命放射性残存物往往有多种来源。例如，在我国大型核设施的场址和环境中，既存在实践产生的常规退役源项，也存在早期未受审管的活动和事件遗留的污染，还存在事故污染源项，也就是说实践和干预的防护原则都可能要用到。再说对早期活动遗留污染也不一定都是干预，例如，对早期废物填埋情况，有些大面积填埋沟可能实施干预，有些小的填埋坑可以按照实践原则实施废物回取；对事故产生的残存物也不一定都是干预，大面积的严重污染可能实施补救行动，小面积污染可以按照实践原则彻底清除。关于受审管与否也要具体分析。我国在20世纪60年代初已有法规严格控制流出物排放，但是对固体废物疏于控制；过去的实践往往没有考虑退役，但是近年来退役的法规正在逐步建立和完善。因此作为退役构成部分的残存物整治问题，需要根据新的思路和法制建设的进展具体地和谨慎地加以解决。

3　在残存物整治中实施干预的两个准则

ICRP 第 82 号出版物指出，在对长寿命放射性残存物实施干预时，如果需要的话，可以很方便地采用建议的现有年剂量通用参考水平进行正当性判断。当现有年剂量小于 10 mSv 时，采取干预行动不太可能是正当的；当现有年剂量上升至 100 mSv 时，干预几乎总是正当的；当现有年剂量处于 10～100 mSv 范围内时，干预可能是需要的，取决于正当性分析的结果。但是，如果产生持续照射情况的缘由可以追踪，并且产生这些残存物的肇事者仍然可以被追溯性地确定对防护行动负有责任时，则对残存物的干预可以考虑采用以可避免剂量为基础的专用参考水平，例如采用导出的补救行动水平进行正当性判断。即使在打算采用现有年剂量通用参考水平的情况下，也不应妨碍采用专用参考水平为减少现有年剂量中某些明显占优势的可控组分而进行辅助决策[2]。以上建议大大增加了在残存物整治中实施干预的可操作性。

我们知道，在一般的核设施退役中，多数情况下残存物的来源是清清楚楚的，责任者是明确的，因此采用专用参考水平进行辅助决策的可能性较大。通用参考水平可能更多地应用于早期活动遗留的和重大核事故产生的长寿命放射性残存物。

目前我国尚缺乏在残存物整治中实施干预的完整经验。已采取的某些补救行动，并未严格按照 ICRP 的建议先进行正当性判断，在具有正当性时再做最优化分析，然后实施补救行动。因此开展这方面的方法学研究很有必要。

4　实践原则用于持续照射情况的剂量约束与残存物的预防

在将实践原则应用于持续照射情况时，ICRP 第 82 号出版物仍然建议，应用于单个源的防护最优化的剂量约束值一般不大于每年 0.3 mSv，最大值应小于每年 1 mSv。考虑到短暂照射和持续照射合并存在或者由一个源所致的持续照射经时间积累的照射情况，应当验证所采用的剂量估算方法能够保证满足已确定的剂量约束值。假如这种验证是不可行的，则应谨慎地去限制此源所致个人剂量中的持续照射成分，该持续照射成分在此源寿期内任何给定年份的剂量约束应当取 0.1 mSv 水平[2]。上述关于持续照射成分剂量约束的新建议，不仅补充了按照实践原则对长寿命放射性残存物进行整治的防护目标，而且它的更大意义是可应用于残存物的预防。

在设施运行、退役和废物处置期间，均存在核素向环境的释放。环境影响评价报告对其释放源项和所产生的环境影响已经做了预评价。而在设施运行、退役和废物处置期间进行的环境监测，不仅是为了验证预评价结论的可靠性，更重要的是用于环境影响评价报告未预计到的长寿命核素所致环境污染的早期发现。由 ICRP 第 82 号出版物的上述建议可以推知，在环境监测中不仅要关注对公众照射的剂量管理目标值不超标，而且要关注其中的持续照射成分不超标。这一要求应当引起环境监测工作者的注意。特别是在退役时存在较多的长寿命放射性核素的情况下，要警惕退役活动对环境造成二次污染，甚至形成新的长寿命放射性残存物。

当然，对长寿命放射性残存物的预防不限于早期发现。最有效的预防是，在核设施的设计和运行中采取各种措施堵塞产生与形成残存物的三个来源和渠道。国际原子能机构(IAEA)目前正在编制"核设施退役"的安全要求(纳入废物安全标准系列)，强调了退役不是始于设施关闭而是始于设施的设计[5]。在这一值得重视的指导思想中，也应当包含长寿命放射性残存物的预防在内。

5　伴生放射性矿开发利用产生的残存物的整治策略

随着《中华人民共和国放射性污染防治法》的颁布实施，国家增强了对伴生放射性矿开发利用活动的审管。《放射性污染防治法》第 37 条规定：对铀(钍)矿和伴生放射性矿开发利用过程中产生的尾矿，应当建造尾矿库进行贮存、处置；建造的尾矿库应当符合放射性污染防治的要求[6]。为了实施这一规定，当前最要紧的是在放射性污染防治的法规序列中对残存物的整治策略有一个明确的说法，以便尽早启动实施过程。

于此，ICRP 第 82 号出版物提供了一个有可能被普遍认同的说法。该出版物指出：对由于开采和冶炼含放射性物质的矿石，以及提炼工业而带来的尾矿中放射性残存物所致的剂量，剂量约束的选用是件困难的事情。在世界的许多地方，这种作业延续了几十年，通常没有专门的限制。由于要对含较高浓度的极长寿命天然放射性核素的大量物质达到必要程度的环境隔离是不现实的，因此强迫接受低的剂量约束在很多这类情况下可能是过于苛刻的。对过去活动留下的尾矿所致的持续照射情况应该作为干预加以处理。对由于目前和未来的运行堆积下来的新尾矿产生的附加个人剂量倾向于限制在建议的剂量约束内[3]。

6　对限制人类栖息地利用的分析

ICRP 第 82 号出版物在论述来自实践的放射性残存物时指出：如果退役后的场址满足所有将来可能用途的剂量约束的要求，则这个场址可以无限制的开放或利用，而且实践的退役阶段结束。如果不能满足要求，则这个场址只能是有限制的开放或利用。这种限制被视为干预的一种类型，因为要求采取某种形式的行政性管理。然而，剂量约束应该一直在起作用，对场址利用的限制应该是提供合理的保证使剂量约束得到满足。假如将来建议对已经开放供有限制利用的某一栖息地改变其用途，则必须重新评价此建议的可接受性[2]。上述论述澄清了目前有争议的一些问题。

我们认为，把退役与环境整治的目标设定为无限制开放利用或有限制开放利用，是与对残存物采用何种防护原则直接相关联的。如采用实践的防护原则，可通过清除污染、使污染物的量减少到直接满足剂量约束的要求，则将实现无限制开放利用的目标。如采用干预的防护原则，可通过补救行动减少污染物所致危险，从而实现有限制开放利用的目标。有限制开放利用使公众成员进入场区的停留时间或从事活动的类别受到限制，这种限制属于干预的一种类型，它也能够保证对公众成员的剂量约束要求得到满足。在这一论述中，还可能存在一种逆向思维，即反过来按照场址未来的用途确定整治要求。未来多种用途的场址，倾向于实施实践原则;未来单一用途的场址倾向于实施干预原则[6]。这种看问题的不同角度,有时可能是有启发的。

除了以上两类终态目标外,还有很常见的第三类终态目标,即退役后的场址不开放并继续供核用。它与有限制开放利用的区别在于它直接限制公众成员的进入。这属于干预的又一种类型。在当前的退役与环境整治工作中,迫切需要深入研究仍供核用的场址的整治目标。

参考文献

1 中华人民共和国国家标准. 放射性废物管理规定. GB 14500-2000

2 ICRP. 在持续辐射照射情况下公众的防护——委员会辐射防护体系应用于由天然源和长寿命放射性残存物引起的可控制辐射. 国际放射防护委员会第 82 号出版物. 叶常青译,夏益华校. 辐射防护,2001, 21(增刊):19

3 中华人民共和国国家标准. 电离辐射防护与辐射源安全基本标准. GB 18871-2002

4 IAEA. Decommissioning of Nuclear facilities(Draft). IAEA Safety Requirements, DS 333, 2004

5 中华人民共和国放射性污染防护法. 2003, 6, 28

6 Oatway W B, Mobbs S F. Methodology for Estimating the Doses to Members of the Public from the Future Use of Land Previously Contaminated with Radioactivity. NRPB-W36, 2003

【作者:陈式,王旭东.《辐射防护通讯》,2004. 24(5):1】

第四部分

相关法制建设研究

放射性废物宏观管理问题的思考

国际原子能机构(IAEA)于1983年在美国西雅图召开了放射性废物管理国际会议,废物管理政策及其实施是本次会议讨论的主题之一。15个国家和4个国际组织的代表提交了27篇政策专题报告,还有其他一些报告也和政策有关。这些报告涉及放射性废物宏观管理的广泛领域,如管理目标、政策研究、管理经济学、管理体制与运行机制等。其中有许多是过去在我国不够注意但现在已经开始研讨的重要课题。本文是在西雅图会议思想启发下,联系我国实际需要对放射性废物宏观管理问题所进行的一次不成熟的思考。

1 废物管理的基本目标

IAEA的工作报告对废物管理目标做了如下表述[1]:"放射性废物管理的基本目标是防止放射性核素以不可接受的量释放到环境中去,并安全而有效地处理和处置废物,使辐射对职工和公众在现在和将来造成的总的损伤保持在允许水平以下和可以合理达到的最低水平,从而保护人类及其环境。为此要求考虑以下课题:使废物产生量为最小并实现废物的收集和控制;提供使放射性核素在低于可接受水平释放的技术;实现废物的处理、固化和包装以减少废物体积和禁闭所含放射性核素供贮存和处置;实现废物在库中贮存和处置;放射性流出物的环境排放,它们在环境中的分布和弥散,以及所造成的放射学影响的评价;上述操作的安全性和代价与效能评价。"

以上关于废物管理目标的完整阐述,总结了几十年来国际上的研究成果和实践经验,值得仔细加以消化。其中下列各点特别应当受到重视。

1.1 辐射防护目标的应用

放射性废物管理的目标归根到底是辐射防护目标的具体应用。由国际放射防护委员会(ICRP)所确立的辐射防护目标是实施一套剂量限制的制度来防止非随机性效应和限制随机性效应的发生概率。应用于废物管理的剂量限制制度主要是针对公众和环境的,当然也涉及从事废物管理的职业人员。它包括以下三项主要内容:

(1)有关废物的产生、处理、排放和处置的所有实践活动都必须是具有正当理由的。对实践的需要取决于在整个核能利用范围内能否带来超过代价的利益。

(2)在考虑到经济和社会因素之后,由放射性废物所引起的对人员的一切照射和对环境的影响,应该保持在可合理达到的最低水平。该水平可用防护最优化方法选定。

(3)个人所受的剂量当量不得超过规定的限值。个人最大剂量限值应合理地分配给除天然本底和医疗照射以外的所有辐射来源,其中包括废物管理实践。

上述剂量限制制度应当成为放射性废物安全管理的基础。当然在放射性废物管理中还应当同时考虑非辐射的其他工业安全问题。明确认识放射性废物管理的安全是核安全和辐射防护的组成部分,在当前具有实际意义,它使我们避免了只从化学工艺和工程技术角度看待废物管理问题的片面性。

1.2 安全性和经济性的统一

废物管理目标是安全性和经济性的统一。保护人类及其环境的安全要求虽然是第一位的,但不是惟一的和绝对的,它受到经济要求的制约。经济性是构成废物管理目标的必要因素,这体现在辐射防护最优化原则中,也体现在使废物产生量为最小和废物减容的要求中。

由于历史的原因,我国核能事业比较重视安全性而忽视经济性。随着核电站建设的起步,现在迫切需要将经济因素引入管理目标中。这样做不仅为了节约废物管理开支,而且为了利用有限经费办成更多本来就应该办的事,因而从总体上看有利于保证安全目标的实现。

1.3 固体废物管理和废液废气管理并重

在管理目标中既重视废液和废气的处理和控制排放,又重视固体废物的处理和处置,反映了人们对废物管理认识的提高。大家知道,在20世纪60年代初我国早期的废物管理法规中只有处理和排放的概念,而无处置的概念。到了70年代,人们开始认识到没有废物的安全处置就不可能有核电的大规模发展。70年代以来国际上召开了一系列废物处置会议。IAEA从1979年起执行一项建立废物处置国际准则的计划,打算到1985年前后完成大约30个文件的编制,其投入力量之多,成果之丰富,在IAEA历史上是罕见的。随着废物处置科学的迅速发展,人们对于三废的潜在危害途径,三废治理的任务和管理目标,以及环境的保护和评价中必须考虑的污染源项等都有了更加全面的认识。但是最近在我国起草《原子能法》时,从涉及放射性废物管理的章节和条款的内容中,似乎表明对于这个历史进程还缺乏了解,未能反映当前的科学水平。在这个意义上,我们把IAEA在废物管理目标和废物处置准则中阐发的思想介绍过来,可能对我国所有有关废物管理法规标准的编制和修订工作都有一定的参考价值。

1.4 废物管理目标的深化研究

根据国外的动向,为了进一步研究废物管理目标,应努力探讨以下几个方面的问题:

(1)管理目标的定量化

尽管人们早就追求定量化的管理,但由于废物管理目标内涵的复杂性,以及由于各国情况的差异(尤其表现在可合理达到的最低水平的选择上),目前对于废物管理目标的定量化在某些方面还只能算作一种尝试。我国核工业部标准《核电站辐射防护规定》(EJ 270-84)已经规定了核电站在正常运行情况下通过放射性流出物向环境释放放射性物质的定量准则。有些国家已经对废物处置提出了定量的辐射防护目标,值得引起关注。

(2)从剂量指标到风险指标

在应用剂量限制制度时,如果不仅考虑事件后果,而且考虑事件发生概率,则需引入风险概念。风险是涉及所有放射性核素、所有照射途径和释放机制的事件发生概率与辐射剂量所致有害效应的概率的乘积之和。提出风险指标意味着现代化的管理不满足于事后管理,它试图通过事前的工程设计和全面的预评价谋求实现确定的安全目标。目前只有美国等极少数国家对核电站的设计和建造提出了定量的风险指标,但趋势表明废物管理特别是废物处置也将朝风险指标定量化的方向前进。

(3)按目标管理

有人主张废物管理不按通常的准则和规范等一套具体的规定办事,而代之以按目标进行管理，认为这样做可以减少管理中灵活性的损失。诚然，按目标管理是系统方法所要求的，但对废物管理这样的复杂系统来说，在近期条件下它只是一种理想，还需要继续进行研究。目前比较现实的做法是，首先必须遵守有关的准则和规范，然后按照防护最优化原则进行调整。这就是 IAEA 对废物处置系统所建议的方法。

(4)非技术性目标

构成废物管理目标的社会因素不仅仅体现在防护最优化原则中。现在的情况很明显，放射性废物管理除了要有技术性的目标外，还必须有非技术性的心理的或社会的目标，这就是增加公众的安全感和减少发展核电的阻力。安全感来自客观实在的证据，例如现有废物管理工作做得好，未来的计划做得好，技术有着落，经费来源有着落，机构和队伍有着落等都是。瑞士人发明了“计划保证”新名词。瑞士原子能法规定，只有当核电站产生的放射性废物的永久安全处置得到保证时才向核电站发放许可证。显然这里并不要求先建废物处置库后建核电站，而只是要求有一个处置计划作保证(指高放和超铀废物处置)。计划的主要目的是展示废物处置的可靠性，它体现在安全分析报告中。我们必须承认，相信科学是文明的表现，是群众的正常心理。废物管理应该用自己的实际行动和计划保证来满足人们对核安全的渴求。

2　废物管理政策研究方法

各主要核国家对放射性废物管理政策的研究一直是很活跃的，所涉及的问题也是多种多样的。本文不打算详述政策研究的范围和各项政策的具体内容，只想从学习体会中着重探讨一下政策研究的方法。

何谓放射性废物管理政策？按照 Niederer 的说法[2]，从废物产生到最终处置没有一条笔直的道路可走，只有包含不同分支的可能道路的复杂网络。在每个分支点都需要做出一个决定，以确定该走哪条支路或做出何种选择，这一系列决定被称为废物管理的政策或策略。

2.1　政策研究的客观依据

政策研究就是依据客观情况和发挥主观能动作用来选择和制定政策的过程。强调制定政策的客观依据在当前具有实际意义。这就是说，政策不是任何人随心所欲的臆想，也不是依附于长官意志先有决断后做论证的官样文章，而是今天的科学、技术、政治、经济、社会诸因素的产物。

政策选择取决于三废治理对于发展核电的极端重要性。绝大多数主张发展核电的国家都已认识到，三废治理与核能利用同步发展是一项重要的政策原则。例如，建立一种服务于核电和核技术利用的废物处置管理责任制度就是其中一项重要的政策，除个别国家外，绝大多数国家都以不同形式强调了政府的直接责任，提出了诸如国家处置、最终责任等概念。

政策选择取决于人们对于废物管理措施的安全性的认识水平。例如美国在 1970 年以前，低放超铀废物与低放废物不加区别地采用浅地层埋藏法进行处置。出了问题后对超铀废物有了新的认识。1970 年美国原子能委员会规定低放超铀废物必须放在至少能保持 20 年的包装中进行可回取贮存，以后又对原来的埋藏地点制定了补救行动计划。政策是现有认识的产物，它应当随科学技术水平的提高而发展。一方面我们对科技进展必须很敏感，例如，目前国外岩洞处置发展较快，因为它不仅适于处置中低放废物，而且也适于处置超铀中低放废物，故我国在做规划时应想到岩洞处置。另一方面，我们也必须根据实践的需要向科学技术提出新的要求。例如随着核设施退役提上日程，提出了极低放废物和免管量等政策研究课题。

政策选择取决于可实施条件。这种实例很多，如有些小国家提出废物的国际处置概念，在经济上被认为是合理的，但在政治上难以通过；目前通行的办法是后处理产生的高放废物必须返回核燃料来源国。又如低放废物的海洋投弃遭到国际舆论的强烈反对，促使一些国家改变政策。我们还注意到一个有趣的例子：美国的商业低放废物处置实行各州连接为区域组织的政策，被认为是对权力和责任再分配的革命性的政策变化，其实这项政策并不是任意提出的，它是经济需求的产物。除地理上的接近和政治上的一致等条件外，各州的组合取决于本区域内应拥有足够量的废物总体积，以降低单位体积的处置费用。

2.2 政策研究的能动性

政策研究的另一个特点是它的能动性，这可以从方法和结果两方面加以说明。从政策研究的方法看，废物管理政策研究的能动性突出地表现在它吸收了现代科学方法作为武器，如系统论、信息论、控制论、安全系统工程、辐射防护最优化等。这些方法的显著特点是将核能开发与废物管理，废物的产生、处理与处置，安全性与经济性，多重安全屏障，信息的收集、分析与反馈等看成不同大小和层次的系统和系统功能，并要求从整体上、整体与局部和局部与局部的关系上把握系统的运行和演变。针对我国固体废物管理薄弱的情况，特别要强调用系统方法研究固体废物管理政策。

从政策研究的结果看，能动性表现在政策选择必须具有足够的弹性。做出某种特定的选择不应当意味着所有其他选择都被抛弃和忘却，而应当理解为使某些其他选择保持备用甚至继续进行不那么显眼的研究。没有任何灵活性的政策是不可能实施的；同样地，没有发展和一成不变的政策也是不会有生命力的。在这个意义上，我们说生动活泼的政策研究是全部管理工作的基础，也是立法的基础。法律是在一个长时期内比较稳定的政策的体现，当然有了基本法以后反过来又将指导政策的制定。现在的危险是有一些涉及废物管理的立法工作尚未建立在充实的政策研究的基础上，在这种情况下，就难免要不加思考地写出一些没有实质性内容的东西了。

3 废物管理中的经济问题

如前所述，提出这个问题有很强的现实意义。我国在废物管理经济学方面可以从国外经验中学到许多东西。

3.1 合理规定废物治理的总经费比例

放射性废物治理经费在核能开发总经费中所占的比例应当同它所承担的任务和所起的作用相适应。在国外，这个比例呈现增加的趋势，有人提到将超过10%。我国过去用于放射性废物治理的经费比例通常是比较高的，但现在似乎有下降趋势，值得引起注意。

3.2 为废物治理筹集资金

不少国家建立了筹集资金的庞大系统，可见问题的重要性。这个问题的复杂性在于：从核能的利用和废物的产生到废物的处理、贮存和处置往往需要经过很长的时间间隔，特别是考虑到高放废物或乏燃料的处置，以及反应堆、后处理厂和其他核设施的退役，总的周期可长达几十年。在这种情况下，如何实行“谁获益，谁负担”的公认原则，既不采取全社会平均分担的办法，也不把责任推给子孙后代，确实是一个需要仔细研究的课题。一些国家对商业放射性废物治理资金规定了由专门附加的核电收费来负担。每度电的附加费标准是：瑞典 0.002 3 美元，美国 0.001 美元，联邦德国 0.006 美元，瑞士（核电收费的）5%。附加费不会对核能利用产生重大的经济影响，但经济问题将成为简化废物管理系统或降低其保守性的一个主要推动力。

3.3 废物的优化管理

废物优化管理的指导思想是：在满足既定的安全目标的前提下尽量挖掘节约经费的潜力，这种潜力通常是很大的。我国废物管理的现状是，基础数据不全，经济管理薄弱，废物最终处置条件未确定，不可能实现整个废物管理系统的优化。但这不应当成为放松努力的理由。我们主张在废物管理中采用包括代价利益分析在内的一切有可能节约的方法，加强经济管理，加强综合研究，多做不同方案、不同技术组合的比较，尽量经过试验或示范，达到挖潜节支的目的。

3.4 废物管理中的经济驱动力

确立管理目标和政策是为了加强对基层企业的宏观控制。但要使宏观控制得以奏效，还必须有企业本身的动力和活力作保证。其中改革经济管理制度，使废物管理获得内在的经济驱动力尤为重要。由于在放射性废物管理中除了可用物资回收外，一般不产生具有使用价值的产品，因此它历来缺少商品生产中那种强有力的经济驱动力。这是当前迫切需要解决的问题之一。举例来说，近年来美国和西欧各国大力推广裂解焚烧减容技术以节约处置费用。而在我国，虽然核工业部辐射防护研究所已从 1980 年开始研究裂解焚烧技术，但至今找不到支持技术开发的“买主”，原因在于从宏观政策到企业管理，没有形成非减容不可的经济驱动力。看来在废物管理中也需要逐步建立类似商品生产那样的定额管理制度，例如生产每吨核燃料，生产每度电，或处理每吨乏燃料所允许产生的废物体积等。推行定额管理的前提条件是加强废物计量和统计监督，建立奖惩制度，在废物处理和处置中实行类似于产品成本的核算制。

4 废物管理体制与运行机制

放射性废物的宏观管理不仅要解决做什么的问题，还要解决由谁来做和怎样做的问题。这后一个问题的复杂性在于，废物管理既同核能生产有关，又同安全、环保和保健有关，还同多学科长远科技发展有关；既有立法问题，又有执法问题，还有大量决策性问题。有关部门都要管，那么多方面都有发言权甚至否决权。如果协调不好，就会出现各搞一套，低水平重复，互相扯皮，议而不决，甚至谁都不管的混乱局面。因此管理体制与运行机制是我国废物管理中亟待解决的问题之一。

上述情况同时也决定了放射性废物管理的特点，它在管理体制上应当是多层次的，在决策程序上应当是综合的。国外在这方面提供了相当丰富的经验，对我们有一定借鉴意义。

4.1 管理层次

在管理层次方面，有中央政府和地方政府分权；有政府机关内部的控制机构和促进机构的分工；促进机构主持计划编制，协调研究和发展活动，控制机构提供安全指南和准则，审查安全评价；还有朝野间决策机构和支持机构的分工，支持机构主要指智囊或咨询机构和科学技术的研究与发展机构；还有管理机关和经济实体职责的划分等。

4.2 综合决策

在综合决策方面，有如何综合考虑安全、经济、技术、政治和社会等多种因素来制定政策的问题，如成立跨部门的混合委员会或联合专家小组；有如何通过决策程序表把纵向程序和横向程序结合为一个整体的问题；还有如何解决好为保持系统运行的高效性和权威性所要求的最高决策问题，如政府首脑挂帅，议会进行公开的政策辩论和立法，以及公民投票等。

4.3 专业组织机构的建设

在专业组织机构的建设方面，值得注意的动向是近年来一些国家纷纷建立了专门负责运行废物处置和乏燃料管理的机构，如瑞士的国家放射性废物贮存公司(NAGRA)，法国的国家放射性废物管理局(ANDRA)，比利时的国家放射性废物和易裂变材料组织(ONDRAF)，英国的核工业放射性废物管理局(NIREX)，瑞典的瑞典核燃料供应公司(SKBF)，以及美国能源部下属的一个新的办公室。这表明了对处置问题的关注和统一管理废物处置的决心。

放射性废物的宏观管理问题当然不限于本文提到的那些。还应该有发展战略和法规标准体系等大的方面未被深入触及。我们热切地期待着在政治和经济的配套改革和社会主义精神文明建设中，我国放射性废物管理工作将出现崭新的面貌。

参考文献

1 Semenov B A. The IAEA's Activities in the Field of Radioactive Waste Management. In：Radioactive Waste Management. Proceedings of an International Conference. SEATTLE，16-20 May 1983. Vol. 1. IAEA，Vienna，1984，36

2 Niederer U. Waste Management Policy and Its Implementation in Switzerlant. In：Radioactive Waste management. Proceedings of an International Conference. SEATTLE，16-20 May 1983. Vol. 1. IAEA，Vienna，1984，206

【载于《环保通讯》，1986 年第 4 期】

我国放射性废物管理方针政策研究述评

近几年来，我国放射性废物管理方针政策的研究工作，在核工业部科技委、安防局和科技司的领导与支持下取得了明显的进展。例如放射性废物管理在核能发展中的作用和地位的确定、管理目标和宏观控制手段的研究、过去核工业废物管理经验教训的总结并用之于改进核电站废物管理、放射性废物管理决策的科学化民主化问题的研讨、立法和管理体制问题的探索以及放射性废物分类、废气和废液处理、废液贮存、固体废物管理、放射险废物处置、高放玻璃固化体和乏燃料中间贮存、放射性废物和乏燃料运输、废石和尾砂管理、核设施退役和去污、极低放废物管理、补救活动、城市放射性废物管理等一系列具体政策的研究，有的已经取得很大成绩，有的正在起步，有的将要列入研究计划中。政策研究的特点是需要集合各方面的专家和业务管理人员进行专题或综合论证和集体研讨。为了使讨论的问题更加集中和取得更多的一致意见，本文简要地整理和评述了已有的部分进展，提出了今后进一步调研的课题，供有关方面参考。

1　总的指导原则

我国核工业历来比较重视放射性废物管理。但是由于历史原因，我国核工业三废治理没有走完全程，欠账较多。在当前经费短缺的情况下，处于比较困难的境地。因此对废物管理目标的认识需要强调安全与经济因素的结合，要采取实际步骤将经济因素引入宏观决策和企业管理中，把社会、环境和经济效益很好地结合起来。为此在设计审查阶段要按照 ICRP 关于辐射防护最优化结果是选择废物管理系统的一个决策因素的建议[1]，以某些新建工程为试点逐步将辐射防护最优化原则体现在安全分析和环境影响评价报告中。对运行阶段的控制和引导手段问题，则要抓紧研究制定废液和废气排出流的排放限值和待处置的固体废物的可接受准则，这两方面都存在经济考虑。还要着手建立企业废物管理的具体经济政策，以经济杠杆促进企业的废物管理活动。

当前应着重抓哪些废物管理活动呢? 根据核工业三废治理已经走过和尚未走完的历程的客观分析，我们认为当前核工业放射性废物管理的紧迫任务是：(1)完成高放和中放废液固化；(2)改善固体废物管理；(3)实现中低放废物处置；(4)解决核设施退役中面临的问题。这四个方面也应该是政策研究的重点。

核电站放射性废物管理要从过去核工业废物管理中吸取教训，高标准严要求，不能再欠新账。当前比较突出的问题是设计所要求的固体废物就地暂存期限过长(10～15 年)，这对核电站的安全管理是一个沉重的负担，甚至实际存在不能回取废物的危险。从经济上看，废物长期贮存也是不合算的，因为可回取的长期贮存需要花费大量基建投资和运行费用，并且将来仍不可避免地要把废物转运到处置场进行处置，需要支付贮存和处置两次费用。核电站废物管理的指导思想不能是走一步，看一步，先把核电站建成再说，这实际上还是没有真正吸取过去核工业固体废物暂存库变成事实上的永久库的教训，也是缺乏长远观点的表现。建议认真研究和采取加速核电站废物处置的紧急措施来解决这个问题。

关于放射性废物管理决策的科学化民主化问题，过去国家投入核工业三废治理的经费不能算少，但有些钱并没有产生应有的效果，原因是我们在某些决策上走过较大的弯路，质量保证制度也不够健全。如何吸取过去的教训和采取有力的改进措施，也是一个值得研究的问题。

2 放射性废物分类

从宏观管理角度，特别是考虑到废物处置的不同要求，可以把放射性废物粗略地分为以下五类：(1)高放废物(包括超铀废物和乏燃料)；(2)中低放废物；(3)废石尾砂；(4)极低放废物；(5)城市放射性废物。我国对高放、中低放废物和废石尾砂的管理政策虽有些眉目，但还需要继续深入研究。对极低放废物的管理政策还没有开展研究，对城市放射性废物的管理政策也还没有深入研究。需要说明，以上讨论的是对于制定管理政策有意义的废物分类，而在企业管理中执行的是国家颁布的放射性废物分类标准。

3 废气和废液的处理

放射性废气和废液处理的现行政策，是通过对废气和废液的净化处理，使放射性核素向环境排放减少到排放限值以下和可合理达到的尽量低的水平；对被浓缩的废液要进行固化处理，使之成为可供处置的稳定的固体形态，其中高放废液采用玻璃固化，中放废液(包括低放废液的浓缩液)以采用水泥固化为主，逐步发展和采用高减容比固化技术。要求在 20 世纪 90 年代或最迟在 21 世纪头几年内完成核工业全部积存中低放废液固化的紧迫任务。

4 废液贮存

在世界范围内高放废液长期贮存的政策已经发生变化[2]，因此玻璃固化具有了过去所未曾有的迫切意义；中放废液早已改为短期贮存随即实现固化。这是由于废液长期贮存中发生恶性事故的可能性和腐蚀引起泄漏的最终不可避免性所致。因此我国的废液贮存政策现在也应作相应的调整。

5 固体废物管理

固体废物管理是我国放射性废物管理中的薄弱环节，最近已开始受到重视。在几年来政策研究的基础上，1987 年核工业部颁发了《核工业低中水平放射性固体废物管理规定》，提出了对核工业低中水平放射性固体废物实行控制产生、分类收集、减容固定、严格包装、就地暂存、安全运输和区域处置等完整配套的管理政策。这些政策有的需要以高一级的国家法律形式肯定下来，有的还必须在实施细则中加以具体化。建议所有新建扩建工程，包括核电站在内，必须严格地执行上述政策，在固体废物管理方面起示范作用；同时要求加速低中放废物处置场的建设。

6 放射性废物处置

从长远看，高放废物的最终安全处置对未来核电的发展有重大影响。拟议中的高放废物处置政策的要点如下：尽快实现高放废液的玻璃固化；对玻璃固化体实行长期中间贮存；在21世纪中期最终实现玻璃固化体的深地质处置；现在就要着手高放废物处置的前期工作，包括技术准备、选址研究、筹建地下实验室等。何时建成地下实验室，需考虑投资政策、技术和安全可行性、政治和社会心理影响等因素，慎重地作出决策。

中低放废物尽可能就近在区域性废物处置场中进行处置的政策，已由前述部颁规定予以确认。该规定还要求："放射性（固体）废物在本单位暂存时间一般不应超过1～2年，要定期运至废物处置场。"在1988年核工业部颁发的《核工业环境保护管理规定》中又明确要求："新建工程在厂区内不得设置不可回取的废物库。"这些规定显示了建造中低放废物处置场的紧迫性。根据当前科研工作的进展，我们认为2000年以前在西北、华东或西南地区建设两到三个处置场是有可能的。我国中低放废物处置技术的基本选择是陆地浅埋和岩洞处置，局部地区也可考虑水力压裂处置。分期建造分期投入运行是中低放废物处置场的固有特点，这有利于延长基建投资周期，减轻当前的经济负担。1987年部颁规定要求新建、扩建、改建核设施的中低放废物处置经费，应作为建设项目列入投资概算中给予预留以备将来使用。

7　高放废物固化体和乏燃料的中间贮存

高放玻璃块的中间贮存是不可避免的，乏燃料是否需要离堆贮存取决于后处理进程和其他因素。应着手研究高放废物、超铀废物和乏燃料的中间贮存政策。

8　放射性废物和乏燃料的运输

中低放固体废物和废物固化体向区域处置场的运输、高放固体废物和废物固化体向中间贮存库的运输以及乏燃料向后处理厂或中间贮存库的运输都是不可避免的。对于这些废物的运输，我们还没有任何实践经验，因此从政策法令、管理体制和工程技术等方面为建立一个健全的放射性废物运输体系做好准备是十分必要的。

9　尾砂和废石的管理

铀矿废石和铀水冶尾砂是一类特殊的放射性废物，具有分布广、数量大。活度浓度低的特点。我国铀矿石品位低，废石和尾砂均以千万吨计，是一个不容忽视的污染源。废石尾砂的稳定化和长期管理政策就是要解决这个铀矿冶环境污染的主要问题。现已确定对废石尾砂采取回填、覆盖、植被和其他稳定化措施。覆盖效果显著，但花费巨大。尾砂废石不可能在缺乏管理控制的条件下保持安全。这就是说它们的处置不同于一般中低放废物处置，它们需要长期的管理。长期管理的起码要求是不垮坝，否则后果比较严重。

10　核设施的退役和去污

我国核工业系统有一批厂、矿或生产线正在退役和即将退役，核设施退役和去污成为放射性废物管理面临的紧迫任务之一。核设施退役政策正在进行专题研究。大体上说，天然放射性物质污染的设施倾向于拆除或去污后改作他用；某些场地或设施可能要求长期封闭；大部分金属材料可在去污后回收利用。人工放射性物质严重污染的设施倾向于就地封存和监视，以待将来拆除或长期封闭；轻微污染者也可在去污后改作他用。应制定出明确的退役去污安全标准，并在实施前通过规定的审批程序。

11　极低放废物管理

极低放废物管理的目的和意义在于：在核设施退役过程中将产生大量极低放废物，把这一部分废物的管理和处置从低中放废物的管理和处置中分离出来，将具有很大的经济意义。极低放废物管理的困难是：在现场通过什么样的监测技术和管理程序对废物进行分类。

极低放废物处置问题和核设施退役材料的回用或再利用问题均与目前在国际上活跃开展的免管值的研究有密切关系[3]，值得引起注意。

12　补救活动

补救活动所考虑的对象是基于历史形成的原因或受当时认识水平的限制，造成选址不当、技术路线选择不适宜、废物管理系统不配套，或在设计、施工和运行管理中出现问题，致使某些三废治理设施存在重大安全隐患，故需采取补救措施以确保安全。补救活动的政策性很强。每一项补救活动都应在明确的政策指导下慎重地进行。

核工业废物的补救活动计划应包括以下三部分内容：(1)正在服役的高放和中放废液贮存罐的安全评价和补救措施；(2)固体废物暂存库中废物的回取；(3)与中低放废物处置有关的重大遗留问题。近年来某些补救活动计划取得重要进展，为确保三废治理设施的安全运行提供了经验。

13　城市放射性废物管理

城市放射性废物泛指核燃料循环以外在工农医学商各业中应用放射性同位素时所产生的放射性废物。城市放射性废物管理政策迄今缺乏深入的研究，所谓城市放射性废物库的政策含义也不是很清楚的。按照某些国外经验，由于城市放射性废物种类庞杂，它的处理和处置方式是极其多样的。例如有的废物可以安放在普通垃圾场的一角，有的可以有控制地排入大型下水道系统进行稀释，有的要放在贮存库中等候完全衰变，有的要转运到中低放废物处置场去，有的还要经过特殊处理。因此必须进行调查研究，才能结合我国的实际情况把城市放射性废物管理政策理顺。

14　废物管理的立法问题

核电发展到一定规模以后，就需要有一个类似于美国 1982 年核废物政策法那样的具有全国意义的废物政策法令。当前可在原子能法中专设一章，它必须包括以下几个关键性的内容：(1)高放和中低放废物处置场的选址、审批、建造和经营；(2)高放废物固化体(可能还有乏燃料)中间贮存库的选址、审批、建造和经营；(3)用于高放废物处置的核废物基金的设置；(4)放射性废物运输体系的建设；(5)放射性废物管理体制的形成。当然除了总括性的法律以外，还必须有配套的放射性废物管理法规标准系列。

15　废物管理体制问题

必须抓紧研究废物管理体制改革方案，第一步是详细调查国外废物管理体制现状和经验；

第二步是根据我国情况提出各种改革设想和形成一些可供比较和选择的方案。在国家决定成立类似于国外普遍设置的放射性废物管理局等专门管理机构以前,应在核工业系统成立放射性废物管理处,并加强其宏观调控职能。还应考虑建立废物管理分公司之类的经营实体,具体负责经营废物处置场和承揽厂外废物运输业务。此外,在核工厂应普遍建立固体废物处理和包装车间,以满足废物处置的要求。

参考文献

1 ICRP. Radiation Protection Principles for Disposal of Solid Radioactive Waste. ICRP Publication 46. 1985

2 IAEA. Radioactive Waste Management, A Status Report. 1985

3 Linsley G S, et al. IAEA-CN-51/04. 1988

【作者:陈式,李学群,马明燮. 载于《原子能科学技术》,1988, 22(6):713】

我国放射性废物管理的环境政策研究要点

1 前言

1992年国务院批转国家环境保护局《关于我国中、低水平放射性废物处置的环境政策》(国发［1992］45号文)[1],促进了我国放射性废物管理工作的发展,有利于环境与公众健康的保护和核电站与核燃料循环设施的安全运行。该文件是直接针对放射性废物管理现状的政策申明,它起因于我国中低放废物管理走到贮存这一步就停滞不前了。早在20世纪80年代,在当时二机部安防局局长潘自强等同志的策划下,召开了一系列大型研讨会,集中讨论了放射性废物处置问题,并从1985年开始组织了核工业放射性固体废物管理现状调查和对策研究。这些工作得到当时国家环境保护局的大力支持,从而最终发展成为一项官方的环境政策[2]。

随着放射性废物管理工作范围的扩大和工作实践中经验教训的积累,提出了许多新的问题,迫切需要从政策高度上加以解决。为完善我国放射性废物管理的政策框架,并为建立一个比较完备的放射性废物管理法规体系创造条件,国家环境保护总局要求根据近年来的国际发展趋势和国内研究成果,提出我国放射性废物管理的环境政策研究要点,以供进一步讨论之用。本政策研究要点包括主要政策思路的阐述,背景情况的介绍,政策选择的解释,资料来源的提供,还提出了有待进一步研究和解决的问题。

为什么称为"环境政策"? 它表明本政策研究要点是从安全监管的角度提出的。它所关注的重点是放射性废物管理的终端,与环境和社会关系最为密切的部分,如废物处置、流出物排放、物料回收利用、场址与环境重新开放或使用等。本政策研究要点几乎没有涉及放射性废物管理的发展战略、规划指南、技术产业政策和废物管理过程内部的某些重要政策问题,这些政策应由放射性废物管理的行业主管部门制定。

2 放射性废物管理的基本政策

放射性废物管理的最终目的是按照辐射防护原则的要求,保护人类健康和保护环境,并注意保护后代、不给后代留下不适当的负担和考虑境外影响。为了实现上述目的,所遵循的途径是建立放射性废物管理的法规体系,实行安全监督管理和投入足够的资源。所应采取的措施包括减少放射性废物的产生;强制要求放射性废物管理设施与主体工程同时设计、同时施工、同时投入运行;在设计和运行中保证放射性废物管理设施的安全;同时实施对所有废气、废液和固体废物流的整体控制方案的优化和对废物从产生到处置的全过程的优化,力求获得最佳的经济、环境和社会效益,并有利于可持续发展。放射性废物的三种出路,即"浓集与滞留"(处置)、"稀释与弥散"(排放)和有用物料的回收利用,将受到严格的控制,放射性物质进入环境和社会将成为安全监管部门关注的重点。核与辐射设施退役和环境整治以及废密封放射源的管理将纳入放射性废物管理范畴。

上述基本政策思路是将IAEA《放射性废物管理原则》[3]中总结的九项原则与IAEA等六个国际组织共同倡议的《国际电离辐射防护和辐射源安全的基本安全标准》[4]中提出的国家基础结构有机地结合起来，并融入我国的实践经验，形成了一个总的政策表述。这是在2000～2001年修订国家标准《放射性废物管理规定》[5]时反复研讨的结果。

辐射防护原则的要求是用来定量限定保护人体健康和保护环境的程度的。它最初见于ICRP《国际放射防护委员会1990年建议书》[6]。其后在ICRP《放射性废物处置的放射防护政策》[7]中又针对放射性废物管理的目的加以阐述，强调不应采用“绝对化语言”，而应要求辐射防护最优化。

关于放射性废物的出路，采用了ICRP《用于长寿命固体放射性废物处置的辐射防护建议》[8]中对“浓集与滞留”和“稀释与弥散”两种处置战略的阐述，并按照李德平先生的意见，补加了污染物料的回收利用。这三种政策取向的组合取决于实际情况。

退役与环境整治纳入废物管理，来源于1997年各国政府拟定并开始签署的《乏燃料管理安全和放射性废物管理安全联合公约》[9]，以及20世纪90年代IAEA放射性废物安全标准框架[10]。我们据此将放射性废物管理的对象分为废气与废液，固体废物，有潜在利用价值的污染物料，污染的环境介质等4大类，并从其最终出路、辐射照射类型、适用的辐射防护原则和现场控制指标等方面识别它们，为退役与环境整治纳入废物管理提供了科学论证[11]。密封放射源管理的末端与放射性废物管理有交叉，故废密封源也应纳入放射性废物管理。

3　放射性废物处置政策

放射性固体废物和废液固化体（以下统称放射性固体废物）实行分类处置的政策。高水平放射性固体废物、长寿命中低水平放射性固体废物和不供后处理的乏燃料采用地质处置；短寿命中低水平放射性固体废物采用近地表处置或地质处置；极低水平放射性固体废物采用简易填埋；铀矿冶废物采用井下回填和在尾矿库、废石场中堆置；伴生放射性矿开发利用产生的放射性废物可以参照铀矿冶废物的处置办法；在核技术利用产生的废物中，很短寿命的废物可在核技术利用废物库贮存衰变，短寿命或长寿命的废物可转送废物处置场；废密封源应如何处置正在研究。所有放射性废物的处置活动都应申请获得许可证。放射性废物处置设施运营单位依法接受国家和地方安全监管部门的监管，并依法受权对放射性废物产生单位的废物管理实行跟踪监督。

在中低水平放射性废物相对集中的区域陆续建设中低水平放射性废物处置场，分别处置该区域内或临近区域内的中低水平放射性废物。尽快完成暂时贮存的中低水平放射性废液的固化和中低水平固体废物的回取。限制中低水平固体废物的暂存年限不超过五年，今后有条件时再缩短。尽快完成高水平废液的固化，并为高水平与长寿命中低水平固体废物的长期中间贮存做好准备。积极推进高水平放射性废物处置库选址和研发工作，在条件成熟时建设国家高水平放射性废物处置库，以便集中处置全国的高水平与长寿命中低水平废物和不供后处理的乏燃料。为了保证放射性废物安全处置，各类待处置的废物包的性能应符合国家标准的要求。

分类处置的政策来源于IAEA标准《放射性废物分类》[12]，在修订国家标准《放射性废物分类》[13]时已被采纳。极低放废物在国家标准《放射性废物管理规定》[14]中被称为“低于低放的废物”，后在2001年的修订报批稿[5]中改称为极低放废物；上述报批稿中还第一次出现“铀钍伴生矿放射性废物”。而核技术利用废物在国家环保局《城市放射性废物管理办法》[15]中则被称为“城市放射性废物”。这些不同类别的废物要求不同的处置方式。

中低放废物处置政策继承了国发［1992］45号文[1]的表述，但扩展了暂存年限的适用范围。增加了积极推进高放废物处置库选址和研发的内容，以便为该项长期工作提供必要的政策支持。近年来ICRP接连发布《放射性废物处置的放射防护政策》[7]和《用于长寿命固体放射性废物处置的辐射防护建议》[8]，表明该领域的环境政策问题值得关注。

4 气载和液体放射性流出物的排放政策

放射性流出物实行有控制的排放。气载流出物允许依法向大气排放；液体流出物允许依法向江河和海洋排放，但禁止向地下水体排放。要求实施对公众成员个人剂量和排放量的控制。排放量控制包括总量控制和浓度控制两种方式。对核反应堆和其他核燃料循环设施，将实行排放许可证制度，要求申请年排放量，进行流出物监测和环境监测，液体流出物通常还要求采用槽式排放方式以实现有效的控制。对一般放射性同位素用户，将实行注册制度，要求进行流出物监测。

对不同排放情况实行不同安全监管制度的要求来自IAEA标准《放射性环境排放的审管控制》[16]。虽然从核能开发之初就有排放问题，但排放政策仍需继续深入研究。例如对滨海核设施和滨河核设施排放控制的方式应有差别；我国虽已制定了核燃料循环设施排放总量控制的国家标准[17]，但由于缺乏可操作性，除核电站外至今并未实施；放射性同位素用户的排放控制也应提出有针对性的要求。

5 污染物料的回收利用政策

放射性废物中存在的有潜在利用价值的金属和非金属污染物料，以及设施退役时拆卸下来的设备和构件，应在去污后尽可能回收利用。物料回收利用的方式有再循环（回炉熔炼）和再利用（保持原有构型）两种。国家鼓励大型核企业或企业集团在其内部回用这些物料。当解除控制的回用物料流向社会时，或从国外进口废旧物资时，必须仔细测量和严格控制其放射性物质的含量，保证其符合国家的有关标准。应采取措施防止放射性物质和放射源混入钢铁熔炼场所，以避免扩大污染。

在IAEA《放射性废物管理原则》[3]的附件《放射性废物管理的基本步骤》中，在讲到预处理时提出了污染物料的回收利用问题。李德平先生认为应该从更高的高度来看待这个问题。他指出废物是否为真正无用之物目前往往是从主观上判断的，而你认为无用之物在别人眼中却可能是有用之物。历史经验表明，把可能有用之物作为废物进行处置或漫不经心地未加保管，可能诱发这些污染物料丢失或被盗，最终造成污染的扩大。只有不仅从经济上而且更从安全保证上认识污染物料回收利用的意义，才能明白它是放射性废物必需的出路之一。由于污染物料无条件的回收利用存在社会风险，李德平先生多次建议鼓励内部回用。他还指出，如果在某些情况下需要把可能有用之物当作废物进行处置时，也应尽可能破坏其有用的形态。在钢铁熔炼场所采取措施防止放射性物质和放射源混入也是李德平先生一再强调的。

6 退役与环境整治政策

退役与环境整治的目的是清除场址与环境中存在的辐射与非辐射污染，并通过执行逐项审查确认的补救行动计划减少场址与环境中现实的与潜在的危险，以实现国土资源的无限制或有限制的重新开放或使用。对清除和补救行动的控制水平应经过安全监管机构审查和批准。退役与环境整治涉及某些历史遗留问题，应在确保安全的前提下，充分考虑设施类型和当地环境条件以及经济、社会因素，采取区别对待、因地制宜的方针，实施防护最优化。辐照装置的退役必须由持有退役许可证的单位进行，以避免造成放射源的丢失。

20 世纪 90 年代以来，我国退役与环境整治的实践迫切要求制定有关的政策。李德平和潘自强两位院士对此高度重视，并适时给予指导。在国际上，《国际放射防护委员会 1990 年建议书》[6]在区分实践和干预概念的基础上讨论了需要补救措施的情况。《国际电离辐射防护和辐射源安全的基本安全标准》[4]及随后的《在持续辐射照射情况下公众的防护》[18]明确提出了持续照射的防护原则。在国内，潘自强著《辐射防护的现状与未来》[19]对持续照射情况下的剂量约束和补救行动水平两类政策问题进行了全面的论述，成为在我国编制《电离辐射防护和辐射源安全基本标准》报批稿中持续照射这一章的基础[20]。在中辐院近年来参与退役与环境整治的实践中，以及在 2001 年修订《放射性废物管理规定》的退役与环境整治这一章的讨论中[5]，进一步区分了清除和补救行动两类作业，克服了国外在“清除”(clean up)概念中包含补救行动所引起的混乱，在此基础上区分了把放射性物质与有害物质的“量”减少到可以接受的水平和把现实的与潜在的“危险”减少到可以接受的水平，以及最终区分了场址与环境的无限制开放或使用和场址与环境的有限制开放或使用，从而使政策更加具有可操作性。由于补救行动水平是按照无剂量约束的辐射防护最优化要求获得的，因此李德平先生主张对补救行动要采取“一事一议”的慎重态度，即上文所说的“逐项审查确认的补救行动计划”。早在 20 世纪 80 年代核设施退役的污染土壤清除实践中，潘自强就提出了专用控制值概念。1998 年我们在《关于核设施退役与废物管理的环境标准问题》的报告中[21]，说明了采取区别对待、因地制宜的方针实施防护最优化的必要性，为通用控制值和专用控制值的选用提供了论证，这对于正确解决某些历史遗留问题是很重要的。2001 年是退役与环境整治政策讨论非常活跃的一年。由中辐院主办的辐射防护与废物管理专家研讨会[22]，由中国核学会核化工分会主办的核设施退役技术经验交流会[23]，对退役与环境整治的方针政策和标准问题都曾进行过比较深入的讨论。通过这些讨论，不同的观点和意见越来越接近了。

7 废密封放射源管理政策

在核技术利用中报废的密封放射源可以返回源的制造者、供应商或出口国，以供源的修复利用；也可以送往核技术利用废物库或其他集中贮存设施，以供中间贮存。废密封源实行分类处置政策。废源在处置前应经过整备，以满足不同处置方式的要求。

我国密封放射源发生事故较多，其中包括报废源和无人看管源引发的事故。由中国核学会辐射防护分会等 5 个组织联合召开的全国放射源安全研讨会[24]，标志着密封放射源安全问题已经引起我国学术界和政界的广泛注意。本次研讨会对我国密封放射源管理政策提出了建议，在促进放射源管理与国际接轨方面进行了有益的探讨。为改进密封放射源的全过程管理，有必要从放射性废物管理角度，研究废密封放射源管理的政策，包括废源的分类和不同类别废源的处置方式。

8 核技术利用废物管理政策

在核技术利用中产生的放射性废物立足于地方统筹管理。地方可以设置专门管理机构，以核技术利用废物库为依托，开展此类废物的收贮管理。核技术利用废物库实行有进有出的动态管理。很短寿命的废物在贮存衰变后应作为解控废物或极低放废物取出；短寿命或长寿命的废物在核技术利用废物库中暂时贮存的时间不超过 5 年，应及时送往处置场。核技术利用废物库是一个非盈利的公益型运行组织，实行有偿服务。核技术利用废物库应申请获得许可证，依法接受地方安全监管部门的监管，同时依法受权对放射性同位素用户的废物管理实行跟踪监督。国家安全监管机构将为核技术利用废物的管理制定统一的技术标准。

为适应核技术利用的发展，国家环保局先后颁布了《建设城市放射性废物库的暂行规定》[25]和《城市放射性废物管理办法》[15]。目前在全国各省市自治区已建成 20 多个城市放射性废物库，大大改善了核技术利用废物的管理。根据近年来的实践经验，有必要从政策上对核技术利用废物库的性质和功能做出更加确切的界定，以克服当前存在的扩大废物收贮种类和废物只进不出的不适当倾向。这是本政策研究要点提出要解决的第一个问题。另一个希望解决的问题是，为了理顺监管结构，要从政策上创造一种可能性，使城市放射性废物库通过立法彻底归地方管理。

9 伴生放射性矿开发利用废物管理政策

采取稳步推进的政策加强伴生放射性矿开发利用中产生的放射性废物的管理，以实现社会公正。

对伴生放射性矿开发利用废物的管理，在我国是一个比较突出的新问题。我国是矿物资源大国。有相当多非核矿冶企业的废物含较多的天然放射性物质。这些废物的存在已造成局部的环境污染，人们往往是在没有意识到的情况下遭受辐射照射。此问题涉及许多非核产业部门，解决问题的政策难度比较大。由中国核学会辐射防护分会等 12 个组织联合召开的全国天然辐射照射控制研讨会[26]，讨论了伴生放射性矿开发利用中的辐射防护问题，包括废物管理问题。在刊物上也有讨论文章发表[27]。在讨论中提出的建议包括，在全面调查的基础上制定豁免界限，确定个人剂量分级和不同物料中核素活度浓度参考水平；确定排放限值和废物处置要求，以避免由于放射性核素的累积和迁移继续污染环境；建立审批和监管制度，加强辐射监测，关心作业人员和公众成员的防护；对过去已造成的环境污染进行整治；注意严格控制废物副产品进入建筑材料，以免使公众成员受到不合理的辐射照射。

10 放射性废物管理的安全监管组织

我国放射性废物管理的最高安全监管机构是国家环境保护总局。它应负责制定放射性废物安全管理的政策、法规和标准，行使审批和监管职能。地方环保部门应参与审批和监管，独立进行环境监测。国家环境保护总局所属核安全与辐射防护司下设放射性废物管理处，行使行政管理职能。国家环境保护总局建立由多专业专家组成的核环境专家委员会，负责审批和监督的技术方面。

国防科工委是我国放射性废物管理的行业主管机构。国防科工委所属中核集团公司是我国最大的放射性废物产生和管理部门。依据国发[1992]45号文，由当时的核工业总公司组建了专业放射性废物管理公司，负责我国放射性废物处置。随着国防科工委接管核工业总公司的政府职能，应重新考虑该专业公司的归属和性质问题，其中包括该公司的管理职能和废物处置场的运行职能如何划分的问题。此外，废物处置收费定价应考虑在国家物价管理部门指导下并在有废物产生者的代表参加的情况下核定。

为完善我国放射性废物监管程序，增强监管力度，国家环境保护总局和国防科工委之间应建立有效的协调机制如部际委员会，其他有关部门也应参加该委员会的工作。

以上建议主要依据国内监管组织的现状并参考法国的经验[28]提出改进意见。这是因为在众多国家中，法国监管模式比较接近中国实际情况。所提的改进意见包括：加强国家环保总局和国防科工委之间的协调；进一步明确主要从事废物处置的专业放射性废物管理公司的性质、任务和归属；废物处置收费定价应在有废物产生者的代表参加的情况下核定。

参考文献

1 国家环境保护局. 关于我国中、低水平放射性废物处置的环境政策. 国发［1992］45号文. 1992

2 陈式，马明燮，等著. 中低水平放射性废物的安全处置. 北京：原子能出版社，1998

3 IAEA. 放射性废物管理原则. IAEA安全丛书No. 111-F. 北京：原子能出版社，1995

4 FAO，IAEA等. 国际电离辐射防护和辐射源安全的基本安全标准. IAEA安全丛书No. 115. 国际原子能机构，维也纳，1997

5 中华人民共和国国家标准. 放射性废物管理规定. GB 14500修订报批稿. 2001

6 ICRP. 国际放射防护委员会1990年建议书. ICRP第60号出版物. 北京：原子能出版社，1993

7 ICRP. 放射性废物处置的放射防护政策. ICRP第77号出版物. 北京：原子能出版社，1999

8 ICRP. 用于长寿命固体放射性废物处置的辐射防护建议. ICRP第81号出版物. 辐射防护，2001，21（增刊）：1

9 乏燃料管理安全和放射性废物管理安全联合公约. 1997

10 Webb G，等. 安全第一（IAEA的安全标准现状报告）. 国际原子能机构通报，1998，40（2）：10

11 国家环境保护总局. 放射性废物管理培训班讲义（第一章）. 2001，12

12 IAEA. Classification of Radioactive Waste: A Safety Guide. Safety Series No. 111-G-1. 1. Vienna，IAEA，1994

13 中华人民共和国国家标准. 放射性废物的分类. GB 9133-1996. 1996

14 中华人民共和国国家标准. 放射性废物管理规定. GB 14500-93. 1993

15 国家环境保护局. 城市放射性废物管理办法. 国家环境保护局文件（87）环放字第239号. 1987

16 IAEA. Regulatory Control of Radioactive Discharges to the Environment. Safety Standards Series. IAEA Safety Guide No. WS-G-2. 3. 2002

17 中华人民共和国国家标准. 核燃料循环设施放射性流出物归一化排放量管理限值. GB 13695-1992. 1992

18 ICRP. 在持续辐射照射情况下公众的防护——委员会辐射防护体系应用于由天然源和长寿命放射性残存物引起的可控制辐射. ICRP第82号出版物. 辐射防护，2001，21（增刊）：19

19 潘自强著. 辐射防护的现状与未来. 北京：原子能出版社，1997

20 中华人民共和国国家标准. 电离辐射防护和辐射源安全基本标准（报批稿）. 2001

21 陈式．关于核设施退役与废物管理的环境标准问题．国防科工委咨询报告(未发表)．1998 年 11 月
22 辐射防护与废物管理专家研讨会文集．中国辐射防护研究院主办．太原，2001 年 5 月
23 核设施退役技术经验交流会文集．中国核学会核化工分会主办．乌鲁木齐，2001 年 9 月
24 全国放射源安全研讨会文集．中国核学会辐射防护分会等 5 个组织主办．西安，2001 年 10 月
25 国家环境保护局．建设城市放射性废物库的暂行规定
26 全国天然辐射照射控制研讨会文集．中国核学会辐射防护分会等 12 个组织主办．北京，2000
27 夏益华．关注人类活动引起天然照射的增加问题．辐射防护，2001，21(1)：11
28 竹建丽，李云红，林森，等．法国的核安全．放射性废物管理及核设施退役，1999，(3～4)

【作者:陈式，孙庆红．为国家环境保护总局准备的政策研究报告，2001 年 12 月】

放射性污染防治法的覆盖范围与政府监管的理念

目前我国的核设施以及伴随辐射的核技术利用、铀矿与伴生放射性矿开发利用等活动已经发展到相当的规模，它们都产生了不同程度的放射性污染并开展了污染防治工作，迫切需要一部高层法律加以规范。只要扣准放射性污染防治这个主题，将本法的内容限定在此范围内，就不会与安全法以及将要制定的《原子能法》重叠。哪些地方会产生哪类性质的污染呢？第一是放射性物质污染了三废，形成放射性废物，需要进行废物处理、处置与排放。第二是放射性物质污染了系统、设备和操作场所，最终需要通过退役来解决问题。第三是事故情况下释放的放射性物质污染了人体，需要通过事故应急准备与响应来对付。第四是放射性物质污染了环境，正常的废物排放与处置并不会造成环境污染，只有不合法的排放与处置以及早期在法律不健全的情况下随意的排放与处置会造成环境污染，环境污染的另一个原因是事故释放以及地面和高空的核爆炸试验，环境污染需要通过环境整治加以控制。本草案未提及环境整治是一个容易改正的缺陷。第五是射线造成的污染，它不同于上述放射性物质造成的污染，它是无人看管的放射源和未给出路的废放射源由于发生丢失或被盗所致空间污染，它应通过改善放射源管理加以控制。本草案将放射性物质的污染与射线的污染合称为放射性污染是不应引起误解的。值得强调的是放射源所致射线污染已经和仍在不断造成人身伤害，特别在当前反恐形势下更不应将射线污染排除在本法范围之外，因此国务院提交的草案把射线污染防治作为本法的重要内容是正确的。国务院过去颁布的有关放射源和射线装置的条例曾经起过重要作用，但也存在局限性。在本法颁布后该条例肯定是要修改的。其修改的法律依据一个是安全法，另一个就是本法。这里不存在丢掉原来框架的问题，而是要求法律体系的不断完善。本草案第六十五条对放射性污染的解释强调了排放所致环境污染，既不准确也不全面，而且同本草案实际涵盖的范围不自洽，建议予以改正。

一个法能否立起来，一方面看它满足实践需要的程度，另一方面要看其法理是否正确。对于本草案，特别要看政府监管的理念是否同国际辐射防护与安全基本经验接轨和是否符合本国的实际情况。我们既要看重法律条文本身的修改，又要看重隐藏在法律条文背后的理念是否一致，并希望通过沟通与交流来达到一致。政府监管的理念有以下四个问题需要深入思考：(1)监管意味着政府职能的根本转变。政府不能包揽一切事务，在绝大多数情况下政府并不介入直接管理。传统的监管部门如安全、环保和保健部门的职能更明确地定位为监管，企业的法人对安全、环保和保健负首要责任。不仅如此，在计划经济时期作为企业的上级的主管部门曾经包揽过较多的直接管理事务，到了建立社会主义市场经济体制时期也在发生变化，企业的上级主管部门的职能也越来越多地具有监管性质，只不过监管的重点不同罢了。本草案反映了我国政府职能的转变。(2)政府各部门在行使污染防治的监管时，既要统一监管，又要协同监管。多头监管容易形成无政府状态，但统一不是一家说了算。污染防治的监管是一项复杂的任务，不仅涉及安全、环保和人体健康，而且涉及技术、经济和社会，企业的上级主管部门也有发言权。只有通过部门之间的协调形成合力，做到有利于可持续发展，才是优化的监管。草案第八条首先明确了环保部门实施统一监管，然后又要求其他部门实施监管，后者含义不明确，建议改为协同监管，并建议在其他部门中写上核工业主管部门。这一条款将为国务院修改监管条例和建立相关的部门之间协调委员会提供法律依据。(3)监管工作包含行政部分和技术部分。政府将根据对企业法人的资质与能力的认定和对场址、设计等技术审查的结论向企业法人发放许可证，但还存在注册和登记等其他监管形式。以放射源的监管为例，首先要对放射源分级，然后针对不同级别的源实施有区别的监管。只有较强的源才需要采用许可证的监管形式。显然县一级政府部门缺乏对强放射源实施许可证监管的能力，因此草案第十一条需要做相应的修改。政府部门还要组织现场检查与监测，这也是重要的监管形式。技术支持体系是监管的不可分割的组成部分，这是因为监管中有大量技术工作靠少数政府公务员是不可能完成的。政府部门可以授权一个或几个技术单位从事此项工作，同时成立专家委员会加以指导。承担监管中技术任务的单位应向整个监管组织负责，而不只向一个监管部门负责。(4)为了依法监管，应形成一个有关放射性污染防治的金字塔形的法规标准系列。最高的是人大通过的法律，其次是国务院的条例，再次是部门规章，最后是标准和导则。法律是比较原则的规定，越往后越细化，但都不能违背法律。我国过去有关放射性污染防治的标准和导则并不算少，但由于缺少高层法律的统率，存在相互矛盾和环节的缺失，而且过分偏于技术规定，缺少关于监管组织与法人的职责以及监管原则、监管程序和监管能力建设等详细而有效的规定。本法的制定和颁布，将大大加速放射性污染防治法规标准系列的建立和完善进程。中国辐射防护研究院已向全国人大呈送了对本草案的意见和建议，这里谈的只是个人的一点补充意见，请予指正。

【在全国人大法律委员会、全国人大环境与资源保护委员会和全国人大常委会法制工作委员会联合召开的《中华人民共和国放射性污染防治法(草案)》座谈会上的即席发言，2003 年 2 月 12 日】

建立有针对性的退役与废物治理安全规章和标准系列

1　必要性

军工核设施退役与废物治理工程的对象复杂多样，环境条件千差万别，治理目标取决于退役后场址的用途和其他的策略选择，治理技术则要更多地考虑可行性和优化。因此，军工核设施退役与废物治理工作对法制建设提出的要求，一方面是希望对策略的选择提供指导，策略选择是国际上解决上述问题的通行做法；另一方面则是希望针对工作任务将法规标准的规定尽可能加以细化，以增加其可操作性。然而，这一切单靠国家普适性的法规标准是远远不够的，还需要在国防科工委建立有针对性的部门规章和行业标准，作为研发、设计、审批和实施的补充依据。这样做既不违背普适性法规标准的规定，又为有限制和有条件地解决特殊历史遗留问题提供法规标准依据。可是这类有针对性的部门规章和行业标准目前非常缺乏。

缺乏针对性的规章和标准，已经给工作带来了许多困难。根据我们的初步调查，在退役与废物治理的实际工作中存在以下一些政策性和策略性很强的问题迫切需要解决：

(1)退役与环境整治的安全目标缺乏针对性。退役后的场址通常有三种可能的用途：无限制开放、有限制开放或继续留作核用。实际上有相当多的核设施退役后，场址仍将继续留作核用或者有限制开放，此时核设施的退役和污染土壤的清除工作，如果仍然按照场址无限制开放的现行普适性国家标准来实施，则将付出不必要的巨大的经济代价。

(2)非正常退役的安全和管理要求不明确。有少数核设施存在比较严重的历史遗留问题，需要有超越常规的考虑和应对措施。如果不明确非正常退役应当新增加哪些工作内容和安全、管理要求并从经费上给予支持，仍然与正常退役一视同仁，则很难开展工作。

(3)对整个退役工作的统筹安排缺乏原则规定。例如哪些类型的危险源项目应给予优先权，大型核设施如何分批分期退役，退役与场址环境的整治如何统一布置，退役步骤是不中断地实施还是在某些情况下考虑设置监护封存期等延迟退役方案，有了这些原则规定将为退役计划提供指导。

(4)对退役与废物治理的技术决策依据缺乏原则规定。例如对退役中的污染清除或补救行动，废物治理中的极低放废物送处置场处置或就地填埋，污染金属在去污后流向社会或供核工业内部回收利用，以及α污染物件作为α废物管理或非α化等，如果没有规定决策所需的附加条件，就不可能达到既要保证安全，又要节约经费的目的。

(5)对退役实施中职业照射的防护缺乏具体规定。退役安全防护与运行安全防护相比具有显著的特点，原先密封的系统在退役中需要打开，给安全防护带来更多的不确定性。退役安全防护还具有多样性，涉及许多不太规范的辐射安全、临界安全和工业安全问题。因此需要对退役安全防护做出更细致的规定，以改善工作条件，降低职工的剂量水平，减少面临的危险，保护职工的健康。

(6)对退役与废物治理需要增加先进技术含量缺乏明确要求:为了克服把退役与废物治理看成是低级劳动的传统观念,应明确要求退役与废物治理工程需要高技术,以利于提高人员素质,改进技术装备,强化工程实施能力,更快更好地完成治理任务。

(7)对退役工程管理缺乏特殊要求:针对军工核设施退役已经进行十几年却仍然大部分沿用基建的计划和财务管理模式的不正常状况,应建立和完善适用于退役的计划和进度管理,预算,概算和决算管理,以及工程定额参数体系。此外还应加强退役中的国有资产管理,防止国有资产不应有的流失。

缺乏针对性的规章和标准的主要原因,首先是对法规先行、依法行政的重要性认识不足。我们很少结合我国国情认真研究和选择性地吸收发达国家的核军工部门积累的法规先行、依法行政的丰富经验,制订有针对性的规章和标准就是其重要的经验之一。相反,我们的指导思想往往停留在计划经济的管理模式上。各方行政命令多,故碰到的阻力也多,没有想到只有先立法才能克服无休止无结果的争论,只有依法办事才能大大提高行政效率。其次是缺乏深入的情况调查和政策研究,更缺少有专业深度的专题研究。没有抓住厂矿迫切需要解决的问题和国际上有关的动向,就不能有效地制订针对性很强的规章和标准。第三是对国防科工委究竟需要建立一个什么样的部门规章和行业标准系列缺乏深入探讨。特别是在安全规章和标准方面,是建立一个类似美国能源部(DOE)的完整独立的体系,或是完全不建立自己的体系,还是把国防科工委的安全规章和标准纳入整个国家核事业的法规标准体系中,成为其重要的和相互联系的组成部分?这是一个需要研究和解决的问题。本文着重研究了针对性的退役与废物治理安全规章和标准体系的定位问题。

2　定位研究

2.1　外部安全监管与内部安全监管

美国能源部是目前世界上拥有最庞大核军工和核军用法规体系的部门。它曾经做到任何活动只引用本部门的法规依据就够了。但是在退役与废物治理中,外部安全监管与内部安全监管相结合是世界共同的发展趋势。美国能源部也在20世纪90年代初受到强大的压力,不得不寻求变革。已采取的措施包括美国环保局(EPA)、DOE及核设施所在州之间达成整治协议,DOE和EPA共同发布退役政策等,但至今尚未出台一个全面合理的解决方案。我国的国情与美国存在较大差异。我国核军工从20世纪50年代诞生之日起就处于法制不健全和不配套的状态下;与此相反,我国环保部门从20世纪70年代诞生之日起就有法可依,环保部门对退役与废物治理的外部安全监管已在军工核企业扎根。随着《放射性污染防治法》和《行政许可法》的颁布实施,环保部门的监管地位又有所加强。因此国防科工委不能走美国能源部的老路,不能关起门来搞法治。经验表明,尤其是对退役与废物治理这样一些与环境和公众密切相关的项目,外部安全监管取到了内部安全监管所不能起到的作用。在两者相结合方面,我国由于起步较晚,有条件比美国做得更好些。首先是外部安全监管所需的法规同内部安全监管所需的法规应当可以做到互补、兼容和不重复,以实现法规体系的整体优化。其次在政府部门之间如何进行统一监管和协同监管的具体操作方式也有较多的选择余地。根据目前我国的管理体制,国防科工委(国家原子能机构)是国家核行业主管部门,应负责核军工废物的内部安全监管;国家环保总局(国家核安全局)是国家核安全主管部门,应负责核军工废物的外部安全监管。

2.2 末端控制与全过程控制

退役与废物治理的外部安全监管与内部安全监管不是重复的监管，两者的角度有所不同。外部安全监管侧重于末端控制，因为末端控制具有“一票否决”的性质，而且末端控制有较低的费效比；为了保证末端控制的有效性，外部安全监管也要求对全过程实行跟踪性和追溯性的监督检查。而内部安全监管则侧重于全过程控制，因为它需要更全面地考虑安全、技术、经济、社会、政治和可持续发展等诸多问题，以追求全过程控制的优化。显然，与全过程控制相适应的安全规章和标准应具有更多的针对性。

2.3 普适性的安全规章和标准与针对性的安全规章和标准

退役与废物治理的外部安全监管与内部安全监管所需的法规标准在内容上也不是完全重复的。前者侧重于建立普适性的安全法规和标准，而后者则侧重于建立针对性的安全规章和标准，这两方面结合起来才能满足安全监管的需要。不仅在安全方面有如此要求，同样在发展方面也要求这两者的结合。全面地、自上而下地建立并完善退役与废物治理的法律、条例、部门规章与管理导则等法规体系和国家标准与行业标准等技术标准体系应是当前迫切的任务。

综上所述，国防科工委将负责核军工废物的内部安全监管，同时参与国家对核军工废物的外部安全监管；将负责制订针对性的安全规章和标准，同时参与制订普适性的安全法规和标准。

3 可能性

按照上述定位思路来建立和完善针对军工核设施退役与废物治理的部门规章和行业标准，不仅是当前形势发展的迫切需要，而且也是一件完全可能做到和做好的事。首先是时机好，国家在颁布《放射性污染防治法》之后，正在制订《原子能法》和相关条例。只要以法律和条例为上位法，即可制订所需的部门规章和行业标准，形成一个较完整的法规标准系列，以保证退役与废物治理工作能够在法制框架内顺利进行。至于制订部门规章的具体方案，既可以是综合性的，也可以是专门用于安全监管的。其次是我们已有十多年的实践经验和教训可供总结，还有国外的先进经验可供借鉴。第三是已有相当的技术基础，特别是国家标准《电离辐射防护与辐射源安全基本标准》的发布和实施，为顺利解决安全法规的可操作性问题准备了技术条件。第四是已有一支正在学习做软课题研究的队伍，其水平在逐步提高，其人数在不断扩大。现在应该是到了果断决策的时候了。

【为国防科学技术工业委员会《军工核设施退役和放射性废物治理的现状、问题及对策研究》准备的一份论证报告，2003 年 11 月】

对放射性废物安全管理法规标准框架体系的初步设想

1　前言

近年来我国的核事业面临重大的发展机遇和挑战，如大规模发展核电的中长期规划，军工核设施退役与废物管理专项规划，高放废液固化的工程实施，高放废物地质处置的研究开发规划，放射源管理的新策略，并开始全面关注天然放射性物质的防护问题等，这些都对放射性废物管理领域的法制建设提出了新的要求。

《中华人民共和国放射性污染防治法》[1]已由全国人大颁布实施，迫切需要由国务院及所属有关部门制定并完善配套的放射性废物安全管理下行法规标准。值得注意的是，在《放射性污染防治法》指导之下，在修订国务院《放射性同位素与射线装置放射防护条例》时获得的经验表明，在较短的时间内完成条例的修订并同时着手起草急需配套的下行法规标准，将保证条例的通过与实施更加具有可审性和可操作性。在制订放射性废物安全管理条例时也可以采用类似的做法。因此，建立一个放射性废物安全管理法规标准框架体系是顶层设计的当务之急。按照国家环保总局的要求，核安全中心组织了有关同志，对此进行了初步论证以供讨论。

2　法规框架的初步设想

以安全环保为主题的放射性废物安全管理的法规框架可以初步设想由法律、条例、部门规章和管理导则等层次组成。《放射性污染防治法》是顶层法律，在顶层中还有其他相关法律；第二层是放射性废物安全监管条例，还有其他相关条例；第三层是涉及放射性废物管理的部门规章，包括几个部门联合发布的规章；可操作性强的管理导则可以作为部门规章的实施细则放在第三层中。

2.1　关于放射性废物安全监管条例

《放射性污染防治法》已经对需要着重解决的放射性废物安全监督管理问题做了规定，形成了该领域法制建设的一个总纲。这就是围绕核电站、核燃料循环设施和核技术利用活动的废物管理，同时关注伴生放射性矿开发利用的废物管理，重点抓住放射性流出物排放、放射性固体废物处置和退役与环境整治等与辐射环境保护和公众照射防护关系最为密切的问题，全面完成放射性废物管理法规标准体系的建设。因此，放射性废物安全监管条例（以下简称条例）应当在排放、处置、退役与环境整治、废密封放射源和核技术利用废物的管理、伴生放射性矿开发利用废物的管理等几个方面，扩展《放射性污染防治法》的规定性内容。

在排放方面，条例应当对排放的许可、注册和呈报等分级管理制度和审批程序做出规定。

条例应当进一步对中低放废物、高放和α废物以及废密封放射源处置的管理体制做出规定。特别是高放和α废物的地质处置是十分重大的安全事项，必须明确责任部门、安全目标、安全评价要求和分阶段的审批程序。应当说明的是，高放废物处置有别于中低放废物处置，它的经费筹措是整个核燃料循环后端经费筹措的重要组成部分，不可能单独在本条例中解决，建议国务院另立管理办法给予综合解决。

条例应当对退役与环境整治做出更加系统的规定，这是由于对退役与环境整治的管理缺乏经验，其法规体系显得很不完善。为此需要进行深入的研究。

修订的《放射性同位素与射线装置安全和防护条例》，已经明确了核技术利用废物和废密封放射源的管理将纳入放射性废物安全监管条例。需要解决如何理顺核技术利用废物贮存库的归属关系，以及如何统一管理废密封放射源的长期贮存和处置等问题。

我国在铀地勘与矿冶废物的管理方面已经有较成熟的经验，但对伴生放射性矿开发利用中产生的放射性废物则存在着较大的管理空白。伴生放射性矿开发利用废物管理究竟涉及多少个部门，还需要在完成全国现状调查与测量后才能确定。已开展过调查的部门既存在过去活动遗留的大量废物和环境放射性残存物，又有新建和扩建的设施和新产生的废物。建议采取逐步推进的解决办法，先在放射性废物安全监管条例中制定若干原则，从情况比较明朗和有条件开展的部门做起。

2.2 关于放射性废物安全管理的部门规章

经过初步筛选，认为需要对放射性废物与废密封放射源处置、退役与环境整治、核技术利用废物管理、伴生放射性矿开发利用废物管理建立或完善部门规章。

关于气载和液体放射性流出物的排放控制，也是《放射性污染防治法》特别关注的问题，同时又是内陆核设施和核技术利用活动没有完全解决的问题。但考虑到我国核设施运行对排放控制一直是比较重视的，核设施的环境影响评价的主要内容之一就是审查排放控制，在核设施的安全监督管理法规序列中已对排放控制做了具体规定，如果在放射性废物管理部门规章中再做具体规定可能产生重复；此外在排放中存在问题的性质主要是技术方面的。因此建议不专门设置排放控制的部门规章，其存在的问题可通过完善技术标准加以解决。

有关放射性废物处置的部门规章应当对加强废物处置的管理及如何发挥废物处置的核心作用做出规定。以中低放废物处置为例，目前存在着废物处置管理体制、处置运营单位资质、处置设施布局、建造经费来源、废物暂存期限、废物运输等诸多问题，迫切需要有法可依。

建议设置退役与环境整治安全管理规章。有两个可供选择的设想，其一是环保部门和核设施主管部门联合发布一个安全管理规章；其二是环保部门发布一个普适性的安全管理规章，核设施主管部门发布一个针对军工核设施退役与环境整治的安全管理规章。我们更倾向于后一个解决方案，并为此做过初步的论证。

随着各省、自治区、直辖市核技术利用废物贮存库的建立和投付使用，这方面的工作已经发展到相当的规模，迫切需要对现行不完善的部门规章进行改进。国家环保总局目前正在做这件事。

在伴生放射性矿开发利用废物管理方面，建议联合有条件的少数几个部门，先搞一个暂行的规章。按照国际放射防护委员会提出的原则，旧的尾矿堆积和流出物排放后果按干预对待，新建的尾矿库和排放设施按实践对待，把工作开展起来，随着实践经验的积累再充实内容。

3 标准体系的初步设想

近几年来，我国放射性废物管理的标准化工作取得了很大的进展。在现行国家标准系列(GB)、核工业标准系列(EJ)、核安全法规系列的导则(HAD)和环保法规系列的导则(HJ)中，已发布的有关放射性废物管理的标准和导则共计60余种，其主体为技术标准。它们绝大部分是在20世纪90年代编制或修订的。在标准体系上，放射性废物管理标准是作为辐射防护标准体系的一个组成部分存在的。在标准管理上，放射性废物管理标准尽管发布部门不同，但标准的研制和宣贯基本上是在环保部门、核设施主管部门和标准化主管部门指导下，由全国核能标准化技术委员会所属辐射防护分技术委员会及其执行单位核工业标准化研究所统一组织实施的。在放射性废物管理标准的内在体系结构上包含了三个方面，即通用标准、废物管理各步骤的标准(如控制产生、预处理、处理、排放、整备、贮存、运输、处置、设施退役与环境整治等)和特殊废物的管理标准(如铀地勘与矿冶废物的管理等)。上述标准基本上是同有关的国际标准或国外先进标准接轨的，并且结合我国的实际情况较多地考虑了标准的适用性和可操作性。这些标准已广泛应用于核电厂和核燃料循环设施的放射性废物管理和设施退役与环境整治中。

尽管标准研制和使用的成绩是显著的，但同对标准的需求相比，同国际标准相比，仍然存在很大差距。我国放射性废物管理标准存在的主要问题如下：

(1)由于历史的原因，我国放射性废物管理法规起步较晚，因此在放射性废物管理的标准体系中，技术标准和带有法规及管理导则性质的标准是混在一起的。这种情况在短时期内很难改变。随着放射性废物管理法规体系建设的加速，应充分注意法规体系与标准体系的划分和接口问题。

(2)随着《国际电离辐射防护和辐射源安全的基本安全标准》的确立，我国也颁布实施了新的《电离辐射防护与辐射源安全基本标准》。但仍有相当部分放射性废物管理现行标准立足于旧的辐射防护标准，因而出现了许多矛盾，影响了放射性废物管理标准体系的统一性。

(3)随着核设施退役与环境整治工作的进展，对这方面标准的需求日益增加，现有标准已不能满足要求。加上此类工作还需要一些只适用于特定设施类型、特定场址环境和特定用途的专用管理控制值，要求标准化体系提供方法学支持。因此加强退役与环境整治标准研制的呼声很高。

(4)放射性废物管理工作已开始向非核行业扩展。最明显的例证是核技术利用废物和废密封放射源的管理，最近又提出了伴生放射性矿开发利用中产生的废物的管理。这些领域的标准在国内还是空白，而其安全环保状况的调查和统计结果又是令人担忧的。因此国家环保总局已着手填补这些标准空白。

(5)现在放射性废物管理标准越来越多。为了方便应用，有必要控制标准的数量，提高其综合性，减少重复，尽可能丰富每项标准的内涵，同时着力增加标准的实用性和可操作性。应将现有放射性废物管理标准统一归并在国家标准和行业标准中，并在行业标准系列中加强对非普适性标准的研制。

综上所述，完善放射性废物管理标准的主要对策是：建立健全放射性废物管理的标准框架体系；加强基础性和综合性标准的研制和修订；充实退役与环境整治标准的内容；填补核技术利用废物管理和伴生放射性矿开发利用废物管理标准的空白；控制标准的数量和提高标准的质量；改进标准的研制、修订、宣贯和实施的管理。

国际原子能机构(IAEA)在20世纪90年代初开始编制出版放射性废物安全标准系列。它所采用的框架结构包含安全法则、安全要求和安全导则三个层次以及通用、排放、前处置(含退役)、处置和环境整治五个板块，以后又将排放纳入前处置板块和将退役提升为独立的板块。我国放射性废物管理的标准体系不必照搬IAEA的框架，而应在现有框架基础上吸取IAEA放射性废物安全标准系列的优点加以改进。

初步设想改进后的标准体系将包括基础标准，废物前处置标准(如控制产生、预处理、处理、排放、整备、贮存等，即主要在核与辐射设施的设计和运行时使用的标准)，废物处置标准、退役与环境整治标准等四大块。核技术利用废物和伴生放射性矿开发利用废物等特殊废物管理标准将融入以上四大块中。在废物前处置、处置和退役与环境整治标准中，都必须首先通过设置综合性标准提出主要的安全要求，然后再展开为各个单项标准。每项标准既可以是一个标准，也可以是一组标准(如废物前处置按控制产生、预处理与处理、排放、整备、贮存等作业分组；废物处置按不同处置技术分组等)，这将增加标准的内在联系性和标准编排的灵活性，而且更接近国内现行标准框架结构。当前迫切需要制定或修订的标准包括：放射性废物最少化实用准则，高放废液玻璃固化体性能，α废物整备与贮存，高放废物处置库选址与安全评价，废密封放射源处置，排放控制，排除、豁免与解控，退役与环境整治中专用控制值的导出，核技术利用废物管理，伴生放射性矿开发利用废物管理等项标准。

【作者：陈式，孙庆红．为国家环境保护总局准备的咨询报告，2004年10月】